贵州省教育厅创新群体重大研究项目“黔东南民族建筑研究创新团队”(黔教合KY字〔2017〕048)研究成果

BIM在苗侗民族建筑中的应用

王展光　蔡　萍　著

中国石油大学出版社
CHINA UNIVERSITY OF PETROLEUM PRESS
山东·青岛

图书在版编目(CIP)数据

BIM在苗侗民族建筑中的应用/王展光,蔡萍著. --
青岛:中国石油大学出版社,2021. 8

ISBN 978-7-5636-7191-5

Ⅰ. ①B… Ⅱ. ①王… ②蔡… Ⅲ. ①苗族－民族建筑－建筑艺术－计算机辅助设计－应用软件－研究 ②侗族－民族建筑－建筑艺术－计算机辅助设计－应用软件－研究 Ⅳ. ① TU-092. 816 ② TU-092. 872

中国版本图书馆CIP数据核字(2021)第167147号

书　　名: BIM在苗侗民族建筑中的应用
BIM ZAI MIAODONG MINZU JIANZHU ZHONG DE YINGYONG

著　　者: 王展光　蔡　萍
责任编辑: 高建华(电话　0532-86981536)

封面设计: 赵志勇
出 版 者: 中国石油大学出版社
(地址:山东省青岛市黄岛区长江西路66号　邮编:266580)
网　　址: http://cbs.upc.edu.cn
电子邮箱: gaojianhua6@163.com
印 刷 者: 青岛新华印刷有限公司
发 行 者: 中国石油大学出版社(电话　0532-86983437)
开　　本: 787 mm×1 092 mm　1/16
印　　张: 12
字　　数: 289千字
版 印 次: 2021年8月第1版　2021年8月第1次印刷
书　　号: ISBN 978-7-5636-7191-5
定　　价: 49.80元

前　言

PREFACE

随着信息技术的不断发展，如何跟上信息技术时代的步伐，是土建行业面临的重大课题。建筑信息模型（Building Information Modeling，BIM）技术的出现解决了这个问题。其突破传统二维设计方法的瓶颈，采用三维参数化的设计理念，改变了传统的设计、施工等环节分割的局面，将材料、施工工艺等相关信息赋予三维模型，追求从项目可行性研究阶段、策划阶段、设计阶段、建设准备阶段、施工安装阶段、竣工验收阶段、试运行交付使用阶段的施工全过程共同使用一个三维模型，使得建筑项目全过程效率得到大幅提升。因此，BIM技术得到了建筑主管部门的高度重视。目前已出台BIM系列的6大标准，分别是GB/T 51212—2016《建筑工程信息模型应用统一标准》、《建筑工程信息模型存储标准》、GB/T 51301—2018《建筑工程设计信息模型交付标准》、《建筑工程设计信息模型分类和编码标准》、GB/T 51362—2019《制造工业工程设计信息模型应用标准》和GB/T 51235—2017《建筑信息模型施工应用标准》。《住房和城乡建设部工程质量安全监管司2020年工作要点》中指出，要积极推进施工图审查改革，创新监管方式，采用"互联网＋监管"手段，推广施工图数字化审查，试点推进BIM审图模式，提高信息化监管能力和审查效率；推动BIM技术在工程建设全过程的集成应用，开展建筑业信息化发展纲要和建筑机器人发展研究工作，提升建筑业信息化水平。可以预见，BIM技术在未来建筑行业将取得长足发展，并引领建筑行业达到一个新的高度。

Autodesk Revit软件是Autodesk公司提出的三维设计解决方案，是BIM平台中建筑工程领域使用最为广泛的基础性建模软件，其能够协调建设工程中建设单位、勘察单位、设计单位、施工单位、监理单位等各方协同工作，共享所有建筑项目信息，实现"一处修改，处处更新"的信息共享，提高沟通效率，降低项目设计、施工和监理中的失误，提高参与各方的工作效率。

贵州省黔东南苗族侗族自治州是全国人口最多的少数民族自治州，在全州居住着苗族、侗族、汉族、布依族、水族、瑶族等46个民族。根据2019年末的数据，该州少数民族人口占总户籍人口的81.5%，其中苗族人口占43.3%，侗族人口占30.4%，拥有全国1/3的苗族和一半的侗族人口。截至2019年12月，全国共有五批共计6 819个村落入选"中国传统村落名录"，从这批入选村落分布及数量来看，贵州传统村落数量共724个，位居全国第一。黔东南州各族人民在生产生活过程中形成了各种特色的建筑形式，其中苗族吊脚楼、侗族鼓楼和风雨桥就是其中典型代表。

BIM 技术在国内开始推广的时候，凯里学院建筑工程学院就开设了 BIM 建模的相关课程，由本教材作者主讲。在授课过程中，作者一直在探索如何将 BIM 技术与黔东南苗侗民族建筑相结合，使 BIM 技术更好地为黔东南苗侗民族建筑服务，推动黔东南苗侗民族建筑紧跟建筑信息化的大潮，借助 BIM 技术使黔东南苗侗民族建筑发挥更大的影响力。通过几年的不断探索，相关想法和技术不断成熟，在此基础上形成本教材，希望为宣传和传承黔东南苗侗民族建筑文化贡献自己的力量。

本教材基于苗族吊脚楼、侗族鼓楼和风雨桥实例，以讲解实际案例为主，从实际建模应用的需求出发，详细介绍了 Autodesk Revit 2021 软件进行苗侗民族建筑创建的过程和应用技巧，通过对苗族吊脚楼、侗族鼓楼和风雨桥的 BIM 模型建立和运用，来讲解相关的建模知识和黔东南苗侗民族建筑知识。本教材既可以作为了解 BIM 相关知识的著作，也可以作为了解苗侗民族建筑知识的相关著作。

本教材的内容涵盖了苗族吊脚楼、侗族鼓楼和风雨桥从建模到分析、出图的全过程，并介绍了相关特色构件建模过程，方便读者学习完整的建模方法。本教材还为读者提供了很多建模技巧，以减少学习建模过程中的困扰，具有较强的实用性。本教材具有以下特点：① 完整的建模内容体系，涵盖了苗侗民族建筑三维建模的整个过程；② 以命令操作为本，以实例讲解为主，在详细介绍基本操作的同时，注重实际应用技巧；③ 采用简单、典型的工程实例模型，内容完整，贯穿始终，方便初学者体验结构建模的全过程；④ 操作步骤详细、连贯，图文并茂，便于读者理解；⑤ 包含实用性的操作技巧，方便读者快速掌握；⑥ 详细讲解各构件的创建过程，为读者日后自行拓展程序的应用做准备。

本教材共分为 5 章，主要内容如下：第 1 章对 Autodesk Revit 2021 基本知识和苗侗民族建筑特点进行了介绍；第 2 章基于苗族吊脚楼实例，详细介绍了标高、轴线、木柱、木枋、楼枕楼板、墙板等创建过程，包含了各种结构构件创建添加的基本操作命令、实例中构件的建模方法、结构构件族文件的创建和速博插件的应用等，本章重点介绍了美人靠、木制墙面、木楼梯、瓦屋面建立的相关技巧；第 3 章基于侗族鼓楼实例，详细介绍了侗族鼓楼创建过程，在第 2 章的基础上重点讲解了侗族斗拱、宝顶等特色构件的建模过程；第 4 章基于侗族风雨桥实例，详细介绍了风雨桥创建过程；第 5 章介绍了图纸设计和处理的相关内容。本教材适用于高等院校土木工程、建筑学专业师生，苗侗建筑设计和施工管理人员以及 BIM 爱好者。

本教材得到了贵州省教育厅创新群体重大研究项目“黔东南民族建筑研究创新团队”（黔教合 KY 字〔2017〕048）的支持，是“黔东南民族建筑研究创新团队”的阶段性成果。

本教材在编写过程中得到了许多人的帮助，感谢贵州民族建筑工艺大师杨再仁对建模中构造问题进行的解答，感谢张齐狼同学对本书建模提供的协助。

由于编者水平有限，编写时间仓促，不足之处在所难免，希望广大专家和读者批评指正。

凯里学院　王展光

2021 年 6 月

目录

CONTENTS

第 1 章
Revit 2021 基本知识和苗侗民族建筑

1.1 BIM 介绍

1.1.1 BIM 概述

BIM 是建筑信息模型(Building Information Modeling)的简称，是建筑学、土木工程、工程造价管理、工程学等与信息技术相结合的新工具。根据我国 GB/T 51212—2016《建筑信息模型应用统一标准》对 BIM 的定义，BIM 是指在建设工程及设施全生命周期内，对其物理和功能特性进行数字化表达，并依此设计、施工、运营的过程和结果的总称。[①] 工程项目的 BIM 模型元素包括工程项目的实际构件、部件(如梁、柱、门、窗、墙、设备、管线、管件等)的几何信息(如构件大小、形状和空间位置)和非几何信息(如结构类型、材料属性、荷载属性)以及过程、资源等组成模型的各种内容，是目前最全面、最真实反映项目工程实际的技术手段，被誉为工程建设行业实现可持续发展的标杆。

BIM 技术是 Autodesk 公司在 2002 年提出的三维设计解决方案，通过对建筑的数据化、信息化模型整合，在项目策划、运行和维护的全生命周期过程中进行共享和传递，协调建设工程中建设单位、勘察单位、设计项目单位、施工单位、监理单位等各方共同工作，共享所有建筑项目信息，通过可视化、仿真化地呈现演练，做到对工程项目优化、物料精准推算、工程协同推进、各方统一管理，降低项目设计、施工、监理和管理中的失误，有效提高工作效率，节省资源，降低成本，以实现可持续发展。

经过多年的发展，BIM 技术已经广泛应用于土建行业的各个领域，房屋建筑工程、装饰装修工程、机电设备安装工程、市政公用工程、公路工程、港口与航道工程、铁路工程、水利水电工程、民航机场工程等都大量采用 BIM 技术进行项目的信息化设计、施工、管理和运营。对具体的工程项目来说，BIM 技术项目全生命周期内的各阶段，如规划、勘察、施工图设计、施工准备、施工实施、运维等都有着大量的应用点，可以解决项目实施过程中的痛点，改善项目的管理和运行，如图 1-1。

---

① 住房和城乡建设部．建筑信息模型应用统一标准(GB/T 51212—2016)[S].

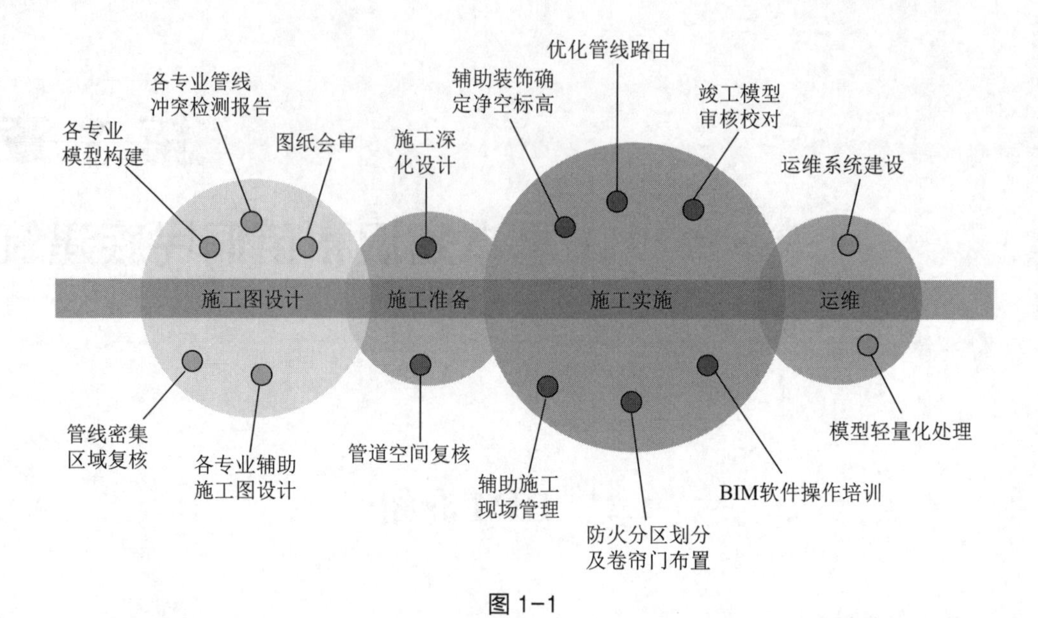

图 1-1

相对于传统二维设计模式，BIM 技术具有可视化、协调性、模拟性、优化性和可出图性等特点①；这些特点极大地改变了传统设计模式，将设计、施工、招投标、预算、运行等环节紧密联系在一起，形成良性互动。

1.1.2 BIM 技术相关软件

BIM 技术涵盖的软件十分庞大，基础建模软件、施工管理、预算、运营管理等相关软件有几十种之多。这里对其中部分常用的 BIM 软件进行介绍。

1. 基础建模软件

目前BIM技术基础建模软件主要是Revit软件、Bentley软件和AutoCAD Civil 3D软件，它们根据其特点在不同行业中得到广泛应用。

（1）Autodesk 公司的 Revit 软件包括建筑、结构和设备三个板块，是目前民用建筑领域使用最多的 BIM 建模软件，它在系统内内嵌了很多常用的民用建筑族，可帮助建筑设计人员、结构设计人员等进行便捷的工作。

（2）Bentley 建筑、结构和设备系列软件常用于石油、化工、电力等工业设计和道路、桥梁、市政、水利等基础设施领域，在建造和运营公路和桥梁、轨道交通、给排水、公共工程和公用事业、建筑和园区以及工业设施等方面具有优势。

（3）AutoCAD Civil 3D 软件是根据专业需要进行专门定制的 AutoCAD 软件，它的三维动态工程模型有助于快速完成道路工程、场地、雨水 / 污水排放系统以及场地规划设计，能够帮助从事交通运输、土地开发和水利项目的土木工程专业人员保持协调一致，更轻松、更高效地探索设计方案，分析项目性能，并提供相互一致、更高质量的文档。②

① 许蓁，过俊，白雪海，等. BIM 建筑模型创建与设计［M］. 西安：西安交通大学出版社，2017.

② 百度百科. AutoCAD Civil 3D.

2. 后期处理软件

（1）Fuzor 是美国 Kalloc Studios 研制的一款基于虚拟现实 BIM 软件，将其先进的多人游戏三维引擎技术引入土建行业，具有多软件实时交互链接，超强设计能力、后期验证和分析能力、不同工种之间协同工作能力以及良好的虚拟现实平台体验的优势。

（2）Lumion 是由荷兰 Act-3D 公司基于高端虚拟现实内核 Quest 3D 5 开发而成的简单、快速、高效的可视化建筑园林景观展示平台，是一个实时的 3D 可视化工具，能够提供优秀的图像，并将快速和高效工作流程结合在一起，制作出高清电影和静帧作品，涉及的领域包括建筑、规划和设计。①

（3）Navisworks 是 Autodesk 公司所设计的一系列项目审核软件，主要用于与所有项目相关人员一同整合、共享和审核 3D 模型和多格式数据，在施工开始前先模拟与优化明细表，发现与协调冲突和干涉，与项目团队协同合作，并且了解潜在问题。Navisworks 具有以下功能：① 场景及模型的设置、选择树和显示功能的介绍、集合和剖分的应用、控制相机视点、漫游及飞行、视点及动画浏览；② 碰撞检查、图元冲突检测、管理碰撞检查结果、碰撞检查结果输出；③ 动画的创建、创建平移动画、创建旋转动画、创建缩放动画、创建剖面和相机动画。

1.2 Revit 2021 介绍

Revit 软件是 Autodesk 公司开发的一套基于建筑信息模型（BIM）的系列软件，主要包括 Autodesk Revit Architecture（建筑）、Autodesk Revit Structure（结构）和 Autodesk Revit MEP（机电）软件三个板块。Architecture 板块帮助建筑师和设计师按思考方式进行更高质量、更加精确的建筑设计，保持从设计到建筑的各个阶段的一致性；Structure 板块为结构工程师和设计师提供精确地设计和建造高效建筑结构的工具，可以通过模拟和分析深入了解项目，并在施工前预测性能。

Revit 2021 是 Autodesk 公司 2020 年发布的新版本，相对于以前版本在功能上有了极大的提升，使 Revit 功能更加强大。②

1. 衍生式设计

衍生式设计是 2021 版本中一个非常重要的更新内容，通过衍生式设计功能进行生成设计研究，如图 1-2。从样本研究中生成结果，或者使用 Dynamo 创建自己的结果，然后生成设计备选方案，根据目标和约束来快速探索解决方案。同时，利用自动化的强大功能加快迭代速度，并做出更加明智的设计决策。

2. 实时逼真的视图

Revit 2021 版本中增强了真实模式（不是渲染）的功能，改进了“自动曝光”，能够以更好、更轻松、更快和更逼真的视图来直接进行实时工作，如图 1-3。真实视图已通过更好的图形和更快的导航得到增强。

---

① 百度百科 . Lumion.

② Autodesk Revit 2021 help 文件 .

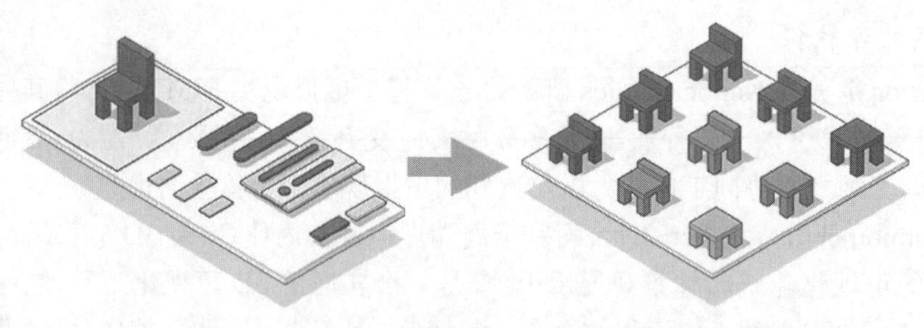

图 1-2

2020 版

2021 版

图 1-3

3. 倾斜墙

在 Revit 2021 版本中增加了创建和编辑倾斜墙的功能，通过该功能可以直观地创建和编辑倾斜的墙，并立即处理倾斜的门、窗和其他几何图形。当创建倾斜墙或修改墙时，可使用"横截面"参数使其倾斜，其"与垂直方向的角度"参数可以从 −90° 到 +90° 变化，其中零度表示垂直，如图 1-4。

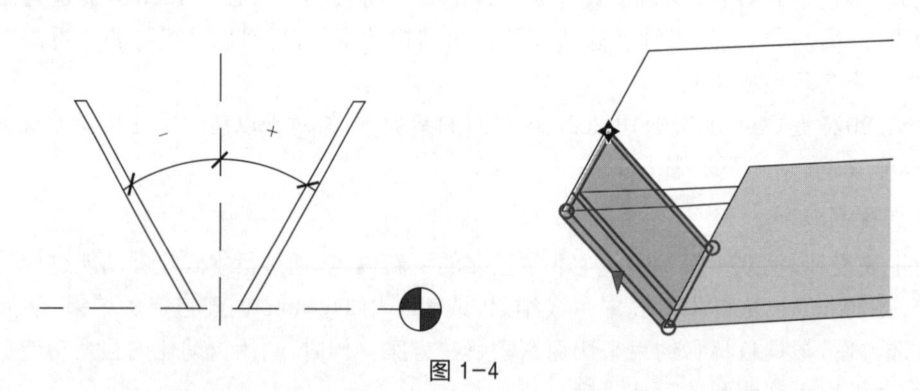

图 1-4

4. PDF 和图像链接及卸载

Revit 2021 可以将 PDF 或图像文件从本地或云存储链接到 Revit 项目中，并保持视觉逼真度、性能和功能。在创建建筑信息模型时，此功能可以高效地将 BIM 流程外部的其他人共享的二维文档用于参照。

5. 用于连接桥梁工作流的桥梁类别

为了更好地与道桥类专业进行对接，Revit 2021 增加了桥梁类的族类别，包括桥面、桥台、桥墩、桥架等几个类别。Revit 2021 版本的内置类别已扩展，用以更好地支持 Revit 中的桥梁设计，通过 InfraWorks 支持桥梁和土木结构工作流程，包括用于建模和文档编制的扩展桥梁类别，如图 1-5。此功能提供了 26 个模型类别和 20 个注释类别。

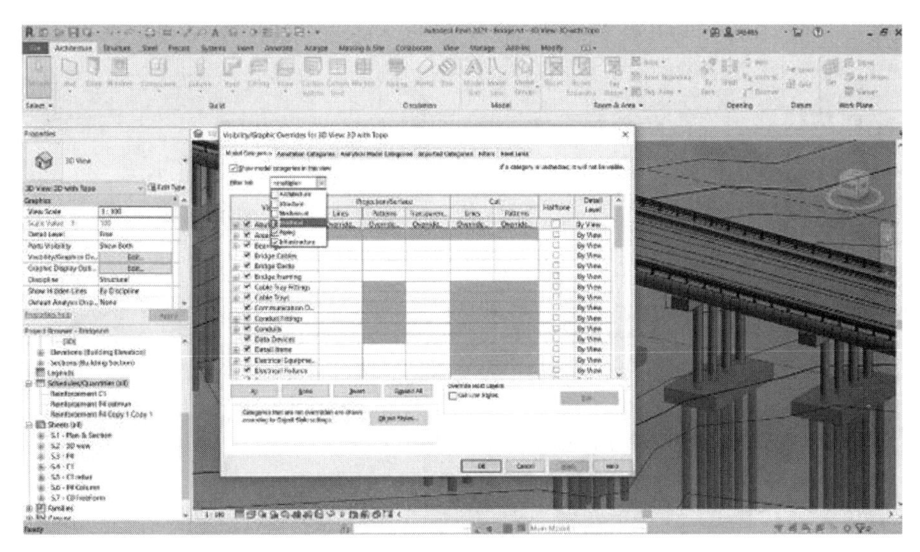

图 1-5

6. Dynamo 2.5 集成

Dynamo Revit 2. 5 作为内部附加模块自动与 Revit 2021 版本一起安装，并添加了十个 Dynamo for Revit 节点，所有节点类型均为 ZeroTouch 节点。

7. 钢筋建模增强

Revit 2021 版本针对钢筋形状、连接器连接和螺纹钢端部处理等方面做了一系列加强和改进。可以通过旋转钢筋末端处的弯钩，来定义三维钢筋形状；为钢筋椅子（站立者）或其他三维钢筋建模，并在明细表中提取完整的制造数据；可以使用钢筋接头连接圆形混凝土结构中的相切弧形钢筋；可以将末端处理添加到钢筋末端，无需钢筋接头；可以为项目中的任何钢筋指定末端处理，无需通过钢筋接头连接该钢筋；可以轻松指定项目中每个钢筋的弯钩长度，而无需复制相应弯钩类型并更改该类型的长度，如图 1-6。

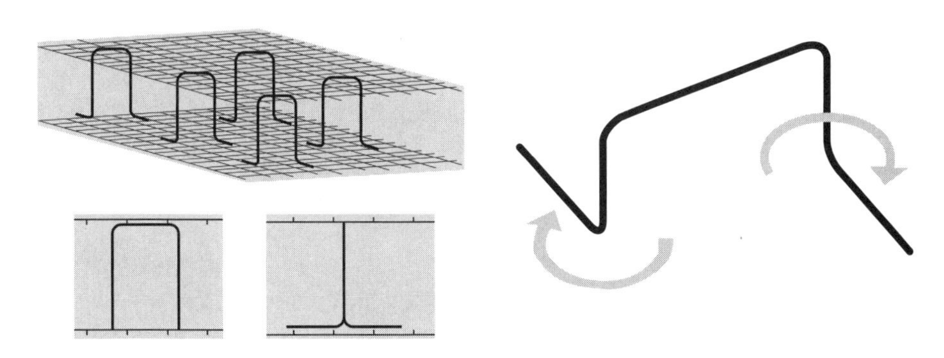

图 1-6

8. 集成的预制自动化

Revit 2021 安装时提供了预制工具，结构化预制扩展成了自带功能。预制功能随原生

Revit 安装提供，从而简化展开流程并使它们在 Revit 支持的所有语言中可用。

9. 集成的钢结构连接节点

Revit 2021 提供了用于放置钢连接的 Dynamo 节点。在 Revit 2021 中专用于放置钢连接节点随 Revit 安装一起提供，已预安装所有节点、自定义节点和样例脚本。

10. 钢结构模型制作工具增强

Revit 2021 新增了钢加强筋使用功能，增强了创建、编辑、查看和捕捉命令行为的功能。通过编辑螺栓图案和轮廓切割形状等相关功能，可以编辑现有钢图元轮廓切割或螺栓图案（包括螺栓、锚固件、孔和剪力钉图案）的形状和大小，如图 1-7。

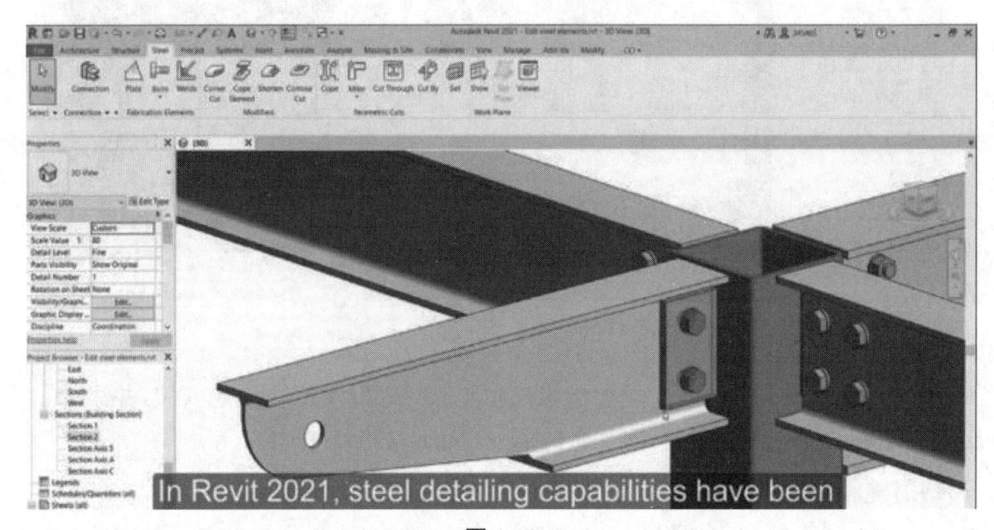

图 1-7

11. 综合结构分析结果

在 Revit 2021 中，结构分析结果的存储和浏览会自动集成，而不是以前版本的“附加模块”；在 Revit 2021 中，已集成到 Revit 中的“分析”功能区选项卡中，如图 1-8。

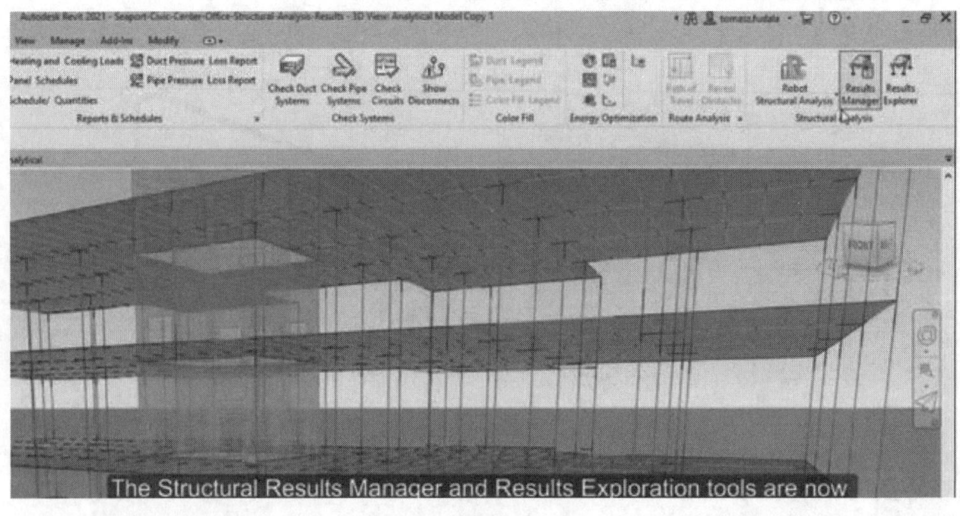

图 1-8

12. MEP 工作共享

Revit 2021 改进了工作共享，项目可在利益相关者之间提供更好的协作并提供更一致的体验。作为新增的工作共享和 MEP 图元功能，对 MEP 图元使用工作共享已得到改进，可提供更一致的体验，并使利益相关方之间能够更好地协作。

13. 链接文件的坐标可见

为了更加轻松地协调链接文件，Revit 2021 版本可以在主体模型中查看链接模型的测量点、项目基点和内部原点，如图 1-9。

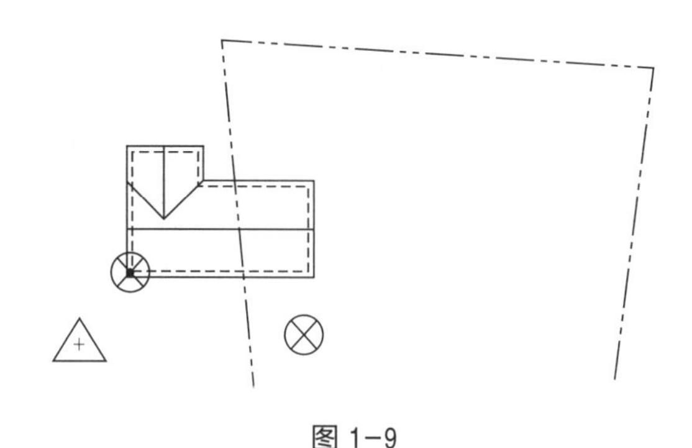

图 1-9

14. 增强与 Inventor 之间的 BIM 互操作性

Revit 2021 版本进一步加强了与 Inventor 之间的 BIM 互操作性，增强了后续向加工制造与深化设计方面的工作流扩展性，如图 1-10。它可以更好地支持 Revit，凭借其强大的造型能力、深化设计和 BOM 表功能以及工程图与装配模拟等功能，在深化加工和基础设施等领域，对于 BIM 整体和专项解决方案具有很好的补充与完善。

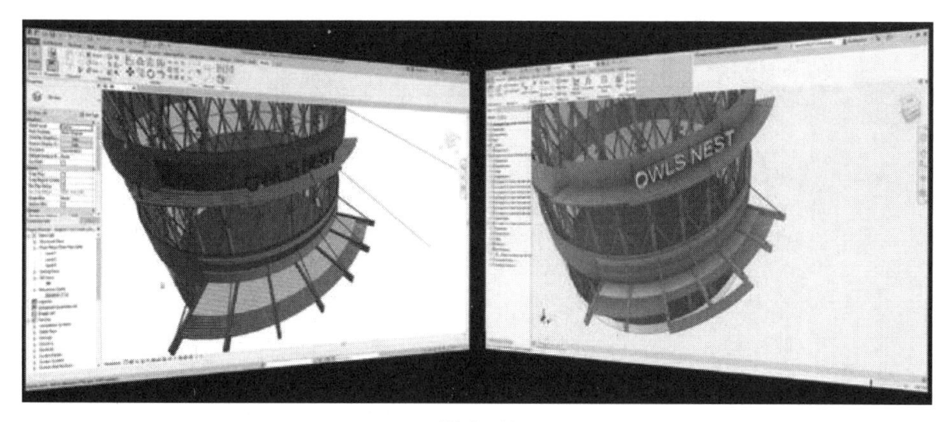

图 1-10

1.3 苗侗民族建筑

黔东南苗族侗族自治州是全国人口最多的少数民族自治州，该地区位于云贵高原边缘处，与湖南省交界。境内高山林立，主要有三大山系，分别为雷公山、月亮山和云台山；山地面积占据全州面积的 72. 8%，丘陵面积占据全州面积的 23. 3%，山间盆地仅仅占据全州面积的 3. 9%，因此在黔东南以“九山半水半分田”来形容这种地形地貌特点。黔东南苗族和侗族就是在这种生存环境下形成了自己独特的村寨和建筑文化，其中苗族吊脚楼、侗族鼓楼和风雨桥为典型代表。

1.3.1 苗族吊脚楼

黔东南苗族建寨多选择在山地陡峭处，为了适应这种地形，苗族民居以木制吊脚楼为主，其显著特点就是房屋底层半边着地、半边吊脚。该类建筑在不对山体进行改造的情况下，灵活调整房屋布局，为当地居民提供经济和较为舒适的居住空间，是在当时生产水平下最经济、最合理的选择，如图 1-11。

图 1–11

苗族吊脚楼屋架的基本形式以五柱四瓜或五柱四瓜带夹柱为主，如图 1-12。苗族吊脚楼屋架立柱间距在 1. 6 ～ 2. 4 m，瓜柱间距在 0. 6 ～ 0. 8 m。苗居构架根据跨度不同，基本形式可以产生变化，如增加瓜柱数量，使得屋架从五柱四瓜变为五柱六瓜；或增加立柱的数量，变成七柱六瓜，一些极大跨度的吊脚楼甚至出现七柱八瓜的情况。

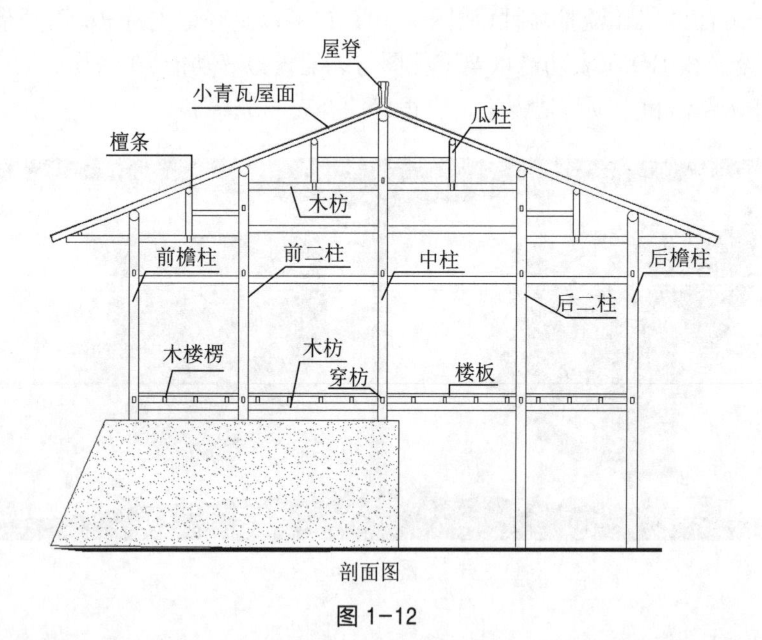

图 1–12

苗族吊脚楼屋顶主要采用小青瓦的坡屋顶，形式多样，以悬山、歇山两种形式为主，有时候根据地形和相邻民居的关系，会形成半歇山半悬山屋顶。[①] 苗族吊脚楼在后期使用过

① 王展光，蔡萍，潘昌仁 . 季刀苗族——一个苗族村落的村寨聚落和建筑风格 [M]. 成都：西南交通大学出版社，2020.

程中，由于人口增加，会采用披檐、后梭和侧梭等多种形式，在主屋的四周形成新的附属空间，来缓解居住面积不够的问题，一般附属空间会用来作为厨房和储物间使用。

苗族吊脚楼居住功能按层分区，简单、明确、合理，生产、生活和储存分工明确又相互结合，形成有机的整体，具有旺盛的生命力，到现在依然是苗族人们主要的居住形式。苗族吊脚楼按功能分为三层，分别为以生产为中心的底层、以住为中心的居住层和以储存为中心的阁楼层①，如图 1-13。

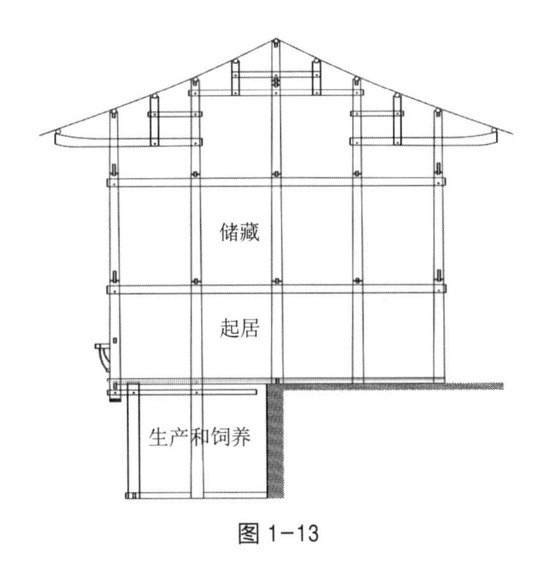

图 1-13

1. 底层

苗族吊脚楼底层主要是杂物存放和家禽牲畜饲养的地方，同时很多生产活动也安排在底层。吊脚楼底层一般空间低矮，层高在 2 m 左右，底部被分隔成很多小空间，用于存放生产工具、关养家禽与牲畜、储存肥料或用作厕所等，如图 1-14。

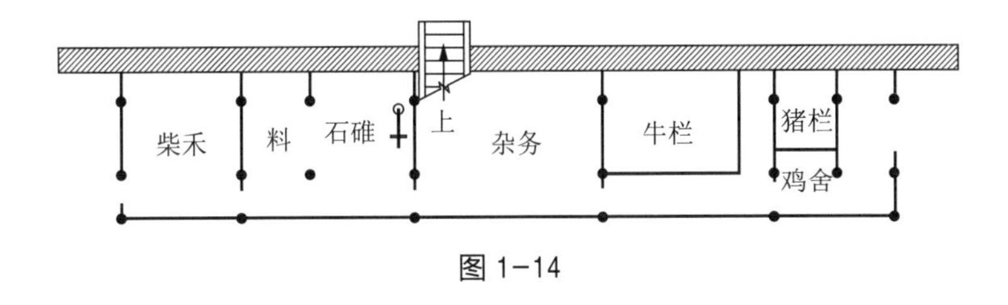

图 1-14

2. 居住层

居住层为苗族吊脚楼的核心，是苗族进行祭祀、居住和接待客人的场所，在苗族吊脚楼中处于重要的地位，主要由堂屋、退堂、卧室、火塘间和厨房组成，还有储藏、杂务、挑檐等辅助部分，堂屋外侧建有独特的“美人靠”，如图 1-15。

3. 阁楼储存层

苗族吊脚楼的阁楼一般连通为一整体，在横向各构架之间不设置隔板，两面山墙处多

① 李先逵．苗居干栏式建筑［M］．北京：中国建筑工程出版社，2005.

不进行封闭，因此整个阁层连通一体，空气流通性能好，适应于黔东南潮湿多雨的山区气候，对粮食等风干有利，如图 1-16。

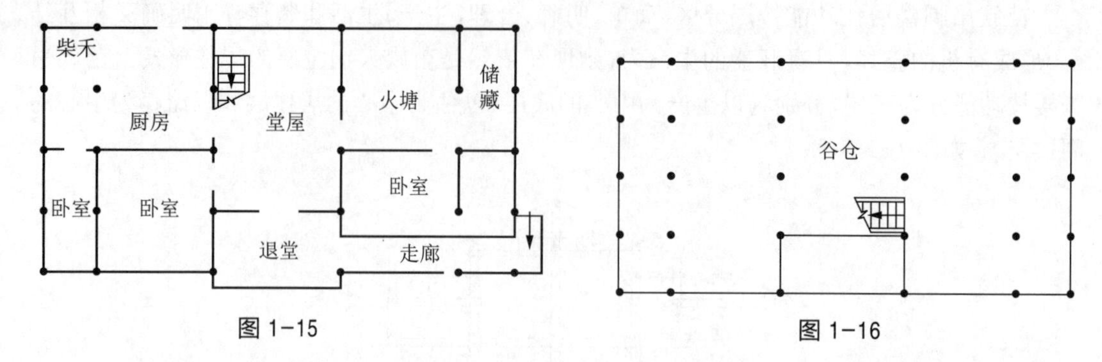

图 1-15　　　　图 1-16

苗居吊脚楼居住功能按层分区，简单、明确、合理，生活起居、生产、储藏都得到妥善安排。上中下三层各以某一种使用要求为主，但相互间功能又可调剂渗透，具有很大的伸缩空间。苗居吊脚楼建筑形式，由于具有满足居住功能的合理性，成为他们较为理想的居住空间模式。①

1.3.2 侗族鼓楼

侗族鼓楼是侗族村寨的象征，在侗族村寨中占有重要的地位。在侗寨有个说法是，建寨之始必先建鼓楼。侗族鼓楼是侗族村寨最重要的公共建筑。首先，它是村寨空间布局的中心，村寨的其他建筑都是围绕鼓楼来进行布局，形成了以侗族鼓楼为中心的团聚式村寨布局；其次，侗族鼓楼也是村寨族性的标志，每个族群都会兴建自己的鼓楼，作为自己集中议事、家族祭祀的场所，如全国最大的侗族村寨之一肇兴侗族就分为五大房族，分别为仁团、义团、礼团、智团、信团，在每个团都建有自己的鼓楼；再有，侗族鼓楼是寨子的活动中心，侗族公共活动都在这个地方举行，如唱侗族大歌等，同时也是侗族长者们向后代说古道今、讲述道理的场所，更是迎宾联欢的首选之地。②

1. 侗族鼓楼分类

侗族鼓楼按其外部形态大致可分为厅堂式、阁楼式、门阙式和密檐式四类。其中密檐式鼓楼为最成熟和经典的造型，是黔东南最为普遍的形式，如图 1-17。密檐式鼓楼造型丰富，兼具楼、阁、塔、亭的建筑特点于一身，是侗族木构建筑营造技艺的集大成者；密檐式鼓楼底面一般为正八边形、正六边形、正方形等；楼身为多重檐，形成重重叠叠的效果；鼓楼的宝顶为鼓楼的精华部分，有悬山式、歇山式和攒尖式三种形式，层数一般有单层和双层；密檐式鼓楼总层数为奇数，从三层至二十几层，现存最高的从江鼓楼共 29 层。密檐式鼓楼为全木结构，全部采用手工制作，不用一钉一铆，全由木榫穿合，扣合无缝，结实牢固。

① 李先逵．苗居干栏式建筑［M］．北京：中国建筑工程出版社，2005.
② 耿生茂，刘晓春［M］．原生态黔东南［M］．贵阳：贵州民族出版社，2012.

图 1-17

2. 侗族鼓楼的构成要素

侗族鼓楼从结构上来说，由阁底、塔身和亭顶三部分组成。阁底位于侗族鼓楼的底部，为主要的使用空间；塔身位于侗族鼓楼的中部，由多重小青瓦屋檐组成，构成鼓楼的立面轮廓；亭顶位于侗族鼓楼的顶部，是侗族鼓楼制作最为复杂的部分，也是侗族鼓楼的点睛之笔。侗族鼓楼这三个部分的功能、结构形式各不相同，造型灵活多变，充分体现了侗族木构建筑营造技艺。①

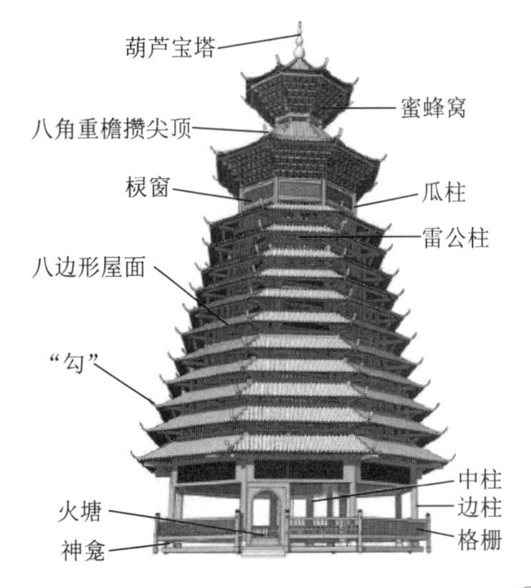

图 1-18 ②

1）阁底

阁底位于侗族鼓楼的底部，是侗族鼓楼基座以上、楼身以下的部分，是侗族鼓楼主要使用空间。阁底平面形式一般为正多边形，多为正方形、正六边形或正八边形。在早期，侗族鼓楼有以立柱为中心的独柱鼓楼，后逐步演化成由一组内柱和一组外柱组成的回形鼓楼。侗族鼓楼阁底一般为一层或两层，在外侧多以围栏相围，有的完全敞空，在阁底中心位置会

① 罗德启 . 贵州民居［M］. 北京：中国建筑工业出版社，2008.

② 陈鸿翔 . 黔东南地区侗族鼓楼建构技术及文化研究［D］. 重庆：重庆大学，2012.

放置火塘，围绕火塘四周设置木板长凳，在对门的后墙会设置供桌。在日常，侗族村民会在鼓楼阁底休憩和聊天，在节假日会唱歌、议事和行祭祀仪式。

2）塔身

侗族鼓楼的塔身多为多角重檐小青瓦屋面，一般采用五分水坡屋面，通过逐层内收形成侗族鼓楼曲线外轮廓，带来很强的韵律感，体现了侗族鼓楼独具一格的艺术价值。塔身是侗族鼓楼的主要结构部分，主要功能是形成重叠屋面进行遮风挡雨。其造型功能更加突出，塔身造型优美，灵活多变，不同侗族木匠建造的侗族鼓楼塔身大小与风格各不相同。塔身是侗族鼓楼造型艺术和结构技术的精华所在，复杂侗族鼓楼塔身会采用多柱变角，采用加柱和减柱技术，实现底部四边形向上部八边形变化，形成多样化的塔身造型。另外，在塔身的檐口会突然抬高，并安装翘脚，起到突出冠冕作用，使得侗族鼓楼外形轻盈洒脱，高耸升腾。

3）亭顶

侗族鼓楼的亭顶造型各异，变化多端，是侗族鼓楼的点睛之笔。侗族鼓楼屋面一般由屋檐下的梅花斗拱来承担，梅花斗拱一般架立在木柱顶端，形成凌空飞翔的姿势。其中攒尖顶大多数是利用穿过雷公柱与瓜柱的“米”字穿枋出挑承接挑檐檩条，中间架起瓜柱，柱上承金檩，再由瓜柱和雷公柱构架上层“米”字穿枋，中间立上层瓜柱，瓜柱承檩，以此类推形成鼓楼顶部结构。

1.3.3 侗族风雨桥

风雨桥是侗族村寨最重要的公共建筑之一。侗族喜欢择水而居，一般建寨喜欢选择在河流或溪水畔的平坝、山谷之处，村寨往往会地跨河溪两岸，为了交通方便都会修建风雨桥用于连接交通，如图 1-19。侗族风雨桥是中国廊桥中的一个分支，是廊桥技术传播到侗族聚居区后由侗族工匠发展创新而来。[①]

图 1-19

侗族人自己称呼风雨桥为“福桥”或“花桥”。“福桥”的称呼表明侗族风雨桥在侗族村寨中具有风水和信仰的属性，在侗族村寨风雨桥不仅是方便交通、跨越江河的通道，更重

① 刘洪波．侗族风雨桥建筑与文化［M］．长沙：湖南大学出版社，2016.

要的是具有象征意义和风水文化意义，即有“堵风水、佑村寨”之意；大部分风雨桥在桥头或中间的廊亭都会设有土地庙或飞山公主庙，供侗族村民进行祭祀。侗族风雨桥会在廊壁或顶部木板上绘制侗族民间人物、故事彩画，宣传侗族文化，故也被称作花桥，如图 1-20。

图 1-20

侗族风雨桥是侗族民居和侗族鼓楼相融合，结合了两者营造工艺，集合了桥、廊、亭、塔等结构于一身的建筑，是建筑艺术中实用功能和艺术性结合的典范。

风雨桥依其屋面不同的处理形式分为平廊桥、楼廊桥、亭廊桥、阁廊桥和塔廊桥。其中平廊桥为风雨桥中最为朴素的形式，屋顶采用两坡屋顶形式，是小跨度桥梁的首选形式；而塔廊桥是体量最大的风雨桥，塔廊桥主要是在桥墩上建造 4～5 层密檐的攒尖顶似宝塔的塔楼，该形式融合了鼓楼和廊桥的建筑形式。黔东南最为有名的黎平地坪风雨桥便是塔楼与阁楼的组合。

典型的侗族风雨桥构造主要包括桥基、桥架、桥廊与桥亭[①]，相互之间组合成一个整体，如图 1-21。

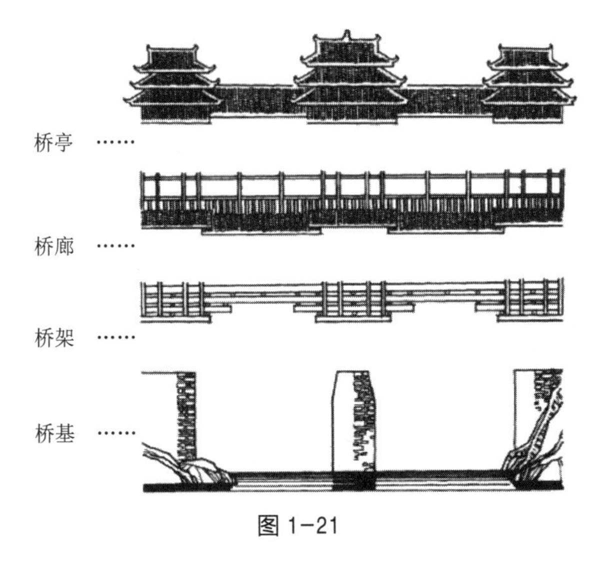

图 1-21

① 凌恺．广西侗族风雨桥木构架建筑技术初探——以南宁相思风雨桥为例 [D]．南宁：广西大学，2015.

1. 桥基

桥基是侗族风雨桥的基础，它一般由两侧桥台和中间桥墩组成，传统侗族风雨桥的桥基都是由青石堆砌而成，其上承受圆木桥架，如图 1-22。

图 1-22[①]

2. 桥架

桥架是风雨桥主要受力构件，对侗族风雨桥安全起到举足轻重的作用。风雨桥桥架主要采用砖石结构、木结构和石木混合结构，现代修建的风雨桥也有很多采用混凝土结构的。修建历史较早的风雨桥桥架多以木结构为主，采用圆木桥架，结构形式主要采用圆木简支梁、伸臂式木梁。风雨桥跨度小，在 4 ～ 5 m 的采用的是圆木简支梁，如图 1-23；跨度较大，在 8 ～ 10 m 的多采用伸臂式木梁，如图 1-24。

图 1-23

图 1-24

① 李哲．程阳八寨杨家匠的风雨桥营造技艺 [D]．深圳：深圳大学，2017.

3. 桥廊

桥廊是侗族风雨桥的围护部分，为侗族风雨桥的使用空间。一般侗族风雨桥为一层桥廊，但有部分会设置两层桥廊；大部分风雨桥桥廊是一个与桥身通长的廊道，主要是作为行人、牲畜过往通道，在廊道两侧会设置木制座凳和栏杆，供村民遮日、避雨、休憩，如图 1-25。

图 1-25

风雨桥桥廊一般都兼具抬梁式和穿斗式特点。桥廊排架一般由四根立柱组成，在桥廊两内柱之间为了形成大空间，采用抬梁穿斗混合式，内柱用尺寸较大的台梁枋连接，抬梁枋承担不落地的中瓜柱，在中瓜柱两侧布置有侧瓜柱，共同支撑起小青瓦屋面；内柱和外柱通过出水枋连接，内外柱底部由脚枋连接。在内柱和外柱下端和中部设置短枋相接，拉稳内外两柱，在中部短枋上架上厚木板，做成板凳。

4. 桥亭

桥亭是侗族风雨桥结构和营造技法最为复杂的部分，主要有多重歇山顶殿形和攒尖顶塔形两种形式，大型风雨桥往往会采用两种形式混合，从而形成屋顶形式的多样和变化。侗族风雨桥桥亭的设计和建造借鉴了侗族民居和侗族鼓楼宝顶的很多做法，是侗族木构件营造技法的集大成者。

1.4 BIM 技术在苗侗民族建筑中的应用

1.4.1 BIM 技术在苗侗民族建筑上应用的优势

BIM 技术在苗侗民族建筑应用中具有技术优势，更好地为苗侗民族建筑服务，其优势主要表现在以下几个方面：

1. 与苗侗民族建筑实体充分吻合，包含大量工程信息

使用 BIM 技术形成苗侗民族建筑的信息模型，其模型与苗侗民族建筑的几何构图、组成构建、工艺做法以及每个构件材料数据都要求尽量一致，包含大量工程形象。后期的苗侗

民族建筑维护和修缮，都可以通过 BIM 技术对建筑信息模型进行审查，通过 BIM 技术及时地对损坏的建筑构件进行修复，减少了施工风险因素的发生。

BIM 技术通过数字化的信息模型来反映苗侗民族建筑各个部件的建造情况，可以为研究人员提供准确的建筑信息，帮助苗侗民族建筑研究人员和设计人员真实地掌握苗侗民族建筑构成部件的结构特点。

2. 通过苗侗民族建筑信息化，可以更好地共享数据

BIM 技术的应用可以促进苗侗民族建筑信息化的进程。首先，BIM 技术可以整合苗侗民族建筑的数字信息，将其与数字化技术很好地集成为一体，推动苗侗民族建筑数字化和信息化的进程。其次，BIM 技术将苗侗民族建筑转化为立体的虚拟模型，有利于相关数据通过网络分享，建造协同合作的平台，能够跨越部门、区域的限制，使更多部门来共享苗侗民族建筑数据。

3. 增强民族建筑设计、施工可视化，减少设计中的技术盲点[①]

BIM 技术还可以增强苗侗民族建筑设计、施工的可视化。BIM 技术在功能方面，超越了传统设计领域的二维和三维设计软件。传统的二维设计软件如 CAD 等多通过平面图、立面图和剖面图展现苗侗民族建筑的整体造型，由于苗侗民族建筑构件多而繁杂，难以不出现纰漏；而且有些细微的建筑结构不能在三视图中展现，只能通过相关的文字进行说明。BIM 技术可以完全解决上述问题，直观地展示苗侗民族建筑的整体和局部结构。传统三维设计软件虽然在一定程度上减少了传统二维建筑图纸理解能力所带来的交流障碍，然而其结构、构件实际尺寸以及材料数据往往和实际工程并不相同，更多的是整体呈现效果，很难用于施工图设计和节点大样设计。BIM 技术以其先进的功能特点，减少了苗侗民族建筑维护信息割裂问题的发生。苗侗民族建筑主要是木结构，结构比较复杂，依靠 BIM 技术可以通过系统内部的三维可视化工具，将苗侗民族建筑的完整信息展现出来，真正减少传统软件带来的技术弊端。

4. 反映苗侗民族建筑的建造过程，解决苗侗民族建筑设计中与施工的脱节问题

对于苗侗民族建筑来说，一方面，大多数的民族工匠文化水平不高，很多的建造流程和建造技巧仅仅通过口头相传，大部分苗侗民族建筑都是由本地区的木匠施工完成，构件制作过程和施工工艺都是凭借经验，没有规范的施工图纸可以参照。另一方面，设计人员没有经过完整的苗侗民族建筑知识的培养，设计出的施工图纸民族工匠无法使用，导致苗侗民族建筑设计与施工的脱节。在实际工程中，民族工匠只是使用工程项目的平面尺寸、建筑高度、空间要求和外观形状等建筑元素，在此基础上，利用自己的工程经验自己来进行建造，不会按图施工。BIM 技术能够很好地解决苗侗民族建筑设计施工中出现的这种难题。BIM 技术优势之一为可视性，即“所见即所得”，因此在设计过程中，设计人员就要充分调研，掌握相关知识，或者在设计阶段就让民族工匠参与，从而将设计施工中不符合的情况在设计阶段就进行消化处理。

---

① 解辉．BIM 在中国古建筑维护中的应用研究——以观音阁为例［D］．北京：清华大学，2017.

5. 集合材料和工程细节信息，可以用来指导施工和计算工程造价[①]

BIM 模型在建模过程集合了大量的材料和工程细节，实现建筑工程信息的输入、集成和提取，极大地方便了后期对模型构件、材料量的提取，BIM 的参数化特性方便了工程量的统计工作；而 BIM 模型信息集成的特性可以实现“工程—工期—造价”的数据联动，为工程进度款上报和审核提供了巨大帮助。

1.4.2 苗侗民族建筑的建模流程

苗侗民族建筑为木结构，其主要受力单位为一榀排架，而排架由木柱和排架内的木枋组成，再用排架外的木枋和连续梁将多榀排架连接起来，形成整体屋架，再在此基础上形成屋面和其他装饰性构件。苗侗民族建筑的 BIM 模型建立也类似这种流程，在此以苗族吊脚楼为例来讲解苗侗民族建筑的建模流程。

1. 项目创建

该阶段主要是建筑项目文件的创建和设置，主要涉及模型样板的选择，这会影响到后期构件的显示。

2. 标高和轴线

该阶段主要是苗侗民族建筑标高和轴网的创建与编辑，这是 BIM 苗侗民族建筑模型建立的第一步。由于苗侗民族建筑与常规土建项目相差较大，苗族吊脚楼的层高较矮，一般为 2 200～2 400 mm，会出现标高多而楼层少的特点，如图 1-26，在建模之前要规划好模型的标高和轴线，减少后期的调整。在图 1-26 中，苗族吊脚楼只有三个标准层，分别是吊脚层、地面层和二层，但在建模过程中，为了后期方便，设置了 8 个标高。

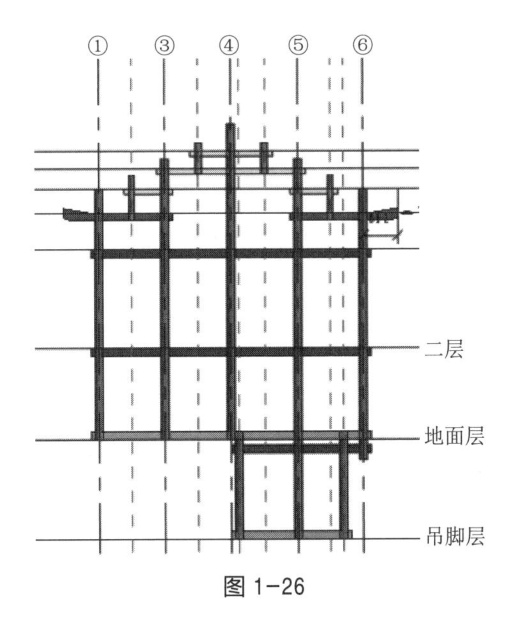

图 1-26

① 熊向阳，林敏．基于 BIM 的我校工程造价专业实践教育平台的构建 [J]．山西建筑，2017，43（32）：221-222.

3. 一榀排架木柱和木枋的建立

苗侗民族建筑其主要受力单位为一榀排架，其主要由落地的木柱和不落地的瓜柱通过木枋连接而成。一般木柱的底面直径在 200～300 mm，尾径最小要大于 120 mm，一般在 140～160 mm；瓜柱的直径也是通过尾径来控制，最小要大于 120 mm，一般在 140～160 mm，瓜柱的间距为 600～800 mm 为宜；木枋的宽度为 40～60 mm，对于有些跨度大或受力大的宽度可达到 80～100 mm，高度 160～200 mm 的较多。本阶段主要是木柱和木枋的创建和编辑方法，这一阶段要注意非规则木柱和木枋族的建立，特别是木枋和混凝土梁的区别较大，其不是从轴线开始，往往是从柱的外边开始，因此在建立木枋族的时候要注意进行调整，如图 1-27。

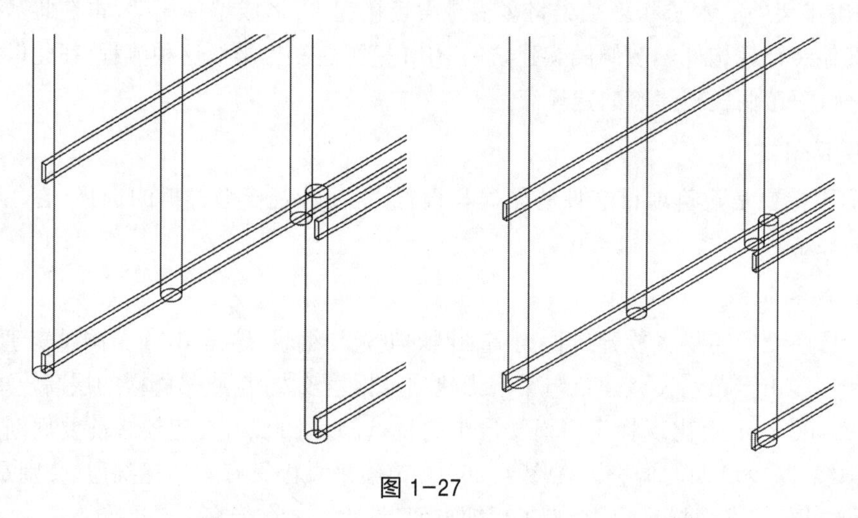

图 1-27

苗侗民族建筑的木屋架一般都是由单榀排架重复布置组成，将建好一榀排架按照其一定规则进行复制和排列。

4. 穿枋和檩条的建立

穿枋和檩条主要作用是将几榀排架连接为一个整体，其在苗侗民族建筑的木屋架固定中起着重要作用，一般与纵向轴线平行，其创建和编辑方法与木枋方法相似。檩条一般采用圆形木材，底面直径在 120～160 mm，尾径最小要大于 80 mm，与排架一起形成苗侗民族建筑的整体木屋架。

5. 楼枕和楼板的建立

苗族吊脚楼的楼板一般是靠楼枕支撑，将其所受到的荷载传递给排架内的木枋，再由木枋传递给木柱。楼枕一般来说采用正八边形或方形，边长尺寸为 100～160 mm，楼枕的间距取 600～800 mm 为宜，楼板的厚度一般为 25～50 mm，这样才能保证吊脚楼楼板的安全性。

6. 民族特色木质墙板和木楼梯

木制基本墙和混凝土墙的创建方法不同，从图 1-28 可以看出，木制墙板是由中间板和压边板组成，采用了幕墙的绘制方法来创建木制基本墙，从而达到需要的效果。其可以根据木墙的跨度来调整压板的数目，较好地适用于不同工程的需要，而且也和后期的门窗安装相

协调和配套。

图 1-28

楼梯是采用一个木制楼梯的族来创建，其主要由两侧楼梯木梁和木制踏板组成，与苗族吊脚楼的楼梯的实际情况相同，可以根据实际需要进行参数调整，可以实现不同的需求。

7. 门窗和美人靠等装饰构件的建立

门窗的建立采用的是系统自带族进行创建，在建立的时候选择木制门窗族，按照实际情况调整尺寸。

美人靠是苗侗民族建筑中常用的装饰性构件，一般布置在房屋向阳面或鼓楼底层，用来方便休息和聊天，如图 1-29。美人靠采用的是族类型进行创建，可以自动根据轴线长度调整美人靠的长度和靠背枋的个数，方便后期美人靠的布置。

图 1-29

梅花斗拱也叫侗族蜂窝斗拱，是侗族鼓楼和风雨桥顶部常用的装饰和受力构件，其和汉式斗拱传力有相似之处，基本单元是一根长拱和两个短拱组成类似梅花木质三瓣拱，如图 1-30，和夹板、垫板通过层层叠加，形成梅花斗拱，如图 1-31。梅花斗拱采用体量模型进行创建，根据相关尺寸进行演算，创建出体量模型，然后设置相应的标高和位置。

图 1-30

图 1-31

8. 挂瓦条和屋面

挂瓦条是钉在檩条上用来承受小青瓦的木条，其厚度一般为 20 mm，宽 80 ～ 100 mm，间距为 120 mm 左右。挂瓦条也可采用两个小木条为一组来组成，每根木条大小为 20 mm×40 mm，间距为 30 ～ 40 mm，而每组木条的间距为 120 mm。

苗族吊脚楼瓦屋面一般以 5 分水为主，根据跨度进行变化，形成曲线屋面或直线屋面，具体可见李先逵《苗居干栏式建筑》一书。

9. 场地建立

苗族吊脚楼一般都建设在坡坎之处，如图 1-32，所以在建模过程中，为了建造这种地形，主要采用放置地形点的方式创建多层台阶性地形，并进行场地的相关设置，以及与场地关联的地形表面、场地构件的创建与编辑。

图 1-32

10. 生产图纸

在该阶段，结合苗侗民族建筑模型，使用 Revit 明细表的各种类型，以及创建方法、编辑方法与导出方式，从而将苗侗民族建筑模型中的各种参数详细列出，以保证后期施工顺利进行。同时结合苗侗民族建筑模型进行图纸的创建、布置、编辑、设置项目信息等，生成可供工程使用的建筑施工图。

第 2 章

苗族吊脚楼 BIM 建模

本项目吊脚楼模型的相关尺寸数据来自黔东南州雷山县乌东村一栋民居。乌东村是典型的苗族村寨，位于苗疆腹地雷山县城的东北面，距县城 19. 6 km。苗寨村寨喜欢依山而建，乌东村就是山间高地型村寨，坐落于雷公山中段，海拔 1 306 m。村寨山清水秀，吊脚木楼鳞次栉比，村内有风雨桥 3 座、鹅卵石芦笙场 1 个、碾米房 2 栋，整体风貌保存良好，2008 年被中国国土经济协会列为“中国经典村落景观”，2011 年被环保部授予“国家级生态村”，2013 年入选第二批“中国传统村落名录”，2017 年被国家民委评为“中国少数民族特色村寨”。①

乌东村吊脚楼多为两层标准层带吊脚层的结构，木构架一般采用 5 柱 4 瓜，屋顶多为歇山顶，如图 2-1。

图 2-1

2.1 项目创建

1. *启动* Revit 2021

点击桌面上的 Revit 2021 图标或通过开始菜单中的 Revit 2021 程序启动 Revit 2021，如图 2-2，该页面有模型和族两个板块，可以进行新建模型（族）、打开模型（族）等，在每个板块

① 张希才. 乌东苗寨——雷公山麓的世外桃源［N］. 贵州政协报，2020-10-27.

的右边是软件的使用记录，前期建立的模型和族都会在这里显示出来。

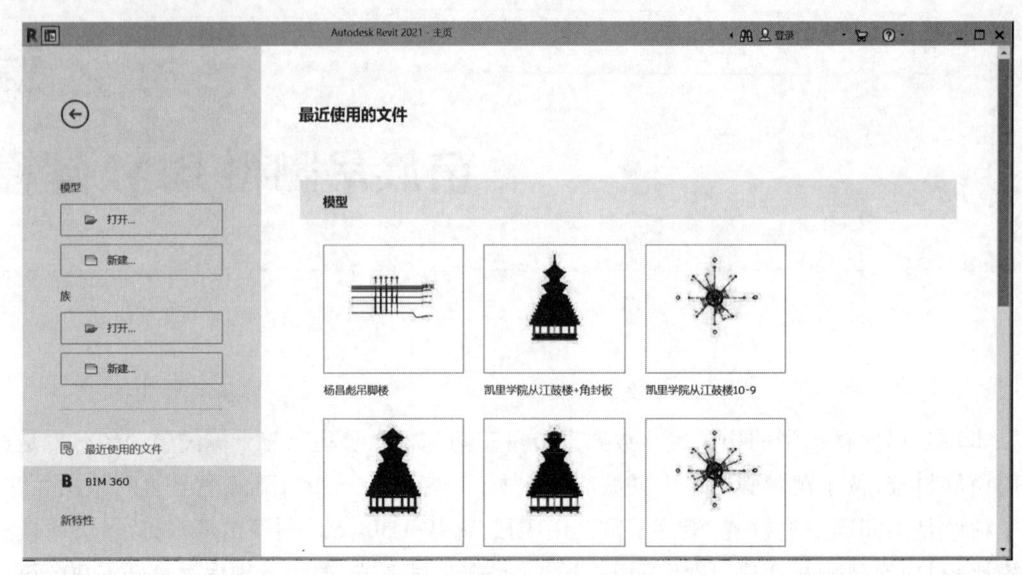

图 2-2

2. 新建项目

点击模型板块下的“新建 ...”，弹出“新建项目”对话框，如图 2-3；在样板文件对话框选择相应的样板，常用的样板有建筑样板、结构样板、构造样板和机械样板。

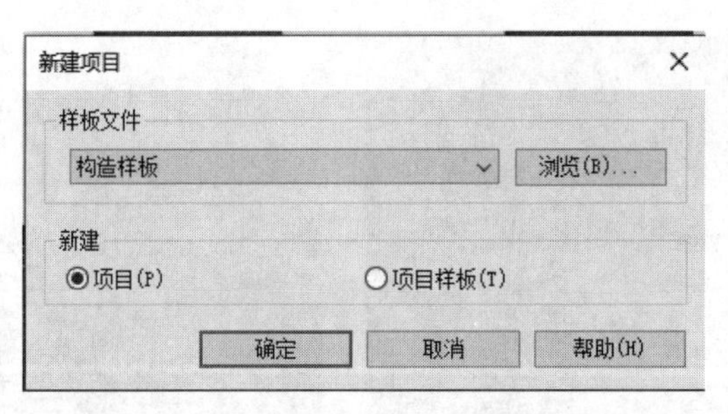

图 2-3

一般 Revit 默认的是构造样板，它包括了通用的项目设置；建筑样板是针对建筑专业，即建筑物和构筑物的总称，如非承重墙、门窗、家具等；结构样板针对结构专业，即建筑结构，如基础、柱、梁、板、承重墙等。

苗侗民族建筑结构不同于普通的土木结构，为了解决后面不同样板兼容性的问题，在本项目中可以选择“构造样板”，点击“确定”按钮。

3. 保存项目

点击软件右上端 Revit 图标（应用程序按钮），出现“应用程序菜单”，选择菜单中的“另存为”项目，弹出“另存为”对话框，如图 2-4；点击对话框中的“选项（P）”按钮，弹出“文件保存选项”对话框，修改最大备份数，默认备份数为 20，如图 2-5；当保存数量达到最大备份数后，程序会自动删除最早的备份文件。

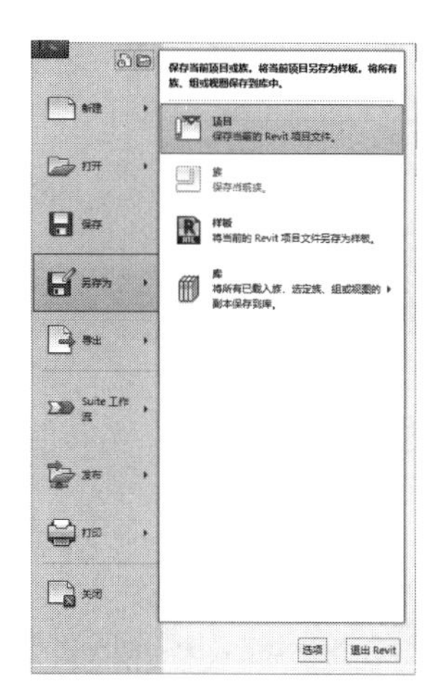

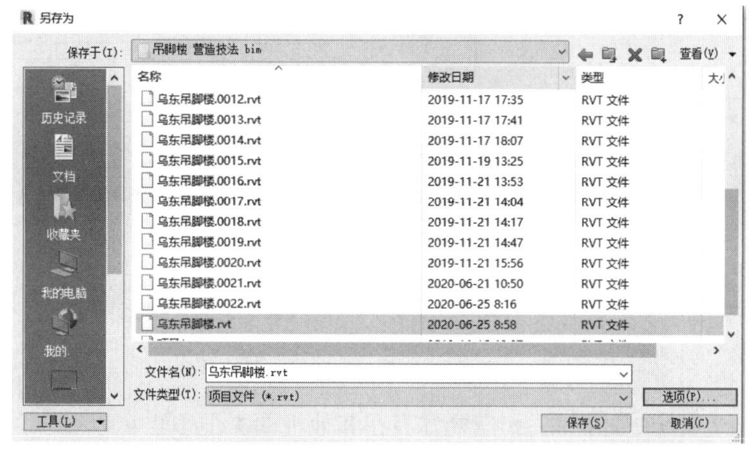

图 2-4

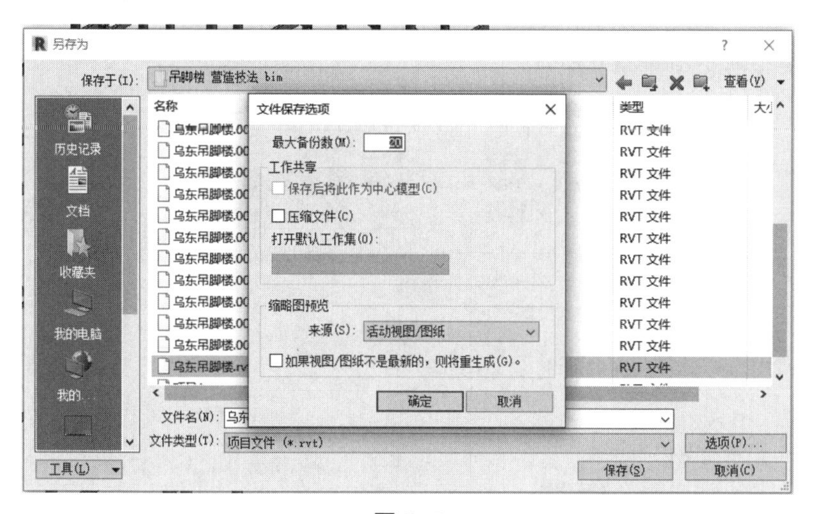

图 2-5

2.2 标高和轴线

2.2.1 标　高

吊脚楼一般来说以一层、两层居多，最多三层，其屋顶以悬山顶或歇山顶为主，其排架木枋较多，且不在同一标高，为了后期建模简单，在每个排枋和瓜柱枋处都设置标高。

（1）在项目浏览器中选择“立面”→“东”，转到“东视图”。

（2）通过“建筑（结构）”主菜单中“基准”面板中的“标高”工具，进入“修改 / 放置标高”选项卡，在“绘制”面板中选择标高生成方式为“直线”，设置偏移量 =0。

在选项栏中，点击“平面视图类型 ...”按钮，打开“平面视图类型”对话框，在这里选择要创建的视图类型，可以多选，这样“项目浏览器”中相应的视图类型会出现绘制的标高，如图 2-6。

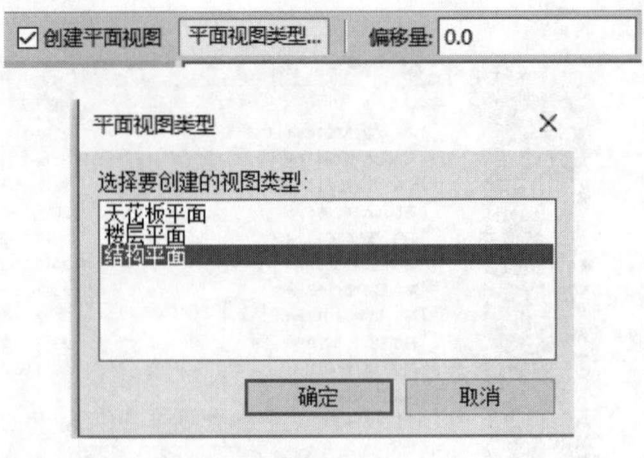

图 2-6

当绘制好标高后，需要标高在其他视图类型中也可以显示，在“绘图区域”选择要变更的标高，点击主菜单“视图”中“创建”面板中的“平面视图”下拉菜单，选择需要显示的视图类型。假设选择楼层平面，弹出“新建楼层平面”对话框，如图 2-7，点击“确定”，则在相应的视图类型中显示出添加的标高。

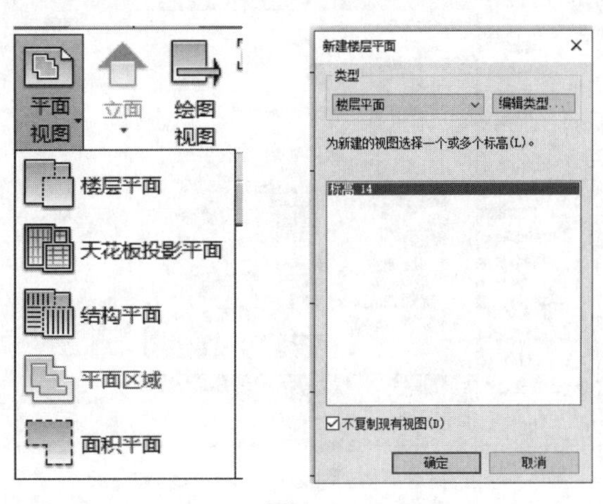

图 2-7

在“绘图区域”中选择“标高”，出现标高的“属性”对话框，通过这个对话框可以对标高的相关属性进行调整，包括标高的符号、线性、名称等都可以进行调整。

在本项目中以枋的顶面为标高定义点，柱主要通过柱的高度来进行控制。分别根据不同枋的高度，确定“标高”，在绘图区域画出各个标高。为了便于记忆，根据吊脚楼构件的名称进行命名，具体见表 2-1 和图 2-8。

表 2-1

标高名称	标高值 /m	标高名称	标高值 /m
吊脚基脚	-2. 472	出水枋	5. 620
地面层	0. 000	一瓜枋	6. 210
一层排枋	2. 265	中柱枋	6. 724
二层排枋	4. 716	二瓜枋	7. 140

图 2-8

2.2.2 轴 线

在创建完标高后，切换到相应的平面视图进行轴线创建，轴线主要用于指导后面柱子和墙的创建。

（1）在“项目浏览器”中选择“楼层平面”菜单下“地面层”作为工作标高。

（2）通过“建筑（结构）”主菜单中“基准”面板中的“轴线”工具，进入“修改 / 放置轴线”选项卡，在“绘制”面板中选择标高生成方式为“直线”，设置偏移量 = 0。按照相关尺寸画出吊脚楼一层轴线，相关尺寸如图 2-9。纵横向轴线分别按照 1，2，3... 和 A，B，C... 等原则进行命名。

（3）在“绘图区域”中选择“轴线”，出现轴线的属性对话框。通过这个对话框可以对轴线的相关属性进行调整，包括轴线的符号、线性、名称等都可以进行调整。

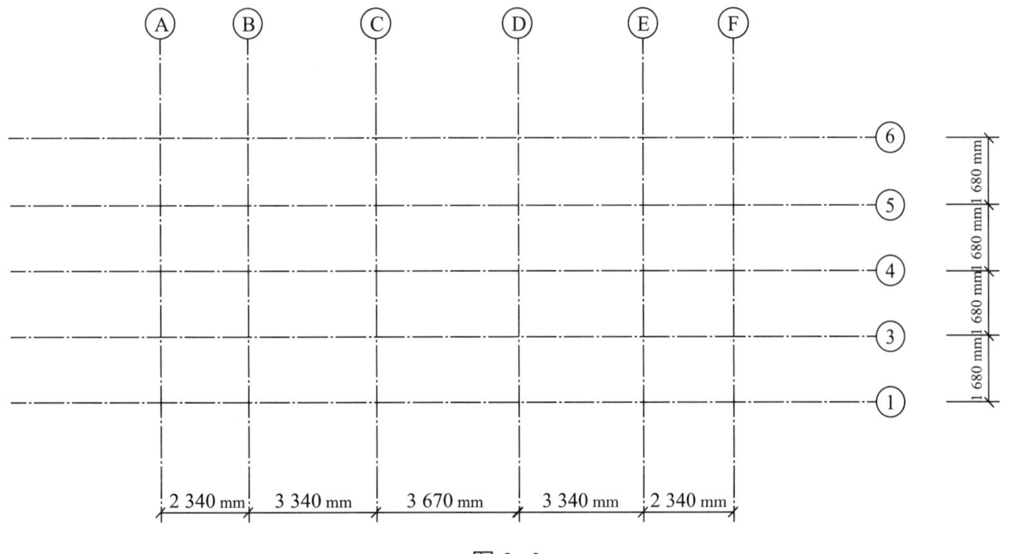

图 2-9

2.2.3 速博（Autodesk Revit Extensions）插件建模

速博(Autodesk Revit Extensions)插件是免费的插件，安装完成后会在主菜单上增加 Extensions 菜单项。通过该插件可以实现快速建模。

点击 Extensions 菜单项，在“Autodesk Revit Extensions”面板中“建模”下拉菜单中点击“轴网生成器”，出现“轴网生成器”对话框，如图 2-10。

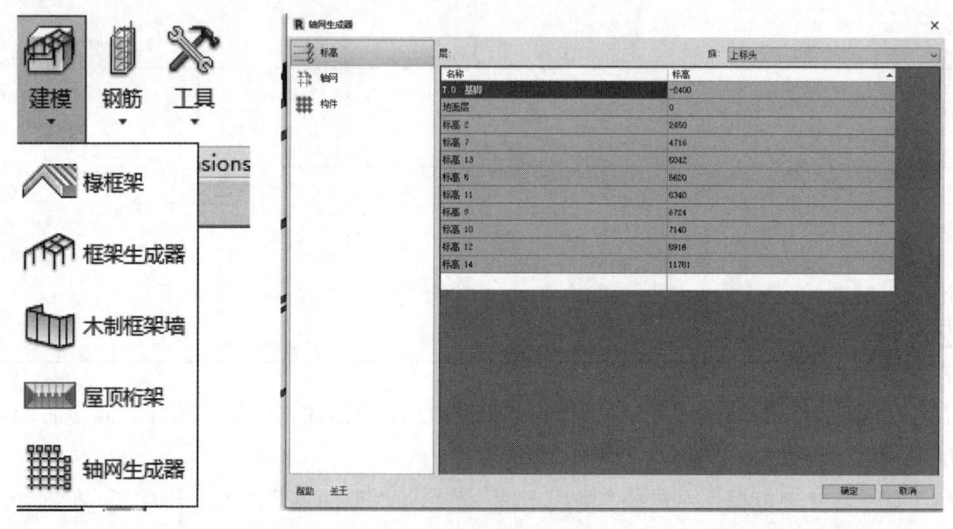

图 2-10

通过该对话框，可以快速建立标高和轴线，其建模方式和 PKPM 相似，通过输入标高名称和标高值来建立标高，通过水平轴线的跨度和数量、水平轴线的跨度和数量、编号等来建立轴线。

点击软件右上端 Revit 图标(应用程序按钮)，出现“应用程序菜单”，选择菜单中的“另存为”项目，弹出另存为对话框，将其保存为“吊脚楼标高和轴线”。

2.3 一榀排架木柱和木枋的建立

2.3.1 木立柱的建立

(1) 载入木柱族。在项目中点击“插入”主菜单，在“从库中载入”面板中点击“载入”族工具，会跳出“载入”族对话框，载入之前已经编制好的“圆木柱”族，点击“打开”，将“圆木柱”族载入项目中。

(2) 点击“建筑”主菜单中“创建”面板中“柱”中的“柱:建筑”，这时在“属性”面板出现导入的“圆木柱”族。点击“编辑类型”，出现“类型属性”对话框，点击“复制(D)...”，名称为“木立柱 200”，设置 R=200 mm。点击“材质和装饰”下“材质→〈按类别〉”，弹出“材质浏览器”对话框。再点击左下面“打开 / 关闭资源浏览器”按钮，打开“资源浏览器”对话框，查找“云杉”材质，通过复制、重命名等命名，定义一种新材质“立柱杉木”。为了在后面进行材料统计时区分,可以将材质的“图形”选项卡下的“着色”下“颜色”设为“红色（RGB 255 0 0）”,如图 2-11。

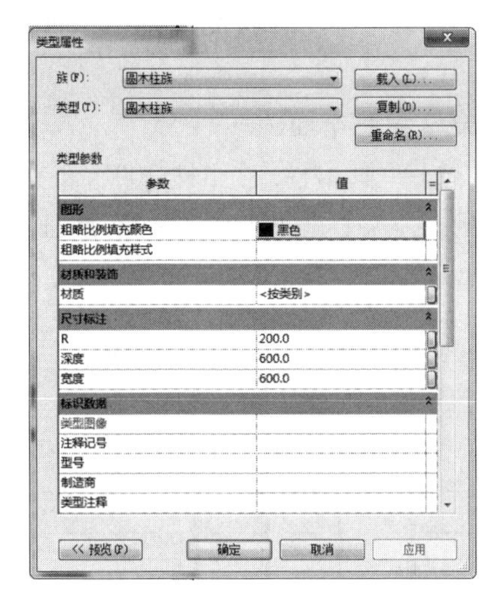

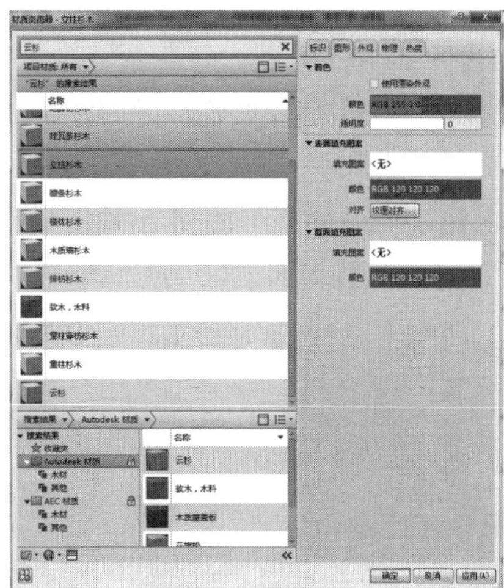

图 2-11

（3）在项目浏览器中,在楼层平面选“一层排枋”标高作为工作平面。在 A 轴线和 1,3,4,5,6 轴线交点,布置五根木立柱。点击木柱“属性”,将“约束”选项卡内参数,按表 2-2 中的数值进行调整。建好的模型如图 2-12。

表 2-2

名　称	底部标高	底部偏移/mm	顶部标高	顶部偏移/mm
前檐柱	地面层	−500	地面层	6 223
前二柱	吊脚基脚	0	地面层	6 957
中　柱	地面层	0	地面层	7 826
后二柱	地面层	0	地面层	6 957
后檐柱	地面层	0	地面层	6 223

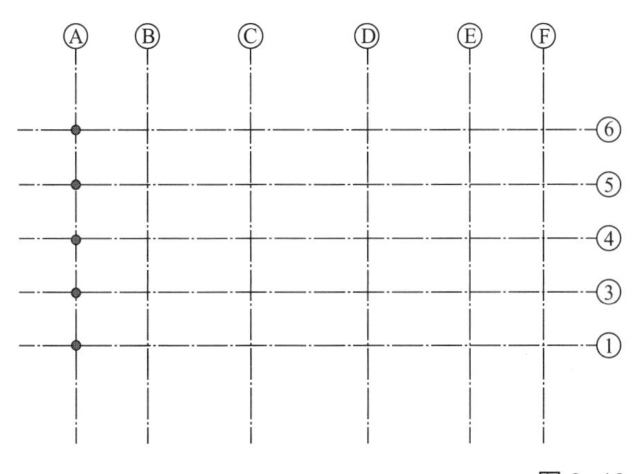

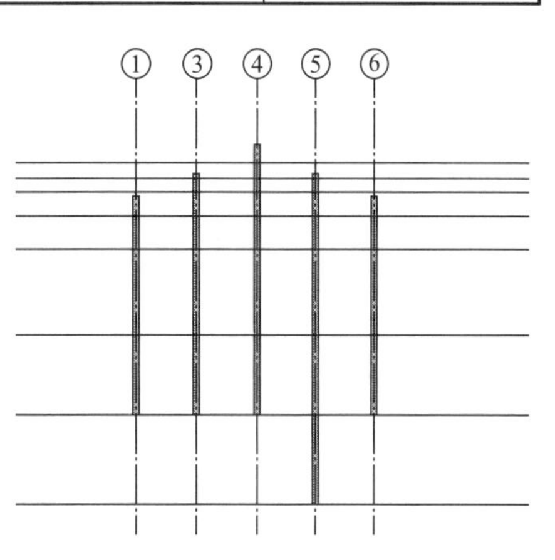

图 2-12

（4）吊脚层夹柱的建立：

① 参照平面建立。点击“建筑”主菜单中“工作平面”面板的“参照平面”工具，进入“修改 / 放置参照平面”选项卡，在“绘制”面板中选择“直线”，设置“偏移量：500”，画一条平行于 6 轴线的 1 参照平面。

② 同理在 4 轴线上侧，以偏移量 200 mm 建立 2 参照平面。

③ 吊脚层夹柱建立。同前面布置立柱一样，选择“圆木柱族：立柱 200”，布置在 1 参照平面和 A 轴线交点、2 参照平面和 A 轴线交点，吊脚层夹柱的“约束”参数，底部标高：吊脚基脚（0. 0）；顶部标高：地面层（0. 0）。建立的模型如图 2-13。

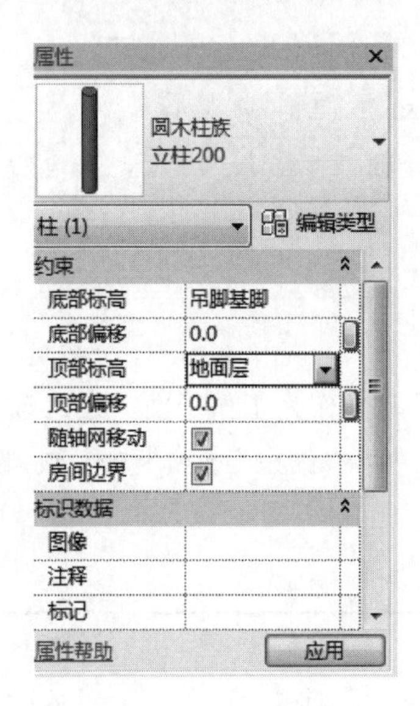

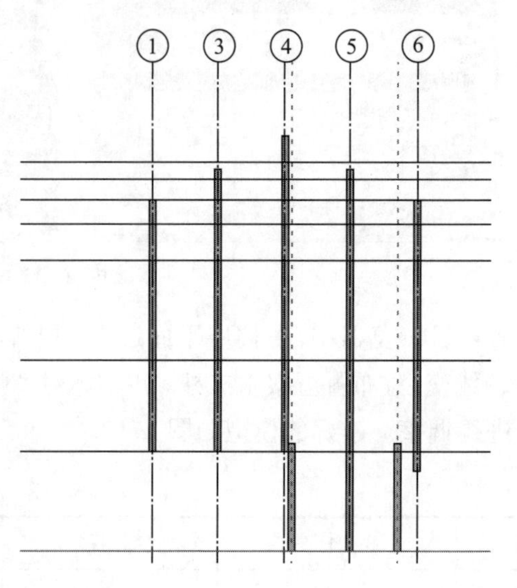

图 2-13

2.3.2　一榀排架内排枋的建立

（1）木枋族导入。在项目中点击“插入”主菜单，在“从库中载入”面板中点击“载入”族工具，会跳出“载入”族对话框，载入之前已经编制好的“木枋”族，点击“打开”，将“木枋”族载入项目。

（2）点击“结构”主菜单中“结构”面板中的“梁”工具，这时在“属性”面板出现导入的“木枋”族。点击“编辑类型”，出现“类型属性”对话框，点击“复制（D）...”，名称为“地脚枋 50*200”，设置 b=50 mm，h=200 mm；点击“材质和装饰”下“材质→〈按类别〉”，弹出“材质浏览器”对话框，再点击左下面“打开 / 关闭资源浏览器”按钮，打开“资源浏览器”对话框，查找“云杉”材质，通过复制、重命名等命名，定义一种新材质“地脚枋杉木”。将材质的“图形”选项卡下“着色”下的“颜色”设为“粉红色（RGB 255 128 128）”。

（3）在项目浏览器中，在楼层平面选“吊脚基脚”标高作为工作平面。在 A 轴线的 1 和 2 参照平面交点之间布置地脚枋，这时地脚枋的顶面与“吊脚基脚”标高对齐。点击地脚枋“属性”面板，将“约束”选项卡内参数，“参照标高”设为“吊脚基脚”，“起点标高偏移”设为 200 mm，“终点标高偏移”设为 200 mm。建好的模型如图 2-14。

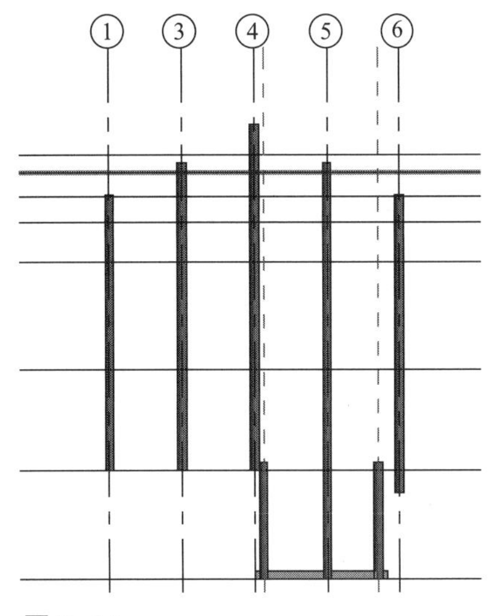

图 2-14

（4）地面层地脚枋的建立。在项目浏览器中，在楼层平面选“地面层”标高作为工作平面。在 A 轴线的 1 和 6 轴线交点之间布置地脚枋，这时地脚枋的顶面与“地面层”标高对齐。点击地脚枋“属性”，将“约束”选项卡内参数，“参照标高”设为“地面层”，“起点标高偏移”设为 200 mm，“终点标高偏移”设为 200 mm。

（5）吊脚层排枋的建立。

① 定义“排枋 50*200”。“排枋 50*200”为“木枋”族，尺寸为 b=50 mm，h=200 mm。定义一种新材质“排枋杉木”，其为“云杉”材质，“颜色”设为“蓝色(RGB 0 0 255)”。

② 在项目浏览器中，在楼层平面选“地面层”标高作为工作平面。在 A 轴线的 2 参照平面和 6 轴线交点之间布置地脚枋，这时吊脚排枋的顶面与“地面层”标高对齐。点击吊脚排枋“属性”，将“约束”选项卡内参数，“参照标高”设为“地面层”，“起点标高偏移”设为 −125 mm，“终点标高偏移”设为 −125 mm。

（6）一层和二层排枋的建立。

① 点击“结构”主菜单中“结构”面板中的“梁”工具，选择“木枋族：排枋 50*200”。

② 在项目浏览器中，在楼层平面分别选“一层排枋”“二层排枋”标高作为工作平面。在 A 轴线的 1 和 6 轴线交点之间布置地脚枋，分别布置两层排枋。建好的模型如图 2-15。

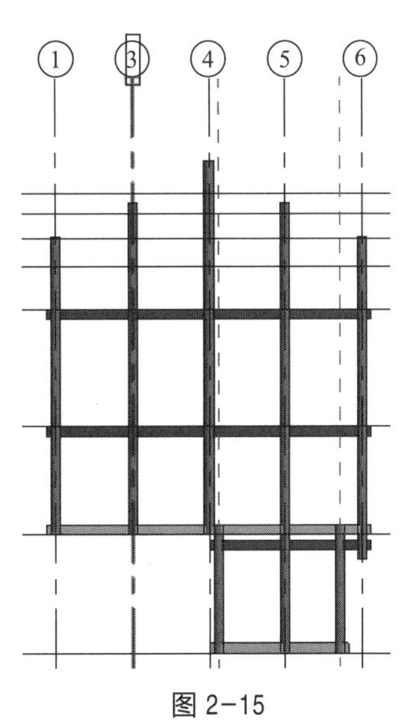

图 2-15

2.3.3 一榀排架内出水枋(大刀枋)的建立

（1）导入已经建立的“出水枋”族。

（2）点击“结构”主菜单中“结构”面板中的“梁”工具，这时在“属性”面板出现导入的“出水枋”族。点击“编辑类型”，出现“类型属性”对话框，点击“复制(D)...”，名称为“出水枋 50*185”。定义一种新材质“出水枋杉木”：“云杉”材质，“颜色”设为“紫色(RGB 128 0 128)”。

(3) 在项目浏览器中，在楼层平面选“出水枋”标高作为工作平面。在 A 轴线的 5 参照平面和 6 轴线交点之间布置出水枋，这时出水枋的顶面与“出水枋”标高对齐。点击出水枋“属性”，将“约束”选项卡内参数，“参照标高”设为“出水枋”，“起点标高偏移”设为 118 mm，“终点标高偏移”设为 118 mm。建好的模型如图 2-16。

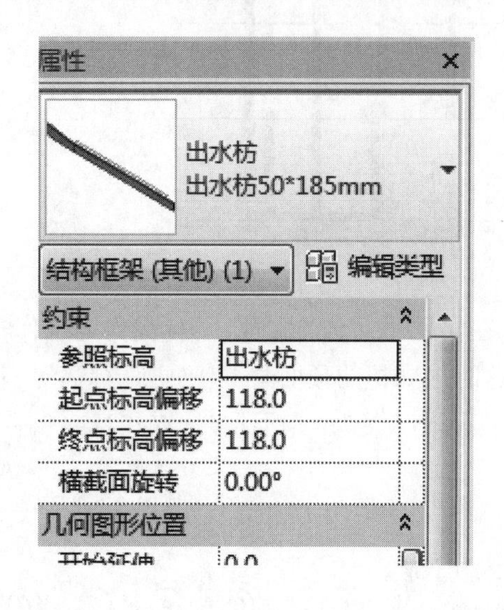

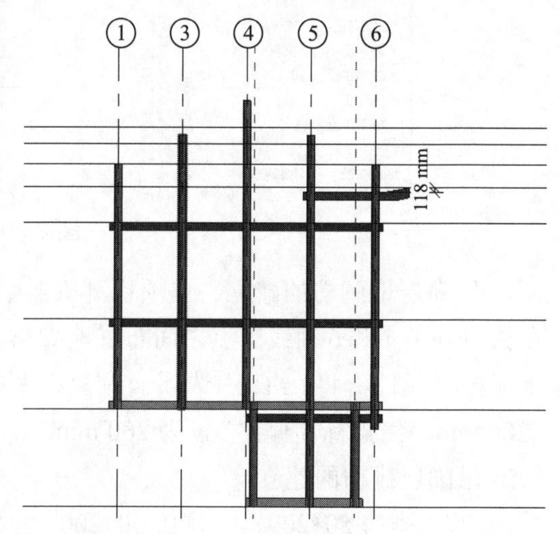

图 2-16

2.3.4 一榀排架内瓜柱和瓜枋的建立

1. 瓜柱的建立

(1) 参照平面建立。点击“建筑”主菜单中“工作平面”面板的“参照平面”工具，进入“修改 / 放置参照平面”选项卡，在“绘制”面板中选择“直线”，设置“偏移量：840”，在每纵向跨中间画四条平行于 6 轴线的参照平面，如图 2-17。

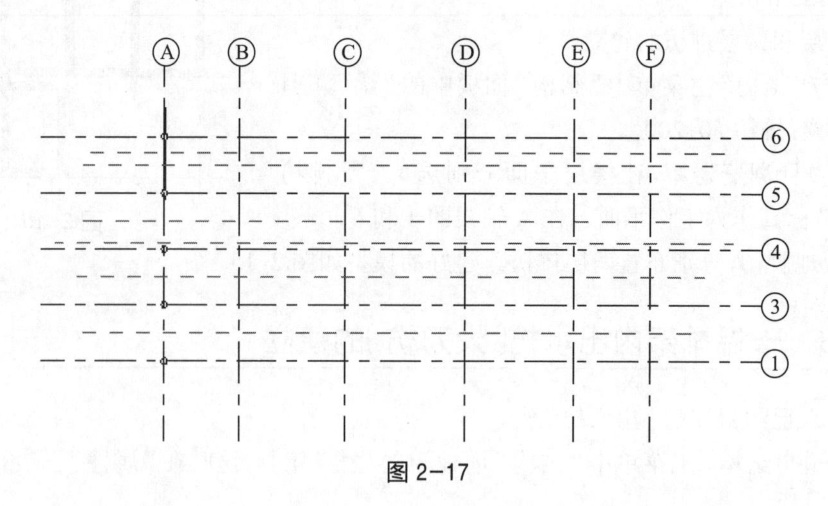

图 2-17

（2）在“建筑”主菜单中创建“柱”。点击“建筑”中的“圆木柱”族，命名为“瓜柱 160”，瓜柱半径 =80 mm。定义一种新材质“童柱杉木”：“云杉”材质，“颜色”设为“洋红色（RGB 255 0 255）”。

（3）在项目浏览器中，在楼层平面分别选“出水枋”“中柱枋”标高作为工作平面。在 A 轴线与 5 ～ 6 轴线之间、在 A 轴线与 4 ～ 5 轴线之间参照平面交点布置瓜柱。建好的模型如图 2-18。

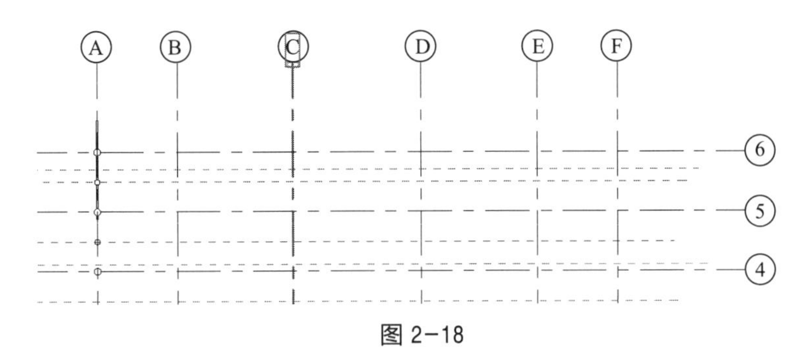

图 2-18

（4）视图范围调整。当建好的模型在当前标高无法显示时，通过设置“属性”菜单下的“范围”选项中的“视图范围”的“编辑 ...”按钮，弹出“视图范围”对话框，通过调整“底部（B）”“偏移（F）”的数值 -2 000 mm 和“标高（L）”“偏移（S）”的数值 -2 000 mm，可以在当前标高显示。

（5）瓜柱的约束范围。瓜柱 1——底层标高：出水枋（-185 mm），顶层标高：出水枋（935）；瓜柱 2——底层标高：中柱枋（-133 mm），顶层标高：中柱枋（644 mm）。建立的模型如图 2-19。

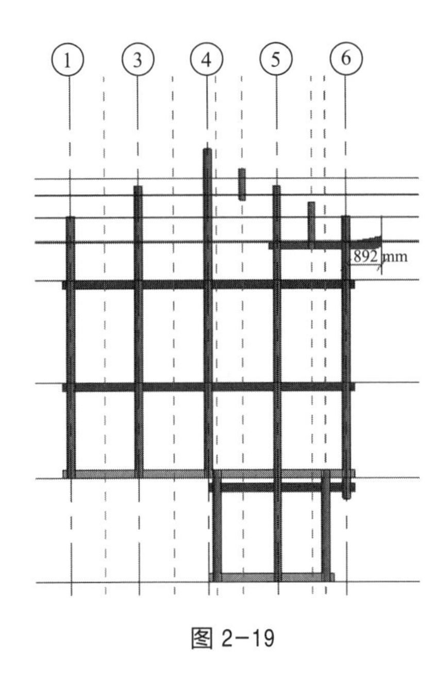

图 2-19

2. 瓜枋的建立

（1）点击“结构”主菜单中“结构”面板中的“梁”工具，新建“木枋”族的“瓜枋 50*133”，尺寸为 b=50 mm，h=133 mm。新建一种新材质“童柱穿枋杉木”：“云杉”材质，“颜色”设为“绿色(RGB 0 255 0)”。

(2)在项目浏览器中,在楼层平面分别选“一瓜枋”“中柱枋”和“二瓜枋”标高作为工作平面,分别建立相应的瓜柱穿枋。建好的模型如图 2-20。

3. 镜像瓜柱、瓜枋和出水枋

选择需要进行镜像的构件,点击“修改”控制面板的“拾取轴线”工具,拾取 4 轴线,进行镜像。建好的模型如图 2-21。

4. 保存

点击软件右上端 Revit 图标(应用程序按钮),出现“应用程序菜单”,选择菜单中的“另存为”项目,弹出另存为对话框,命名为“吊脚楼一榀排架”。

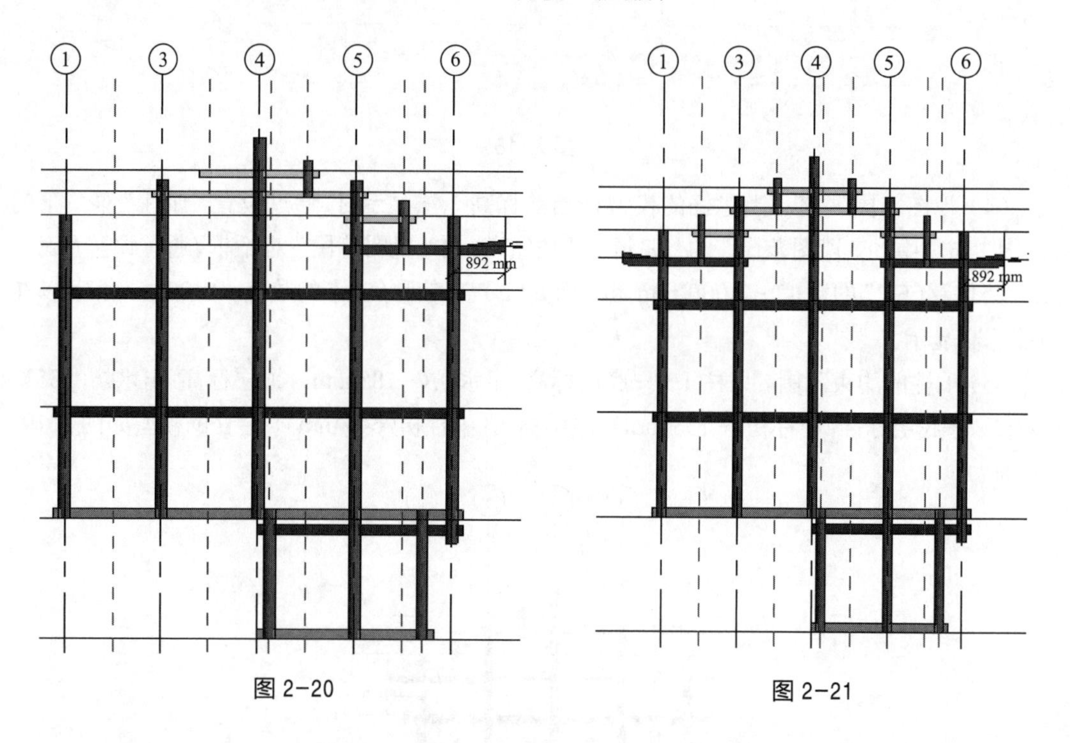

图 2-20　　　　图 2-21

2.4 穿枋和檩条的建立

2.4.1 “一榀排架”组的建立

(1)点击“视图”主菜单下的“三维视图”,框选所有对象。点击主菜单“修改 / 选择多个”下“选择”面板下的“过滤器”工具,弹出“过滤器”对话框。选中其中的“柱”和“结构框架(其他)”选项,点击“确定”。

(2)点击“创建”面板下的“创建组”工具,弹出“创建模型组”对话框,在“名称”处输入“一榀排架”,如图 2-22。

(3)在项目浏览器中,在楼层平面分别选“一层排枋”标高作为工作平面。选中上面创建“一榀排架”组。点击“修建”面板下的“复制”工具,在“修改 / 模型组”选中“多个”,

以 A 轴线和 6 轴线的交点为基准点，分别将“一榀排架”组复制到 B ～ F 轴线，如图 2-23。

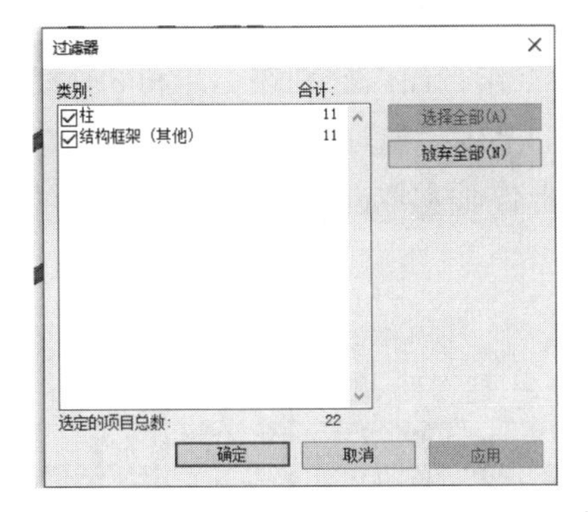

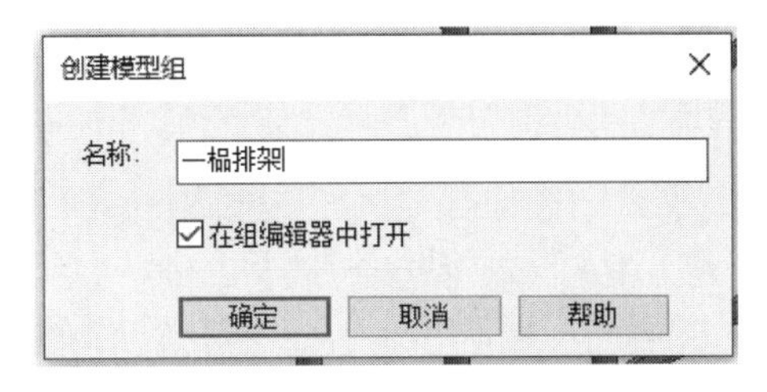

图 2-22

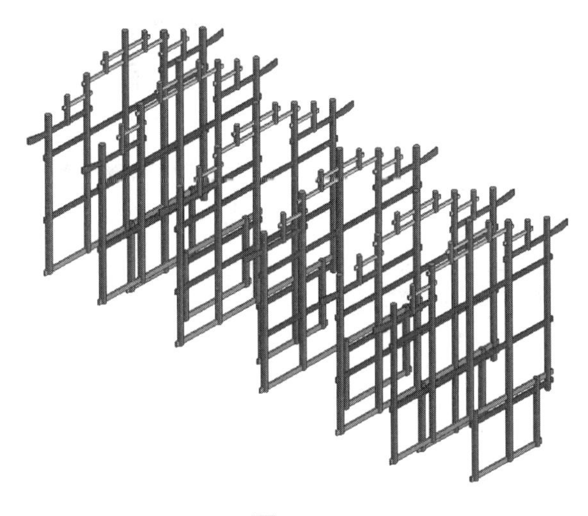

图 2-23

2.4.2 穿枋的建立

1. 截面 50 mm × 200 mm 穿枋的建立

（1）点击“结构”主菜单中“结构”面板中的“梁”工具，新建“木枋”族的“穿枋 50*200”，其中 b=50 mm，h=200 mm。新建一种新材质“穿枋杉木”：“云杉”材质，“颜色”设为“黄色（RGB 255 255 0）”。

（2）在项目浏览器中，在楼层平面选“吊脚基脚”标高作为工作平面。分别在 1 和 2 参照平面建立平行于 6 轴线的穿枋。点击“穿枋 50*200”“属性”，将“约束”选项卡内参数，“参照标高”设为“吊脚基脚”，“起点标高偏移”设为 200 mm，“终点标高偏移”设为 200 mm。建好的模型如图 2-24。

（3）在楼层平面选“地面层”标高作为工作平面。分别在 1 和 4 轴线建立平行于 6 轴线的穿枋。点击“穿枋 50*200”“属性”，将“约束”选项卡内参数，“参照标高”设为“地面层”，“起点标高偏移”设为 200 mm，“终点标高偏移”设为 200 mm。

（4）在楼层平面分别选“一层排枋”标高作为工作平面。分别在 1 和 6 轴线建立平行于 6 轴线的穿枋。点击“穿枋 50*200”“属性”，将“约束”选项卡内参数，“参照标高”设为“一层排枋”，“起点标高偏移”设为 200 mm，“终点标高偏移”设为 200 mm。

（5）在楼层平面分别选“二层排枋”标高作为工作平面。分别在 1，4 和 6 轴线建立平行于 6 轴线的穿枋。点击“穿枋 50*200”“属性”，将“约束”选项卡内参数，“参照标高”设为“二层排枋”，“起点标高偏移”设为 200 mm，“终点标高偏移”设为 200 mm。建好的模型如图 2-25。

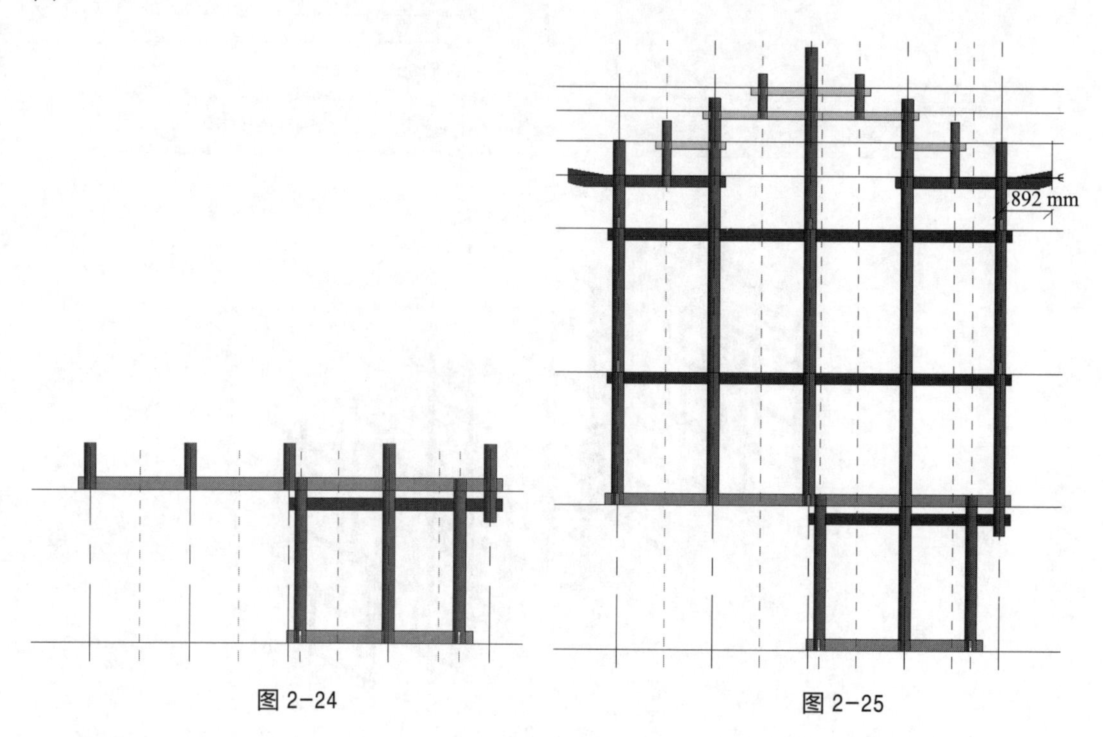

图 2-24　　　　图 2-25

2. 截面 50 mm × 100 mm 穿枋的建立

（1）点击“结构”主菜单中“结构”面板中的“梁”工具，新建“木枋”族的“穿枋 50*100”，尺寸为 b=50 mm，h=200 mm。新建一种新材质“穿枋杉木”：“云杉”材质，“颜色”设为“黄色（RGB 255 255 0）”。

（2）在项目浏览器中，在楼层平面选“地面层”标高作为工作平面。分别在 1 和 2 参照平面、5 和 6 轴线建立平行于 6 轴线的穿枋。点击“穿枋 50*100”“属性”，将“约束”选项卡内参数，“参照标高”设为“地面层”，“起点标高偏移”设为 −25 mm，“终点标高偏移”设为 −25 mm。建好的模型如图 2-26。

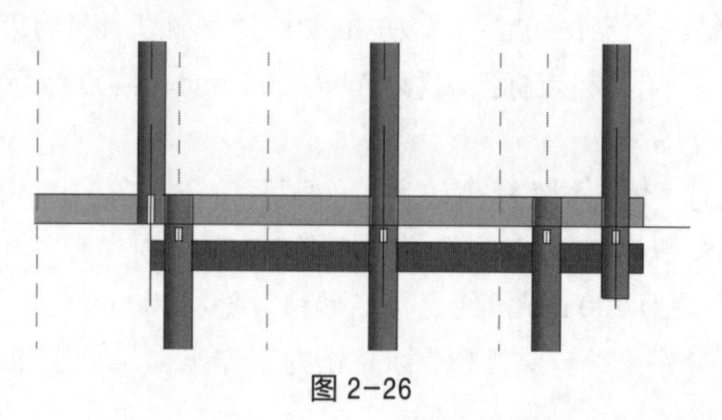

图 2-26

（3）在项目浏览器中，在楼层平面选“一层排枋”标高作为工作平面。分别在 3，4 和 5 轴线建立平行于 6 轴线的穿枋。点击“穿枋 50*100”“属性”，将“约束”选项卡内参数，“参照标高”设为“一层排枋”，“起点标高偏移”设为 100 mm，“终点标高偏移”设为 100 mm。建好的模型如图 2-27。

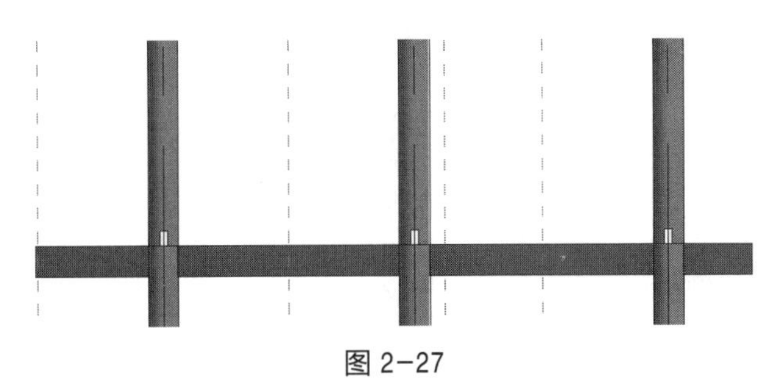

图 2-27

（4）在项目浏览器中，在楼层平面选“二层排枋”标高作为工作平面。分别在 3 和 5 轴线建立平行于 6 轴线的穿枋。点击“穿枋 50*100”“属性”，将“约束”选项卡内参数，“参照标高”设为“二层排枋”，“起点标高偏移”设为 100 mm，“终点标高偏移”设为 100 mm。建好的模型如图 2-28。

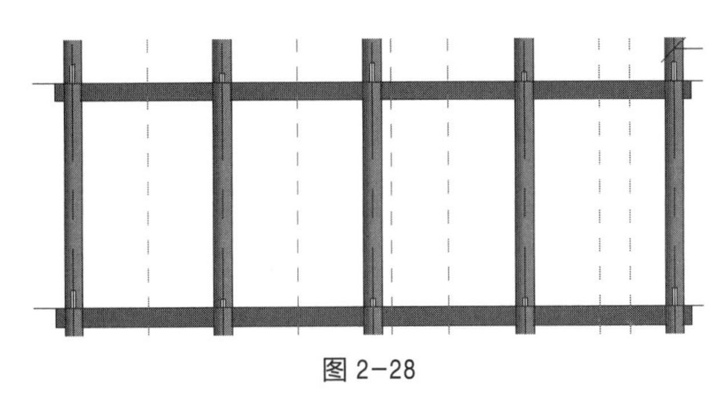

图 2-28

（5）在项目浏览器中，在楼层平面分别选“中柱枋”标高作为工作平面。分别在 4 轴线建立平行于 6 轴线的穿枋。点击“穿枋 50*100”“属性”，将“约束”选项卡内参数，“参照标高”设为“中柱枋”，“起点标高偏移”设为 −141 mm，“终点标高偏移”设为 −141 mm。建好的模型如图 2-29。

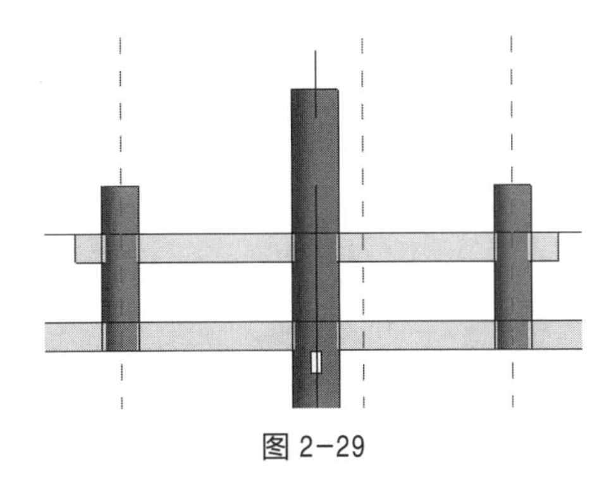

图 2-29

（6）在项目浏览器中，视图选项立面中选择“右立面”。选中“上面”创建“穿枋

50*100”组；点击“修建”面板下的“复制”工具，在“修改 / 模型组”选中“多个”；以“穿枋 50*100”顶面中点为基准点，分别将“穿枋 50*100”复制到立柱顶端。点击柱顶“穿枋 50*100”“属性”，将“约束”选项卡内参数调整，在上一步的基础上，将所有柱顶的“穿枋 50*100”在目前位置向下降 60 mm。建好的模型如图 2-30。

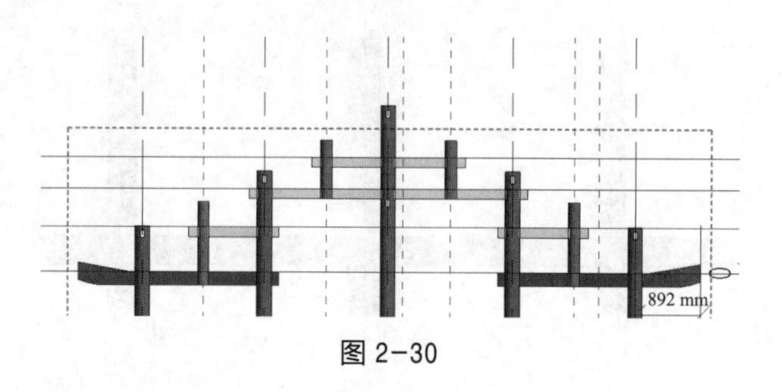

图 2-30

2.4.3 檩条的建立

（1）在项目中，点击“插入”主菜单，在“从库中载入”面板中点击“载入”族工具，会跳出“载入”族对话框，载入已经建立好的“圆木檩”族。

（2）点击“结构”主菜单中“结构”面板中的“梁”工具，新建“圆木檩”族的“圆木檩 120”，尺寸为半径 =60 mm。新建一种新材质“檩条杉木”:“云杉”材质，“颜色”设为“橙色（RGB 255 128 0）”。

（3）在项目浏览器中，在楼层平面分别选“一瓜枋”标高作为工作平面。沿着 6 轴线建立平行于 6 轴线的圆形檩条。点击“圆木檩 120”“属性”，将“约束”选项卡内参数，“参照标高”设为“一瓜枋”，“起点标高偏移”设为 73 mm，“终点标高偏移”设为 73 mm。

（4）在项目浏览器中，视图选项立面中选择“东立面”。选中“上面”创建“圆木檩 120”；点击“修建”面板下的“复制”工具，在“修改 / 模型组”选中“多个”；以“圆木檩 120”中心点为基准点，按住 shift 键，分别将“圆木檩 120”复制到立柱顶端。

（5）点击“修建”面板下的“复制”工具，将“圆木檩 120”复制到出水枋的外端，如图 2-31。

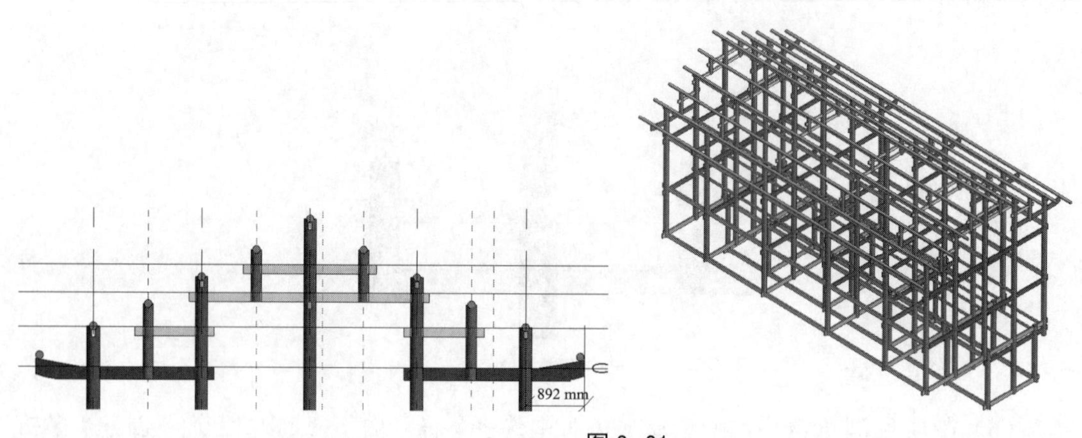

图 2-31

2.5 楼枕和楼板的建立

2.5.1 楼枕的建立

（1）点击“结构”主菜单中“结构”面板中的“梁”工具，新建“木枋”族的“楼枕100*100”，尺寸为高 =100 mm，宽 =100 mm。新建一种新材质“楼枕杉木”：“云杉”材质，“颜色”设为“青色（RGB 64 128 128）”。

（2）在项目浏览器中，在楼层平面分别选“地面层”标高作为工作平面。在 4 和 5 轴线之间、5 和 6 轴线之间建立平行于 6 轴线的楼枕。

（3）在项目浏览器中，视图选项立面中选择“东立面”。点击“楼枕 100*100”“属性”，将“约束”选项卡内参数，“参照标高”设为“地面层”，“起点标高偏移”设为 −25 mm，“终点标高偏移”设为 −25 mm。

（4）选中“上面”创建“楼枕 100*100”。点击“修建”面板下的“复制”工具，在“修改 / 模型组”选中“多个”；以“楼枕 100*100”底面中心点为基准点，分别将“楼枕 100*100”复制到“一层排枋”标高每跨中点处，如图 2−32。

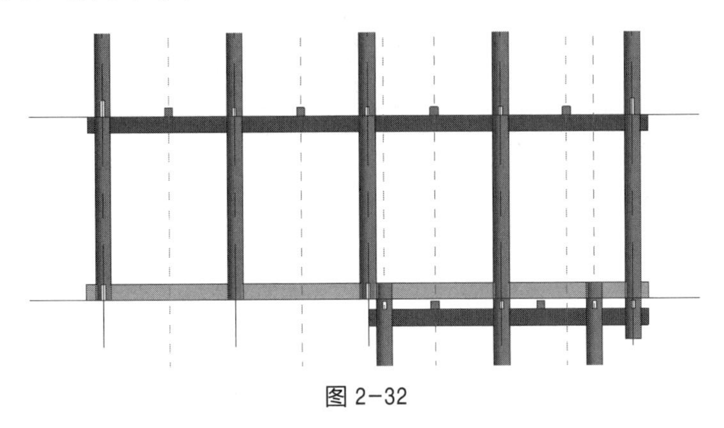

图 2−32

2.5.2 楼板的建立

（1）在项目浏览器中，在楼层平面分别选“地面层”标高作为工作平面。

（2）点击“建筑”主菜单中“创建”面板中“楼板”中的“楼板：建筑”，这时在“属性”面板出现导入的“楼板”族。点击“编辑类型”，出现“类型属性”对话框，点击“复制（D）...”，名称为“楼板 25”，厚度为 25 mm；新建一种新材质“楼板杉木”：“云杉”材质，“颜色”设为“黑紫色（RGB 64 0 64）”。

（3）选择“修改 / 创建楼层边界”主菜单下的“绘制”面板下的“拾取线”工具，选取地面层外层木枋的外边缘，如图 2−33。

（4）选择“修改”面板下的“修改 / 延伸为角”工具，将四个角的两线相交超出部分修剪，点击“完成编辑模型”，完成楼板建模。

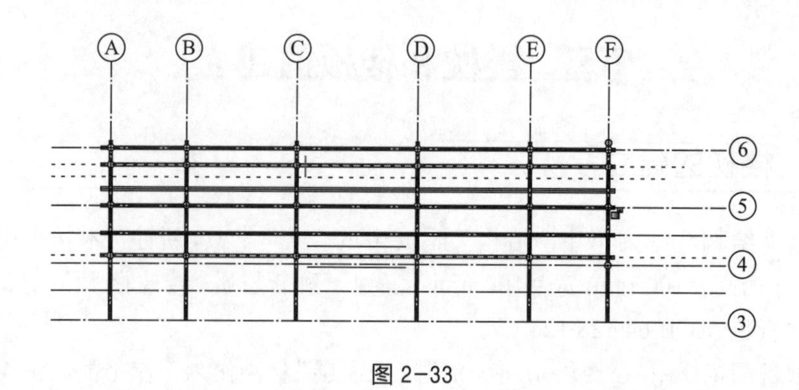

图 2-33

（5）采用前面相同的步骤，在“一层排枋”层建立一层楼板。在项目浏览器中，视图选项立面中选择“东立面”。点击“楼枕 100*100”“属性”，将“约束”选项卡内参数，“参照标高”设为“一层排枋”，“自然高的高度”设为 125 mm，如图 2-34。

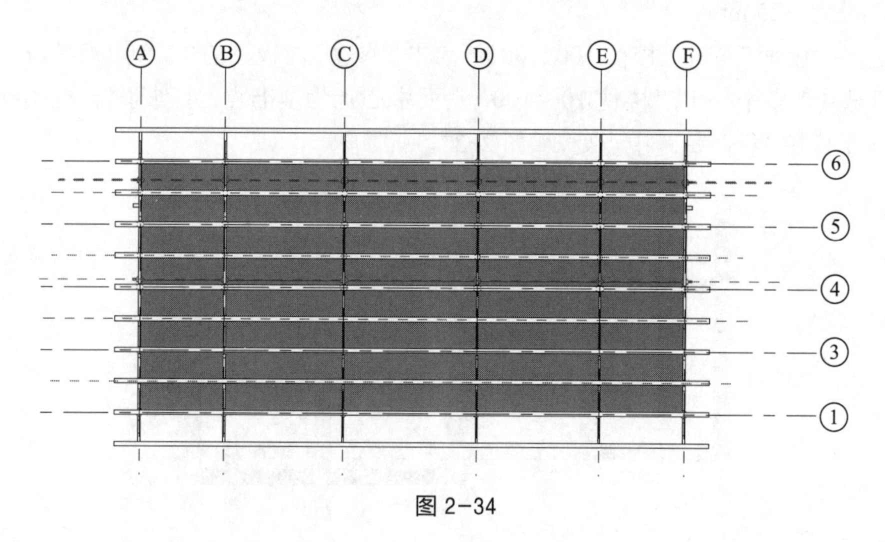

图 2-34

2.6 民族特色木质墙板和木楼梯

2.6.1 墙板族的设置

民族特色木质隔墙由隔墙板和压边板组成，建模过程中为了最大限度地还原该结构，采用幕墙族来进行木质隔墙的创建。

1. **木质边压枋**

（1）点击“建筑”主菜单中“创建”面板中的“竖挺”工具，在“属性”面板点击“编辑类型”，出现“类型属性”对话框，点击“复制(D) ...”，名称为“木质边压枋”，相关参数如图 2-35。

① 构造选项下，厚度 =75 mm。

② 材质为“木质墙杉木”，采用“云杉”材质，将材质的“图形”选项卡下“着色”下的

“颜色”设为“绿色(RGB 0 128 0)”。

③ 尺寸标注选项下,边 1 上的宽度和边 2 上的宽度为 100 mm。

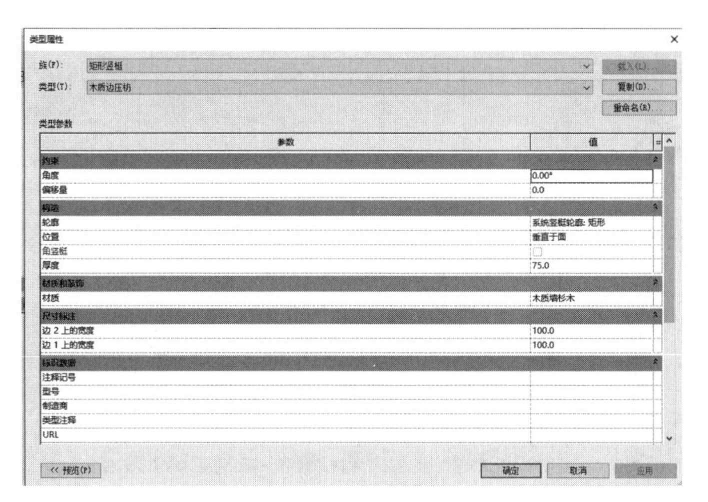

图 2-35

(2) 用相同的方法建立“木质中压枋”,相关参数如下:

① 构造选项下,厚度 =75 mm。

② 材质为“木质墙杉木”,采用“云杉”材质,将材质的“图形”选项卡下“着色”下的“颜色”设为“绿色(RGB 0 128 0)”。

③ 尺寸标注选项下,边 1 上的宽度和边 2 上的宽度为 200 mm。

2. 木质墙

(1) 点击“建筑”主菜单中“创建”面板中的“墙”,这时在“属性”面板出现导入的“幕墙系统”。点击“编辑类型”,出现“类型属性”对话框,点击“复制(D)...”,名称为“木质墙板 25”。

(2) 点击“结构”下“编辑 ...”,弹出“编辑部件”对话框,在“结构 [1]”中的“材质”,弹出“材质浏览器”对话框,在“结构 [1]”中的“材质”选用“木质墙杉木”,厚度值设为 25 mm。

(3) 功能。外部,如图 2-36。

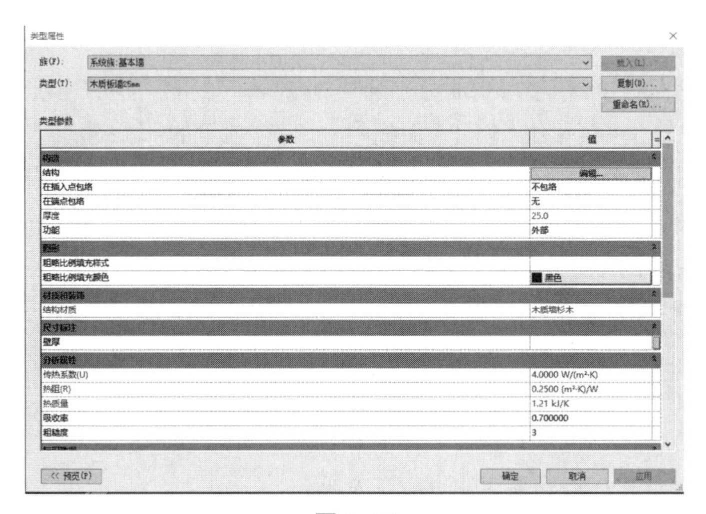

图 2-36

3. 木质墙板

点击“建筑”主菜单中“创建”面板中“墙”选项下的“墙:建筑”,这时在“属性”面板出现选择墙的类型为“幕墙”。点击“编辑类型”,出现“类型属性”对话框,点击“复制(D)...”,名称为“木质隔墙 25”,相关参数设置如图 2-37。

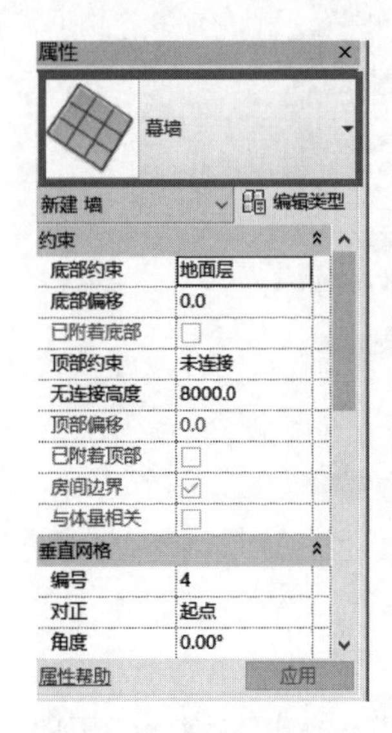

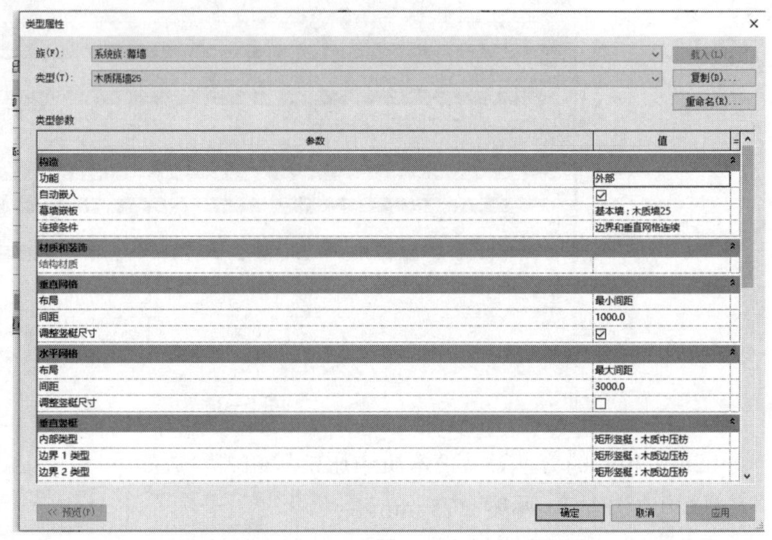

图 2-37

(1) 功能。外部。

(2) 幕墙嵌板选择前面建立的“基本墙:木质墙 25”。

(3) 垂直网络。布局选择最小间距,间距为 1 000 mm。

(4) 水平网络。布局选择最大间距,间距为 3 000 mm。

(5) 垂直竖挺。内部类型为“矩形竖挺:木质中压枋”,边界 1 类型和边界 2 类型为“矩形竖挺:木质边压枋”。

(6) 水平竖挺。内部类型为“无”,边界 1 类型和边界 2 类型为“矩形竖挺:木质边压枋”。

4. 木质墙板布置

(1) 在项目浏览器中,在楼层平面分别选“吊脚基脚”标高作为工作平面。

(2) 点击“建筑”主菜单中“创建”面板中“墙”选项下的“墙:建筑”,选择“幕墙:木质隔墙 25”,在“属性”面板里,将“约束”选项卡内参数,底部约束为“吊脚基脚”,“底部偏移”设为 200 mm,顶部约束为“直到标高:地面层”,“顶部偏移”设为 −125 mm。

(3) 在吊脚层外围布置木质墙板,如图2-38。这里有两种建模方式,一种是从柱中起建,一种是从柱边起建,如图 2-39。

① 柱中起建。压边枋从柱中开始,被柱遮挡。

② 柱边起建。压边枋从柱边开始,不被柱遮挡;推荐采用柱边起建。

(4) 对木质墙板的高度进行调整。吊脚楼排架内穿枋和排架枋并不在一个标高上,所以纵横向墙板的起点和终点标高往往也会有差异。

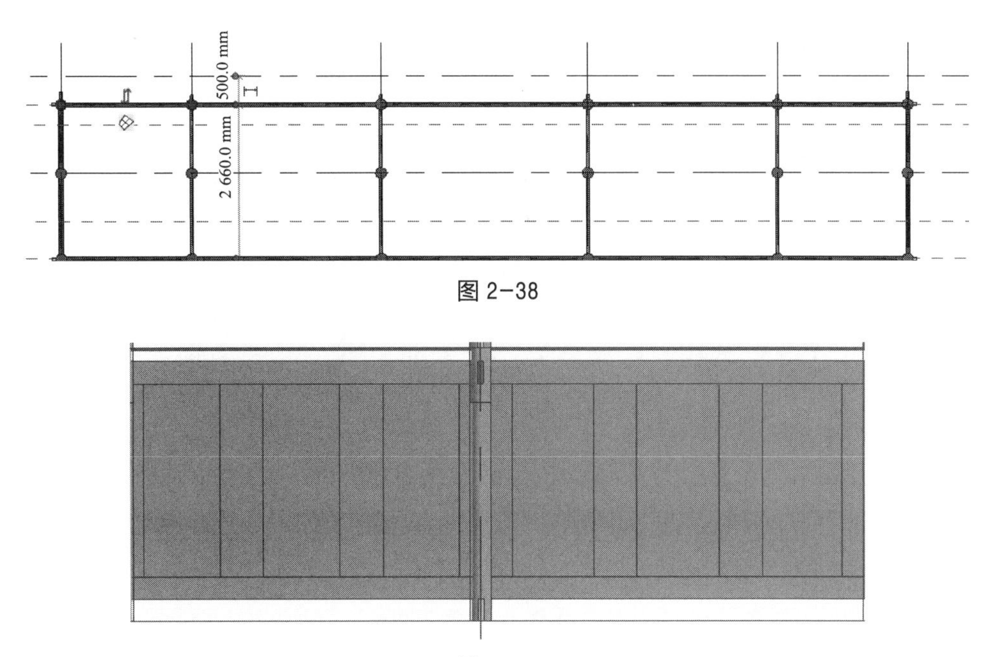

图 2-38

图 2-39

① 东立面和西立面。木质墙板标高为：底部约束为“吊脚基脚”,“底部偏移”设为 200 mm，顶部约束为“直到标高：地面层”,“顶部偏移”设为 −325 mm。

② 北立面和南立面。木质墙板标高为：底部约束为“吊脚基脚”,“底部偏移”设为 200 mm，顶部约束设为“直到标高：地面层”,“顶部偏移”设为 −125 mm，如图 2-40。

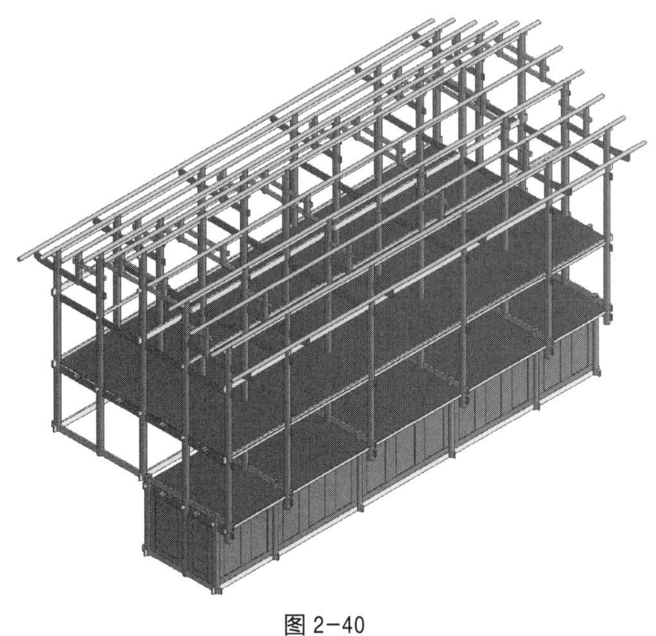

图 2-40

（5）其他各层墙板按类似的方法进行建立。建好的模型如图 2-41。

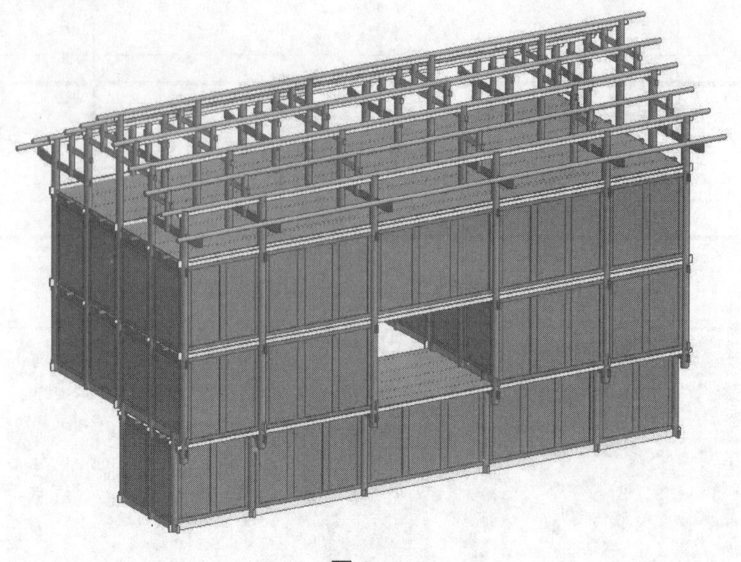

图 2-41

2.6.2 木楼梯的建立和布置

黔东南苗族和侗族民居木楼梯一般由木边梁和木踏板组成，其楼梯宽度在 1 000 ～ 1 100 mm，长度由层高和坡度控制。

（1）新建木楼梯踏板族。新建一个公制轮廓族，踏板截面轮廓描绘出来如图 2-42 所示，尺寸为 50 mm×200 mm，并将其保存为“木楼梯踏板”族。踏板与参照平面的关系与后面梯边梁连接有关，可以通过尝试找到适合项目要求的设置。

（2）新建木楼梯边梁族。新建一个公制轮廓族，边梁截面轮廓描绘出来如图 2-43 所示，尺寸为 50 mm×300 mm，并将其保存为“木楼梯边梁”族。

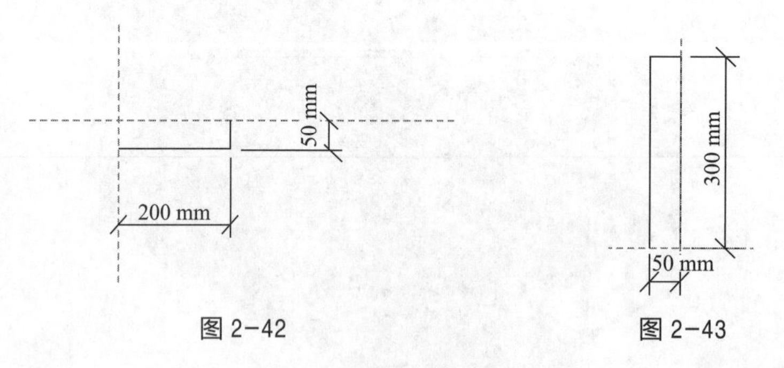

图 2-42　　图 2-43

（3）点击“建筑”主菜单中“楼梯坡道”面板中的“楼梯”工具，点击“属性”面板中的“编辑类型”，出现“类型属性”对话框，点击“复制（D）...”，名称为“木楼梯”。

（4）在“构造选项”中点击“梯段类型”后面的对话框，出现“类型属性”对话框，点击“复制（D）...”，名称为“50*200 木踏板”。

相关参数设置如下：

① 材质和装修 / 踏板材质和踢面材料。楼梯杉木，“云杉”材质，将材质的“图形”选

项卡下“着色”下的“颜色”设为“灰色(RGB 128 128 128)”。

② 踏板/踏板轮毂。选择“楼梯木踏板轮廓:楼梯木踏板轮廓”。

③ 踢面:踢面厚度 =50 mm;踢面轮廓:默认;踢面到踏板的连接:踢面延伸到踏板后。

(5) 在“支撑”选项下,有两种类型。

类型一:

①“右侧支撑”中“踏步梁(开放)”。

②“右侧支撑类型”后面对话框,弹出“类型属性”对话框,相关参数如下。材质:楼梯杉木;梯段上的结构深度 =150 mm,平台上的结构深度 =0. 0,总深度 =300 mm,宽度 =50 mm。

③“右侧侧向偏移”=0。

④ 左侧支撑参数与右侧支撑相同,如图 2-44。

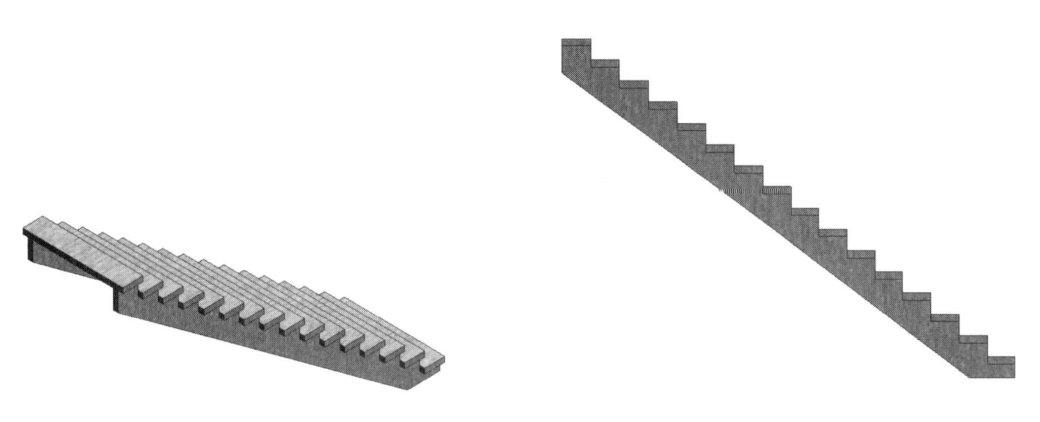

图 2-44

类型二:

①“右侧支撑”中“梯边梁(闭合)”。

②“右侧支撑类型”后面对话框,弹出“类型属性”对话框,复制重命名为“木边梁 50*300”,相关参数如下。材质:楼梯杉木;“截面轮廓”选“楼梯木边梁轮廓:楼梯木边梁轮廓”,梯段上的结构深度 =0. 0,平台上的结构深度 =300. 0 mm。

③ 左侧支撑参数与右侧支撑相同。

(6) 楼梯栏杆扶手。设置为无,如图 2-45。

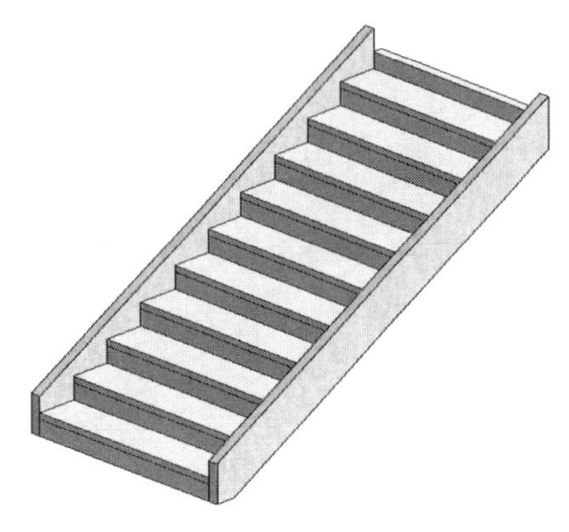

图 2-45

(7)木楼梯的布置。在该处采用类型二的木楼梯,将其布置在适当的位置。

① 布置竖井。在 4 和 5 轴线之间,在 E 和 F 轴线之间一半的部分布置竖井,如图 2-46。

② 画两个参考平面,分别距离 F 轴线 1 200 mm 和距离 4 轴线 2 750 mm。

③ 沿着画的参考平面布置木楼梯,如图 2-47。

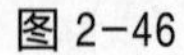
图 2-46

图 2-47

2.7 门窗和美人靠

2.7.1 门 窗

1. 门窗族的导入

在项目中，点击“插入”主菜单，在“从库中载入”面板中点击“载入”族工具，会跳出“载入”族对话框。找到对应所需要的门族“单嵌板木门 4”和窗族“单扇平开窗 2- 带贴面”，点击打开，将“单嵌板木门 4”“单扇平开窗 2- 带贴面”载入项目中。也可以通过族库大师插件，点击进入“公共族库”，搜索所需要的门窗构件。

2. 门的建立

（1）点击“建筑”主菜单中“构建”面板中的“门”工具，这时在“属性”面板出现导入的“单嵌板木门 4”，点击。“编辑类型”，出现“类型属性”对话框，点击“复制（D）...”，名称为“木门 -800×2 000 mm”；点击“材质和装饰”下“材质→〈按类别〉”，弹出“材质浏览器”对话框，再点击左下面“打开 / 关闭资源浏览器”按钮，打开“资源浏览器”对话框，查找所需要的材质，如图 2-48。

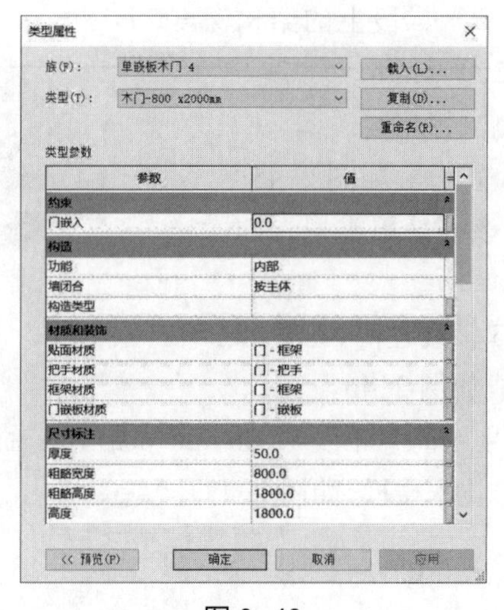

图 2-48

（2）在项目浏览器中，在楼层平面选“地面层”标高作为工作平面。在 1 轴线与 B 轴线的交点向左侧偏移 175 mm 处布置门。由于所在的穿枋布置在“地面层”标高之上，因此门需要向上偏移 200 mm。点击门“属性”，将“约束”选项卡内参数，“参照标高”设为“地面层”，“底高度”设为 200 mm。建好的模型如图 2-49。

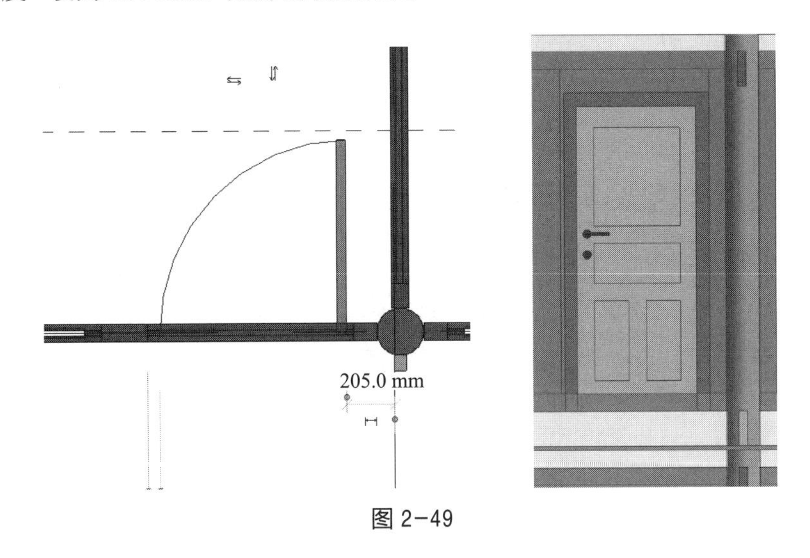

图 2-49

3. 窗的建立

（1）点击“建筑”主菜单中“构建”面板中的“窗”工具，这时在“属性”面板出现导入的“单扇平开窗 2 - 带贴面”。点击“编辑类型”，出现“类型属性”对话框，点击“复制(D)...”，名称为“木窗 -800×1 200 mm”。点击“材质和装饰”下“材质→〈按类别〉”，弹出“材质浏览器”对话框，再点击左下面“打开 / 关闭资源浏览器”按钮，打开“资源浏览器”对话框，查找所需要的材质，如图 2-50。

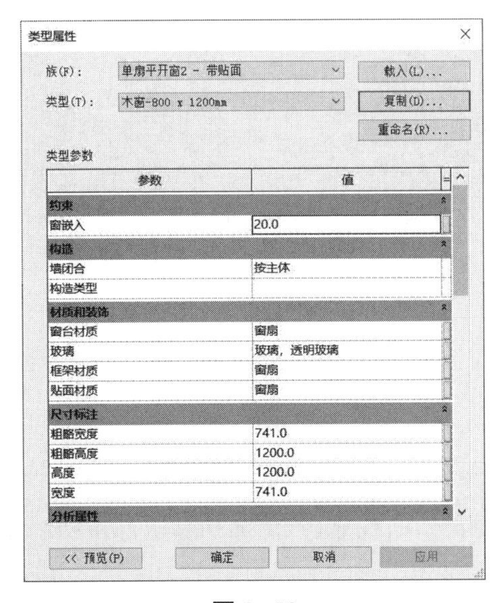

图 2-50

（2）在项目浏览器中，在楼层平面选“地面层”标高作为工作平面。在 6 轴线与 A，B

两轴线上布置，并在距离 A 轴线 270. 6 mm 处开始布置窗。点击窗“属性”，将“约束”选项卡内参数，“参照标高”设为“地面层”，“底高度”设为 600 mm。建好的模型如图 2-51。

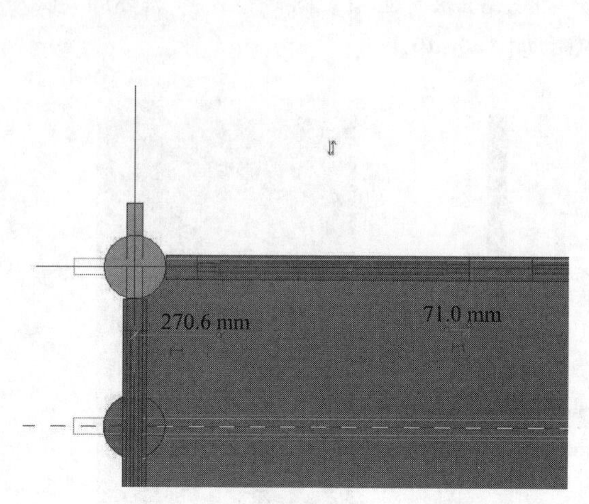

图 2-51

4. 门窗全部的建立

通过以上门与窗的建立方法，在项目浏览器中，在楼层平面分别选“吊脚基脚”“地面层”“一层排枋”标高作为工作平面，根据平面位置要求布置门窗。点击门窗“属性”，通过修改或复制命令选择门窗类型以及对“约束”选项卡内参数进行修改。建好的模型如图 2-52。

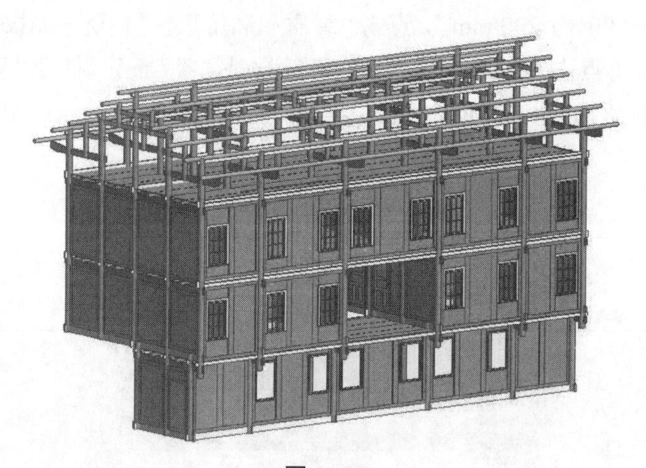

图 2-52

2.7.2 美人靠

（1）美人靠由坐板、坐板枋、曲线靠枋、后靠枋和端部木枋组成，建立好的美人靠族如图 2-53，导入建立的美人靠族。

（2）选地面层作为工作层。在 6 轴线的 C ～ D 轴线布置美人靠。

（3）将视图转到“北立面”。在“属性”面板中的“约束”选项卡内调整美人靠参数，“参照标高”设为“地面层”,“起点标高偏移”设为 1 220 mm,“终点标高偏移”设为 1 220 mm。建好的美人靠如图 2-53。

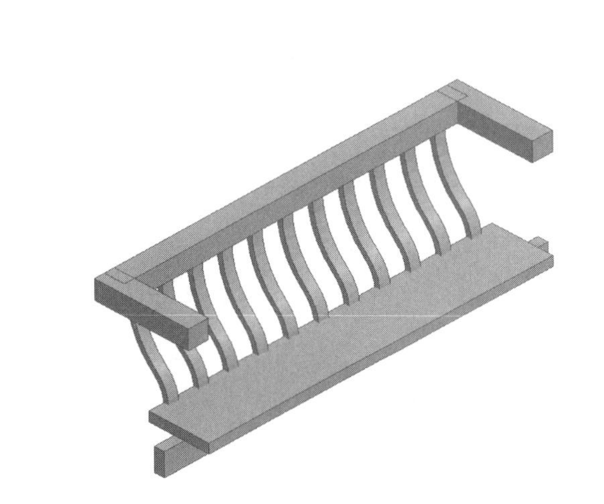

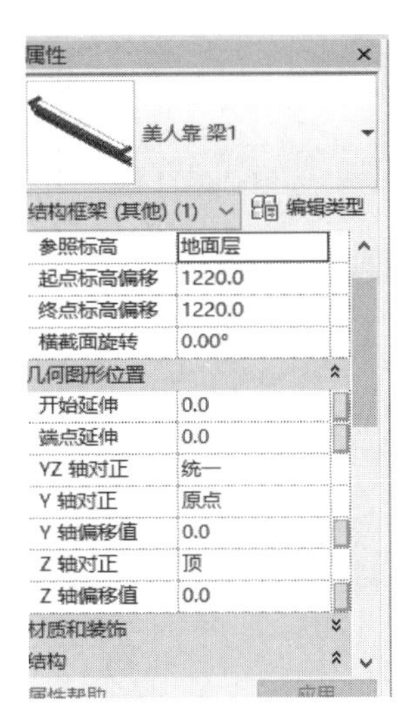

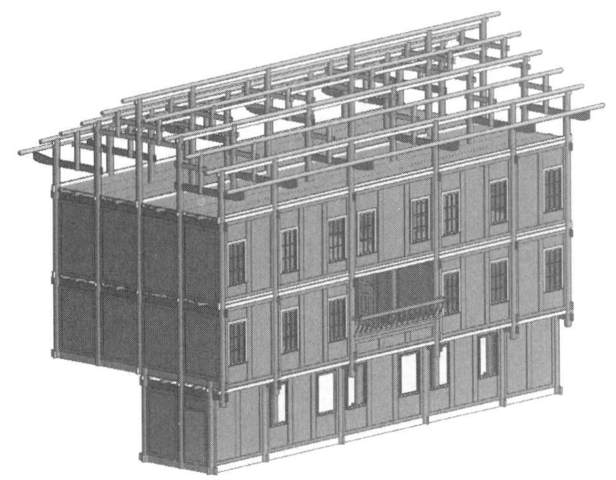

图 2-53

2.8 挂瓦条、瓦屋面和封檐板

2.8.1 挂瓦条

(1) 导入已经建立好的“挂瓦条”族。

(2)点击“视图”主菜单,在“创建”面板下选择“剖面”工具,在 A 和 B 轴线之间建立剖面,如图 2-54。

(3) 选中剖面,点击右键出现快捷菜单,在快捷菜单中选择“转到视图”命令。下面是参照平面的设置:在“修改 / 放置参照平面”主菜单下选择“绘制”面板下的“直线”工具,偏移设为 60 mm,连接两个檩条中心,依次画参照平面,绘制完成的参照平面如图 2-55。

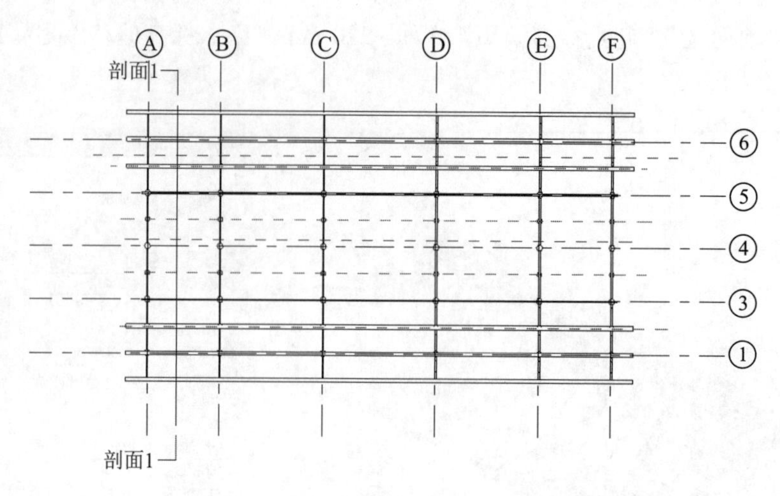

图 2-54

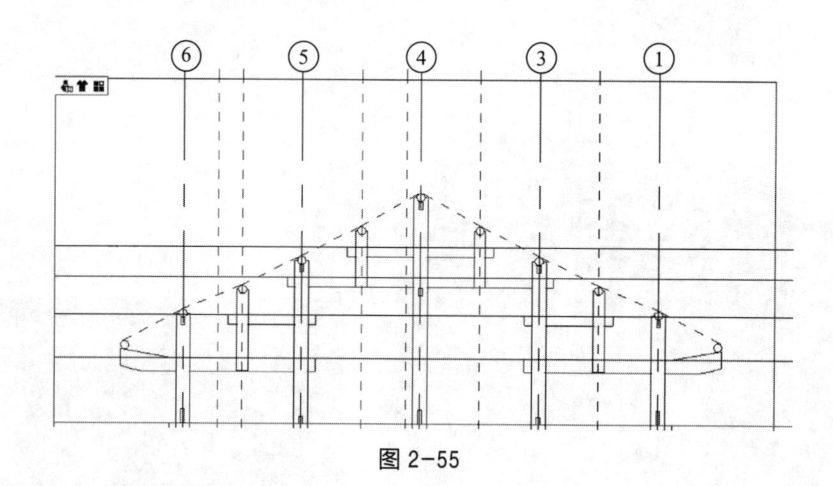

图 2-55

（4）点击“结构”主菜单中“结构”面板中的“梁”工具，这时在“属性”面板出现导入的“挂瓦条”族，点击“编辑类型”，出现“类型属性”对话框，点击“复制(D)...”，名称为“挂瓦条 20*100”，其中 b=100 mm，b_1=50 mm，h=20 mm，定义一种新材质“挂瓦条杉木”：“云杉”材质，“颜色”为“浅蓝色(RGB 0 128 255)”。

（5）在剖面 1 视图下，点击“结构”主菜单中“结构”面板中的“梁”工具，弹出“工作平面”对话框，选择“拾取一个平面”，点击“确定”。选取最外侧参考平面，弹出“转到视图”对话框，选择“结构平面：出水枋”，点击“打开视图”，转到选择的视图。选取“绘制”面板下的“直线”工具，在最外侧檩条和檐柱之间画挂瓦条，绘制后的挂瓦条如图 2-56，可以看出其正好沿着檩条中心线布置在檩条的外侧。

（6）在“属性”面板里，将“约束”选项卡内参数，底部约束为“吊脚基脚”，“起点标高偏移”在现在的值上 +20 mm，本项目中现值为 8 764. 3 mm，调整为 8 784. 3 mm；“起点标高偏移”也是在现在的值上 +20 mm，本项目现值为 8 274. 7 mm，调整为 8 294. 7 mm。还可以采用另一种方法来进行创建：在第 3 步设置参照平面时，檩条的圆心取偏移量 80 mm，80 mm 是檩条半径加上挂瓦条厚度，檩条半径为 60 mm，挂瓦条厚度为 20 mm，同样可以达到这种效果。

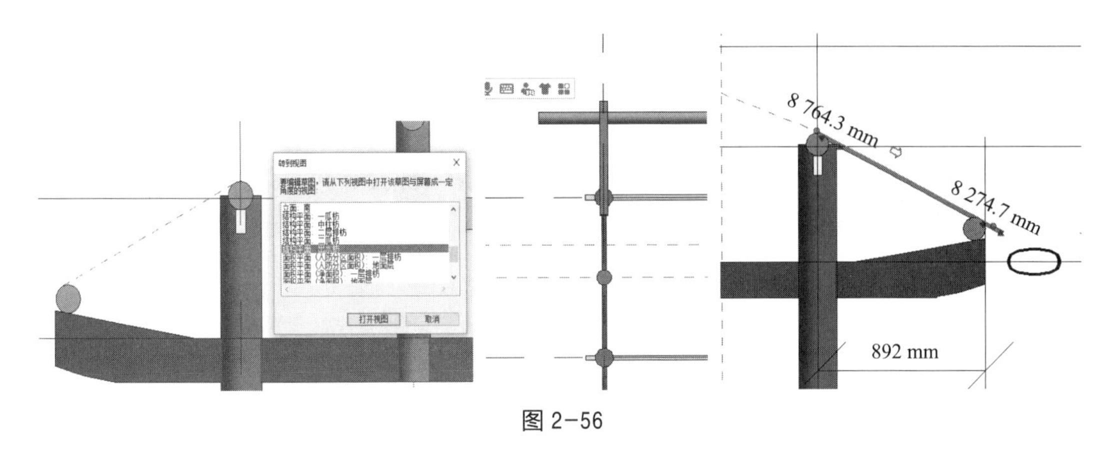

图 2-56

（7）依 5，6 步骤，分别建立每两个檩条之间的挂瓦条。通过“镜像 - 拾取轴线”命令，将一边挂瓦条镜像到另一边。建好的模型如图 2-57。

（8）视图转到“北立面”。将前面建立的挂瓦条组合成挂瓦条组，通过移动命令，将其挂瓦条组移动到檩条一侧的末端。使用阵列命令，选择“移动到：最后一个”选项，个数 = 吊脚楼总长度 / 挂瓦条中点之间的距离，吊脚楼总长度为 15 030 mm，挂瓦条中点之间的距离等于挂瓦条宽度加上两者之间的净距，挂瓦条净距为 120 mm，最后求得个数等于 68 个。建好的模型如图 2-58。

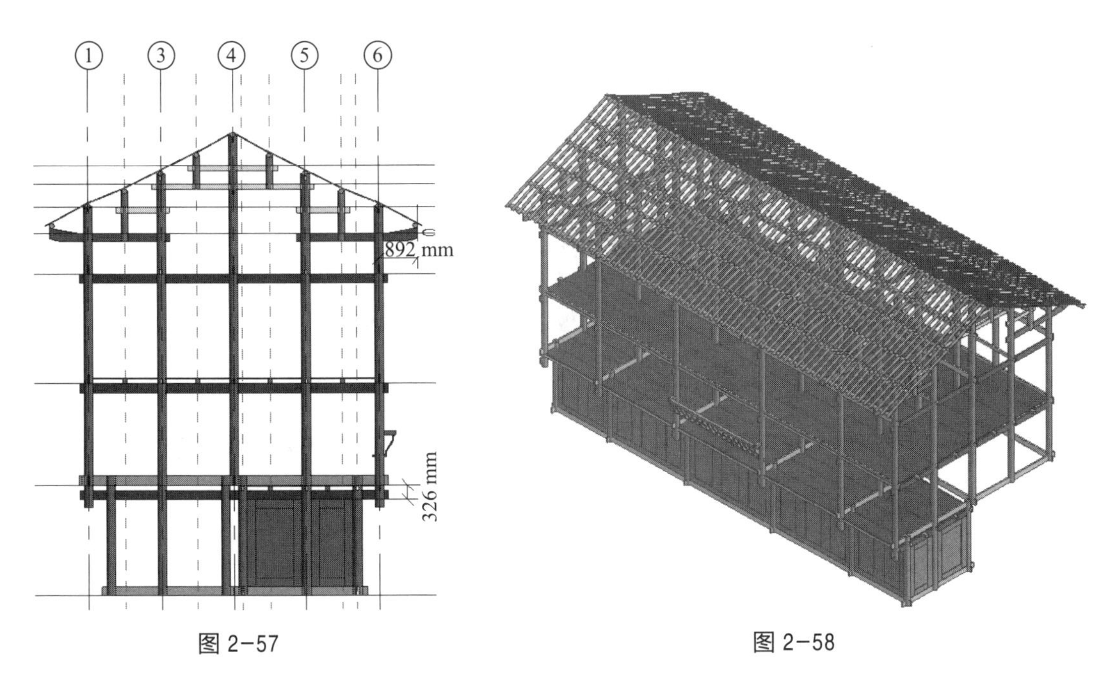

图 2-57

图 2-58

2.8.2 瓦屋面

瓦屋面建立采用拉伸屋顶的形式来进行创建。

（1）选取“楼层平面：二瓜柱”作为工作标高。

（2）选择“建筑”主菜单下的“屋顶：拉伸屋顶”工具，弹出“工作平面”对话框，选取

“拾取一个平面”，选取 C 轴线，弹出“转到视图”对话框，选取“剖面:剖面 1”。点击“打开视图”，弹出“屋顶参照标高和偏移”对话框，将所有偏移值设为 686 mm，屋脊与二瓜柱的高差设为 686 mm。为了操作方便，将前面布置好的挂瓦条隐藏，用“绘制面板”的“拾取线”工具，将前参照平面线拾取，用“修剪 / 延伸为角”将所有线段连接起来，点击“完成编辑模型”，如图 2-59。

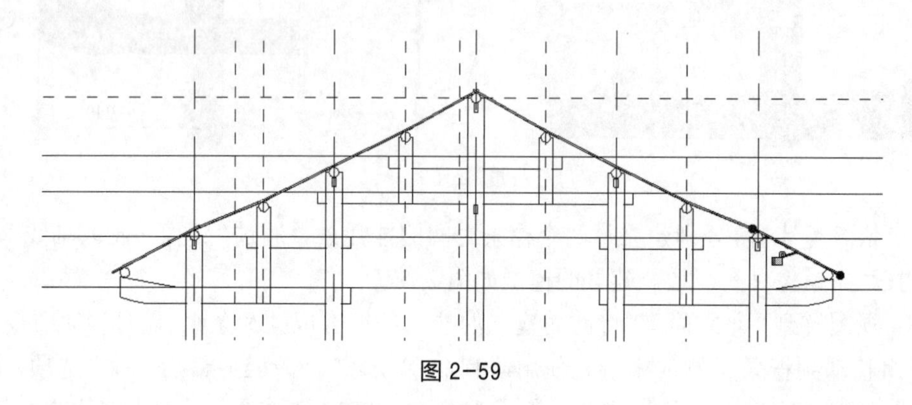

图 2-59

（3）瓦屋面设置。在“属性”面板中点击“编辑类型”，出现“类型属性”对话框，点击“复制(D) ...”，名称为“瓦屋面 160”。点击“结构”下“编辑 ...”，弹出“编辑部件”对话框，在“结构 [1]”下的“材质”选择“屋顶材料 - 瓦”，厚度 =160 mm，“图形”下“粗略比例填充样式”:“屋面:筒瓦”。

（4）视图转到“北立面”。使用“对齐”工具，将瓦屋面两边与檩条两侧面对齐；将视图转到“东立面”，使用“移动”工具，将瓦屋面底面与挂瓦条上表面对齐，如图 2-60。

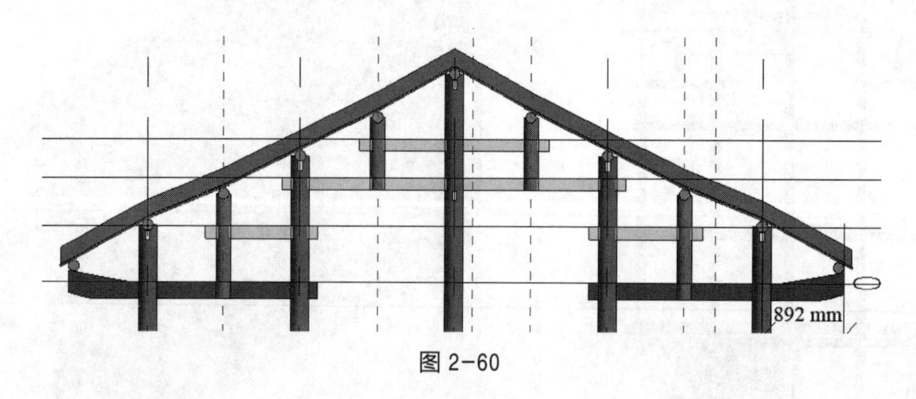

图 2-60

2.8.3 封檐板

（1）点击“结构”主菜单中“结构”面板中的“梁”工具，这时在“属性”面板出现导入的“木枋”族。点击“编辑类型”，出现“类型属性”对话框，点击“复制(D) ...”，名称为“封檐板 20*120”，其中 b=20 mm，b_1=10 mm，h=120 mm，将外伸长度设为 0。定义一种新材质“封檐板杉木”，材质为“云杉”，“颜色”设为“白色(RGB 255 255 255)”。

（2）选择楼层平面的“出水枋”设为工作平面。在距离 6 轴线 916. 7 mm 处绘制新的参照平面；点击“上一步”制作“封檐板 20*120”，选择“制作”面板的“直线”工具，沿着参照平面绘制封檐板。

（3）视图转到“东立面”。测量封檐板中点和檩条圆心的距离为 226. 9 mm，点击“封檐板”，在“属性”面板里，将起点标高和终点标高偏差调整为 226. 9 mm，如图 2-61。

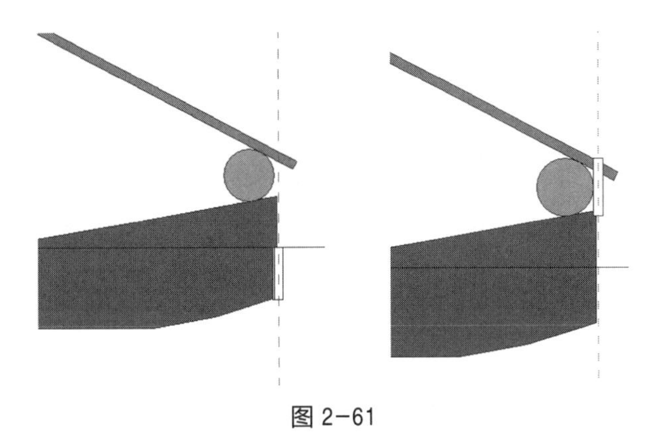

图 2-61

（4）选择楼层平面。出水枋为工作平面，选择“镜像－拾取轴线”工具，以 4 轴线为对称轴线进行镜像，这样沿屋面长度方向的封檐板就建好了，下面建侧面封檐板。

（5）在檩条端面处建立剖面 2，如图 2-62。

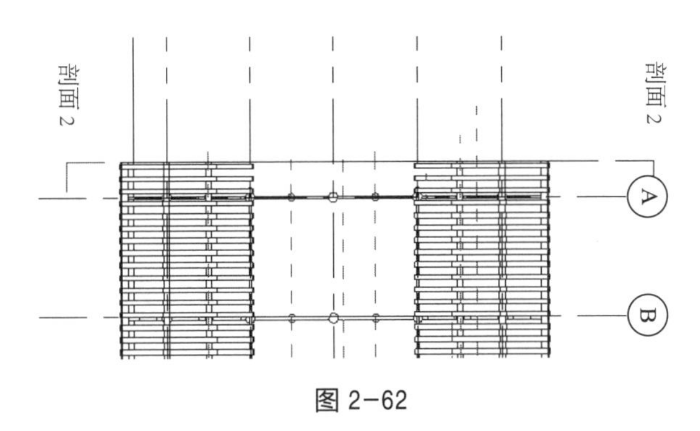

图 2-62

（6）选择剖面 2 作为当前视图。在剖面 2 视图下，点击“结构”主菜单中“结构”面板中的“梁”工具，弹出“工作平面”对话框，选择“拾取一个平面”，点击“确定”。选取最外侧参考平面，弹出“转到视图”对话框，选择“结构平面：出水枋”，点击“打开视图”，选取“绘制”面板下的“直线”工具，在最外侧檩条和檐柱之间建封檐板，如图 2-63。

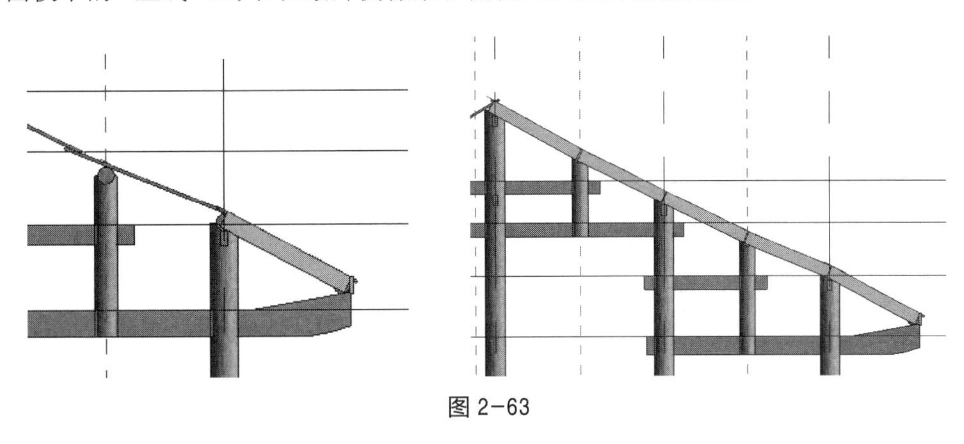

图 2-63

(7) 依次建立每跨之间的端部封檐板。选择“镜像 - 拾取轴线”工具，以 4 轴线为对称轴线进行镜像，如图 2-64。

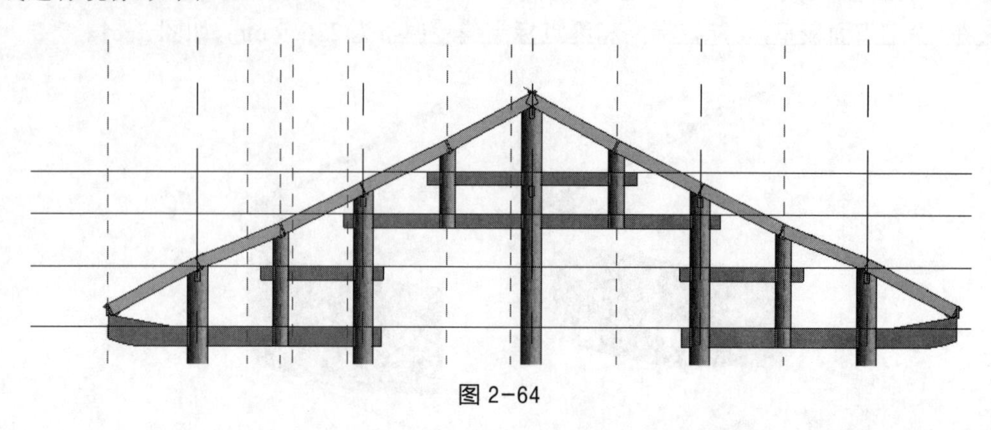

图 2-64

(8) 在项目浏览器中，选中上面创建“端部封檐板”创建“端部封檐板”组。选择楼层平面：出水枋作为工作平面，在 C 和 D 轴线中点处建立参照平面，距离 =1 835 mm；选择“镜像 - 拾取轴线”工具，以新建参照面为对称轴线进行镜像，这样吊脚楼的封檐板就建好了。

2.9 吊脚楼场地的建立

吊脚楼有个显著的特点就是对于山地地形的适应能力，因此为了较好地体现吊脚楼的地形特点，吊脚楼的场地也要建成这种多阶台阶式的，吊脚楼场地的侧面图如图 2-65。

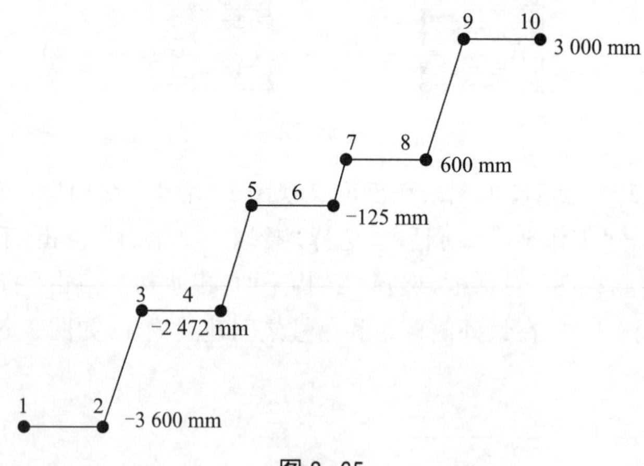

图 2-65

吊脚楼的场地有两种创建方式：第一种是通过放置点的方式来进行创建，第二种是采用拆分场地来建立。

2.9.1 放置点方式制作场地

(1) 选取“体量和场地”主菜单“场地建模”面板下的“地形表面”工具，选出“楼层平

面”下“场地”作为工作标高;选取“工具”面板下的“放置点”工具,在绘图区域,在吊脚楼外围四个角放置 4 个点,如图 2-66。

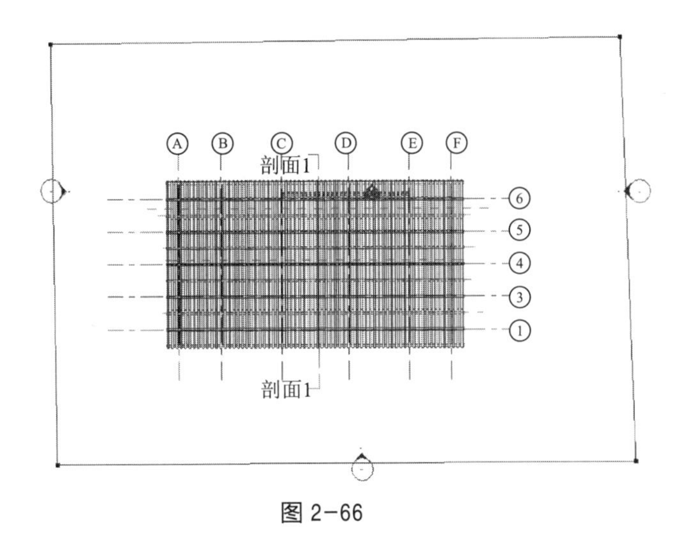

图 2-66

(2) 选取设置的点,在“属性”面板中的“立面”中按图 2-65 设置相应标高,通过调整可以得到相关场地,如图 2-67。

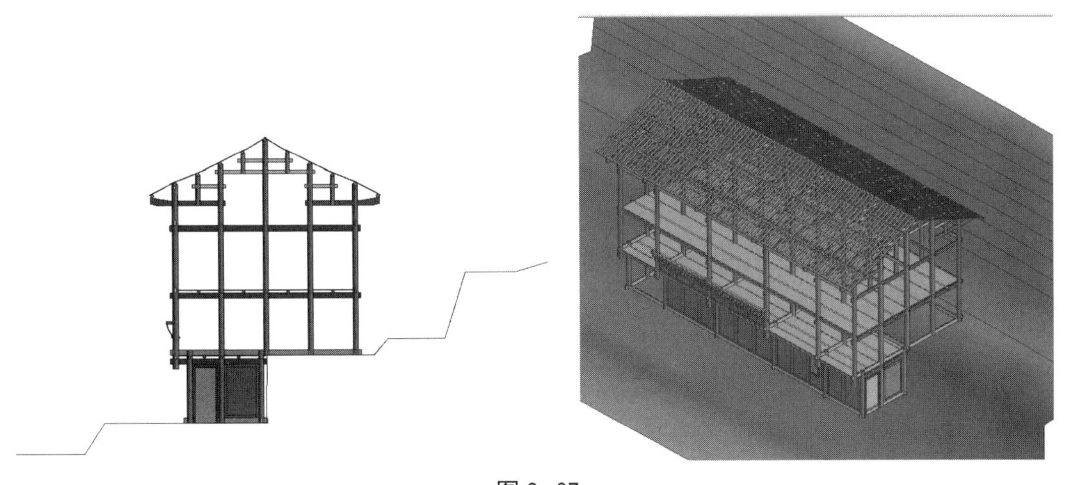
图 2-67

2.9.2 拆分场地

(1) 选取“体量和场地”主菜单“场地建模”面板下的“地形表面”工具,选出“楼层平面”下“场地”作为工作标高;选取“工具”面板下“放置点”工具;在绘图区域,在吊脚楼外围四个角放置 4 个点。

(2) 在“修改场地”面板下选择“拆分场地”命令,选取上一步建立的场地,在“绘制”面板中选择“直线”命令,在原来场地范围选择拆分区域,依次将整个场地拆分成 9 个区域。

(3) 选择拆分区域,点击“编辑表面”命令,将中间多余的节点删除,只留下边界点,边界点要和开始画的场地边界重合，否则后期建立场地会有问题；将边界点的高程分别设置为 -3 600 mm，(-3 600 mm，-2 472 mm)等，这样就能创建出需要的台阶型场地。

2.10 歇山顶苗族吊脚楼

黔东南苗族吊脚楼屋顶形式多样，以坡屋顶为主，主要有悬山、歇山两种形式。在此基础上发生变化，演变出半歇半悬、披檐、后梭和侧梭等多种形式。本节在前面基础上介绍歇山顶苗族吊脚楼的建立。

2.10.1 侧屋面屋架的调整

1. A 轴线和 F 轴线排架柱的调整

点击 A 轴线排架上交 3，4，5 轴线的三根柱“属性”，将“约束”选项卡内参数，顶部标高设为“地面层”，“底部偏移”均改为 6 223 mm，A 轴线交 1，6 轴线的柱与其余参数及布置位置不变。F 与 A 轴线排架柱调整方法类似。

2. 建立参照平面

把“出水枋”作为工作标高。新建距离 A 轴线 840 mm 和 1 680 mm 的两个参照平面，如图 2-68。

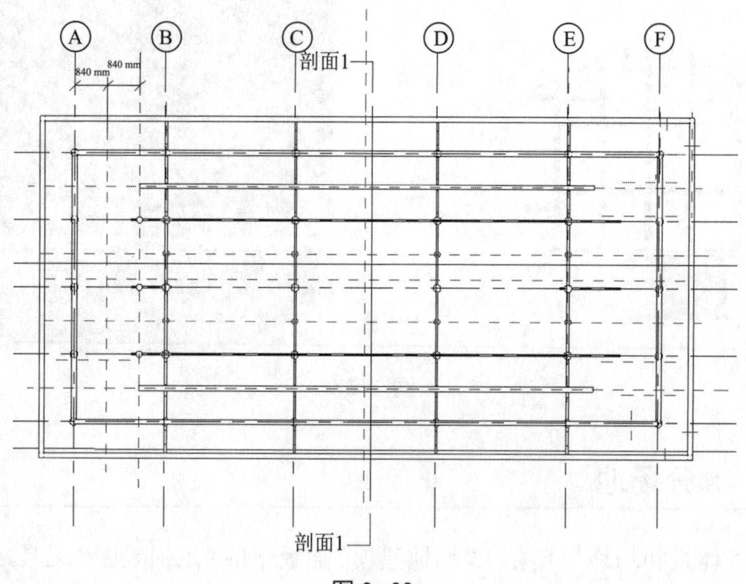

图 2-68

3. 建立抬梁

抬梁采用前面定义的木枋族，其尺寸：宽度为 200 mm，厚度为 100 mm，材质为“穿枋杉木”；在距离 A 轴线 1 680 mm 的参照平面布置抬梁，抬梁的高度为：二层排枋 +300 mm。建好的模型如图 2-69。

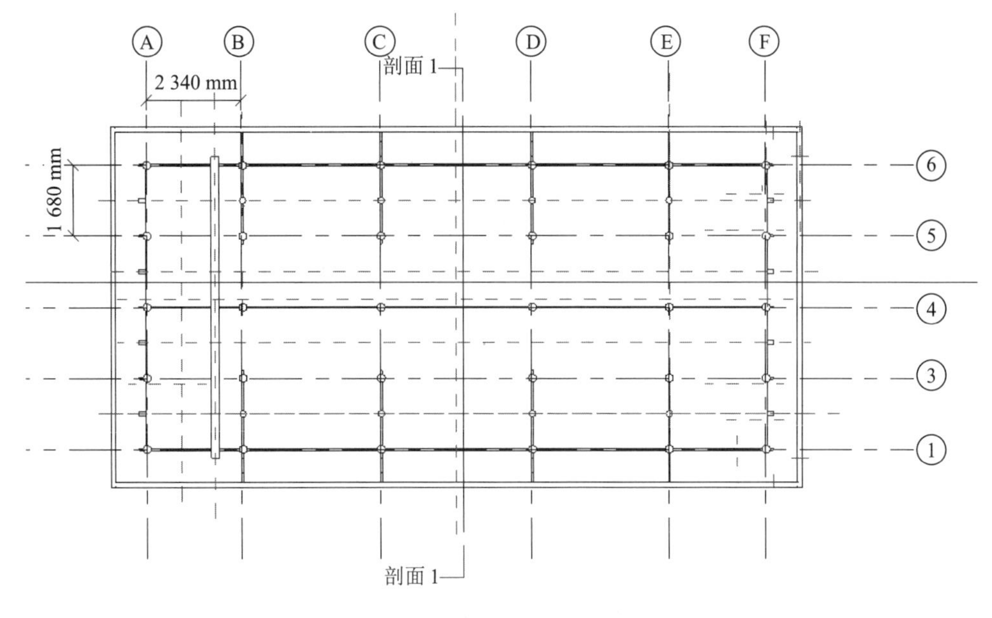

图 2-69

4. 梁上的瓜柱

（1）在抬梁的 3，4，5 轴线处布置直径为 160 mm 的瓜柱，瓜柱底部标高：二层排枋 +300 mm；顶部标高为：出水枋 +1 337 mm。

（2）瓜柱枋的建立。枋的尺寸：瓜柱 50 mm×133 mm，标高：一瓜柱 −140 mm。建好的模型如图 2-70。

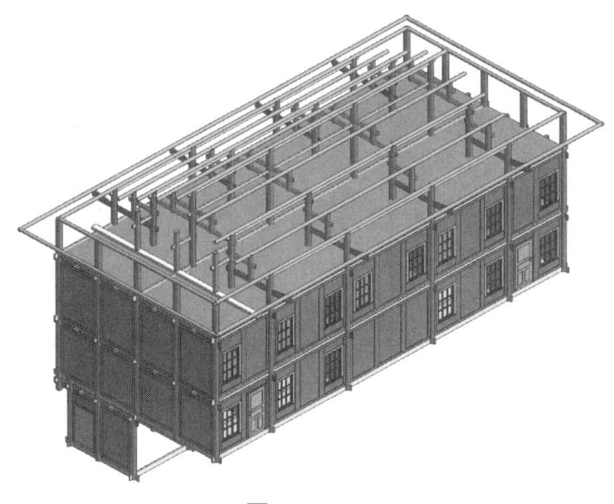

图 2-70

2.10.2　出水枋的布置

（1）选取前面建立的“出水枋 50*185”，以“楼层平面：出水枋标高”为工作标高。在 3，4，5 轴线的 A 轴线和距离 A 轴线 1 680 mm 参照平面之间建立出水枋。出水枋标高：“出水枋”标高 +118.4 mm，如图 2-71。

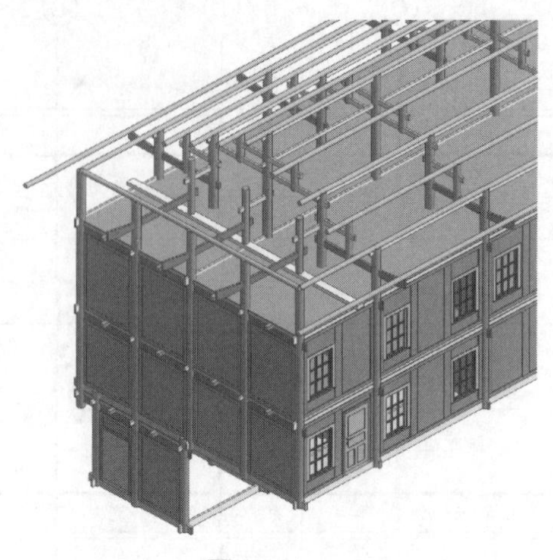

图 2-71

（2）斜出水枋的建立。

① 导入已经建好的出水枋族“45 度斜出水枋”族。

② 点击“结构”主菜单中“结构”面板中的“梁”工具，这时在“属性”面板出现导入的“45 度斜出水枋”族。点击“编辑类型”，出现“类型属性”对话框，点击“复制（D）...”，名称为“斜出水枋 50*185”，“尺寸标注”中的 b=50 mm，h=185 mm。材质设置为“出水枋杉木”。

③ 在楼层平面选“出水枋”标高作为工作平面。在 A 轴线与 6 轴线和抬梁与 5 轴线的交点之间布置出水枋，这时出水枋的顶面与“出水枋”标高对齐。点击斜出水枋“属性”，将“约束”选项卡内参数，“参照标高”设为“地面层”，“起点标高偏移”设为 118 mm，“终点标高偏移”设为 118 mm。建好的模型如图 2-72。

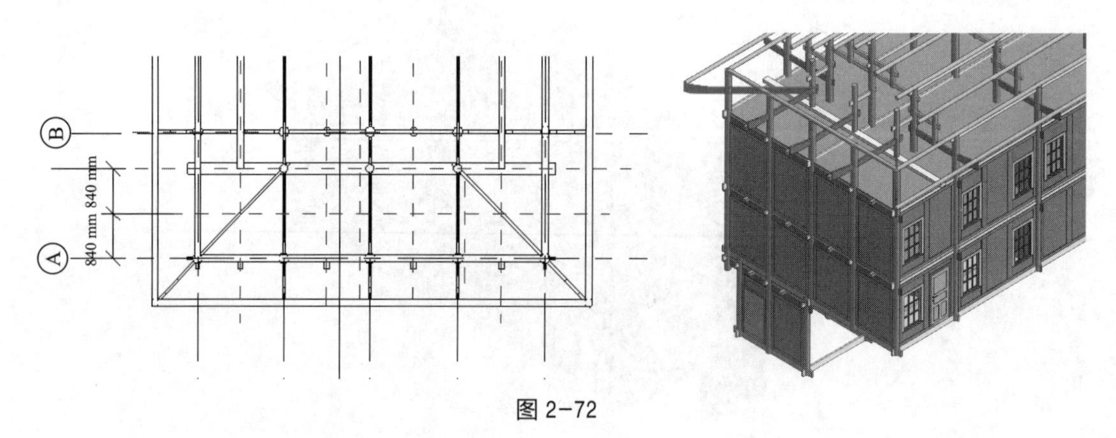

图 2-72

2.10.3 距离 A 轴线 840 mm 排架的建立

在距离 A 轴线 840 mm 参考平面上布置瓜柱，可以采用新建或复制（多个）两种方式。瓜柱底部标高：出水枋 −185 mm；顶部标高：出水枋 +935 mm。将连接抬梁上瓜柱上的瓜枋延长到距离 A 轴线 840 mm 参考平面上的瓜柱，如图 2-73。

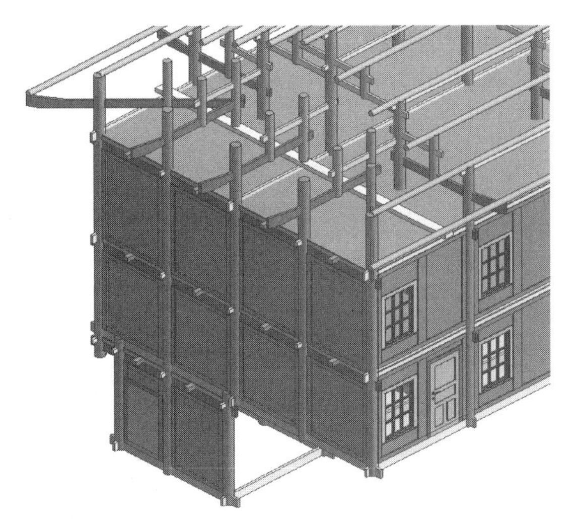

图 2-73

2.10.4 布置侧屋面檩条

（1）选择前面建立的圆檩条 120 mm，复制重命名为“圆檩条 120 mm 两端不伸出”，将两侧伸出的控制参数调整为 0，材料属性不改变。

（2）把楼层平面的“出水枋”作为工作标高，从外向内建立 4 根檩条；从外到内高度：出水枋 +225. 9 mm；一瓜枋 +73 mm；出水枋 +995（935+60）mm；出水枋 +1 397（1 337+60）mm。建好的模型如图 2-74。

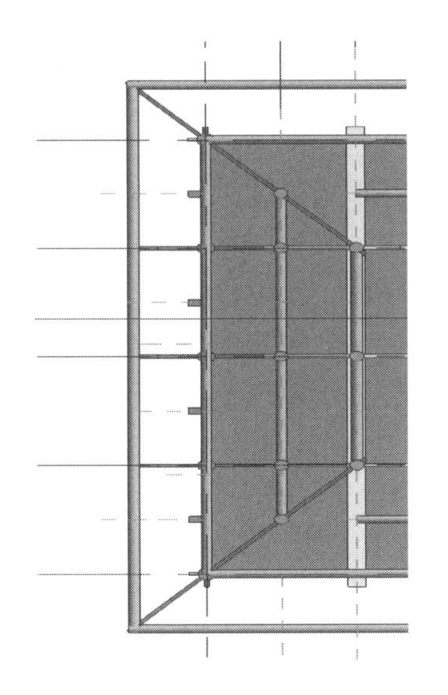

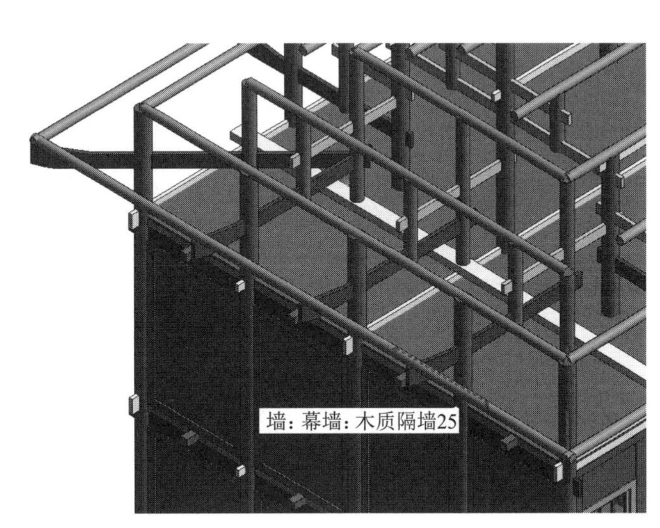

图 2-74

（3）建立斜角檩条。

① 选择前面建立的“圆檩条 120 mm 两端不伸出”，复制重命名为“斜角檩条 100 mm”，材料属性不改变。

② 在斜出水枋的位置布置斜角檩条，起点标高为出水枋 +1 387 mm，终点标高为出水枋 +225.9 mm。建好的模型如图 2-75。

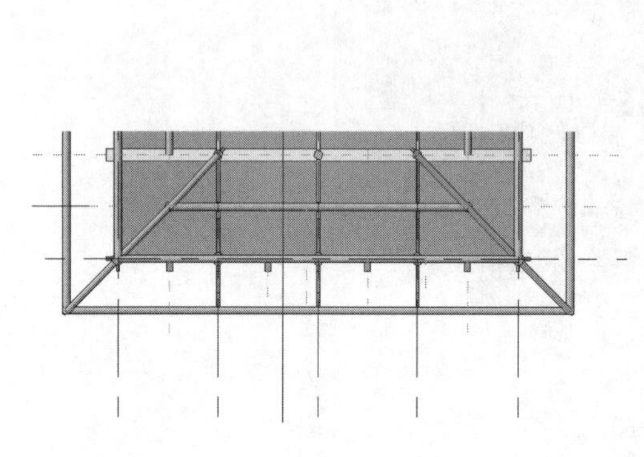

图 2-75

2.10.5 挂瓦条

（1）将纵向檩条两端与距离边轴线 840 mm 的参考平面对齐，使用对齐命令，选择参考平面，再分别选择中间的纵向檩条进行对齐，如图 2-76。

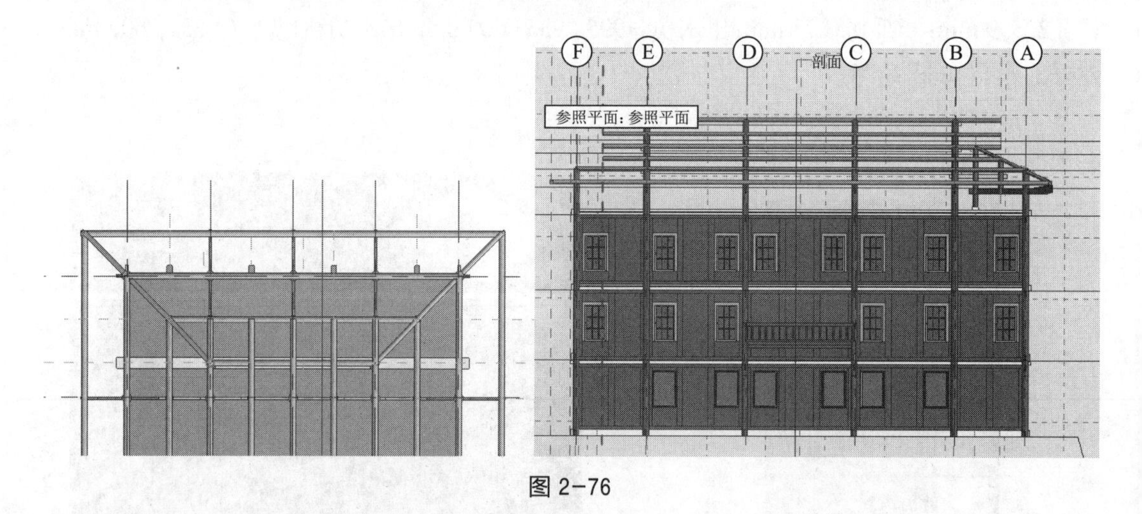

图 2-76

（2）与距离边轴线 840 mm 的参考平面之间的“人”字坡屋面挂瓦条，与前面悬山顶屋面建模过程一样。创建挂瓦条组：选择前面创建的挂瓦条，创建“挂瓦条 1”组；转到北视图，将“挂瓦条 1”一边与檩条侧面对齐；选中“挂瓦条 1”，阵列：最后一个；偏移 13 250 mm，n= 13 350/220 ≈ 60；如图 2-77。

（3）侧屋面挂瓦条的建立。转到剖面 2，画参考平面，偏移量为 80 mm；与前面建模步骤一样，见侧屋面挂瓦条；创建“挂瓦条 2”组；转到西视图，将“挂瓦条 2”一边与 5 轴线对齐；选中“挂瓦条 2”，阵列：最后一个；偏移 3 360−100=3 260 mm，n=3 260/220=14. 8 ≈ 15；如图 2-78。

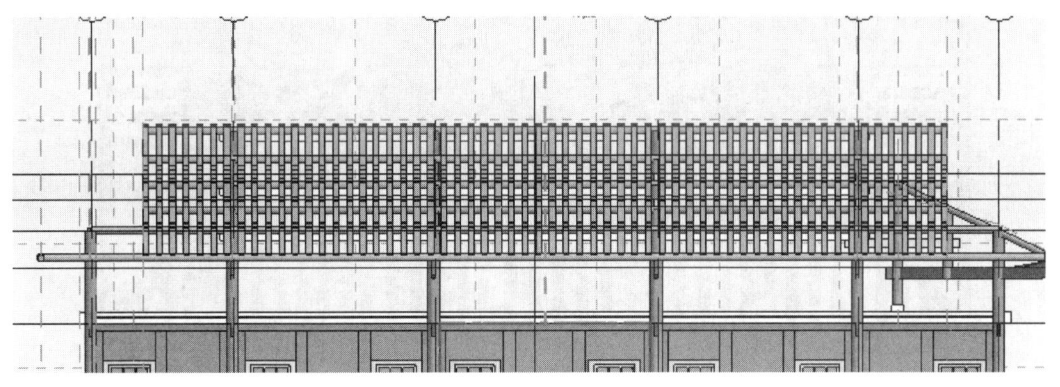

图 2-77

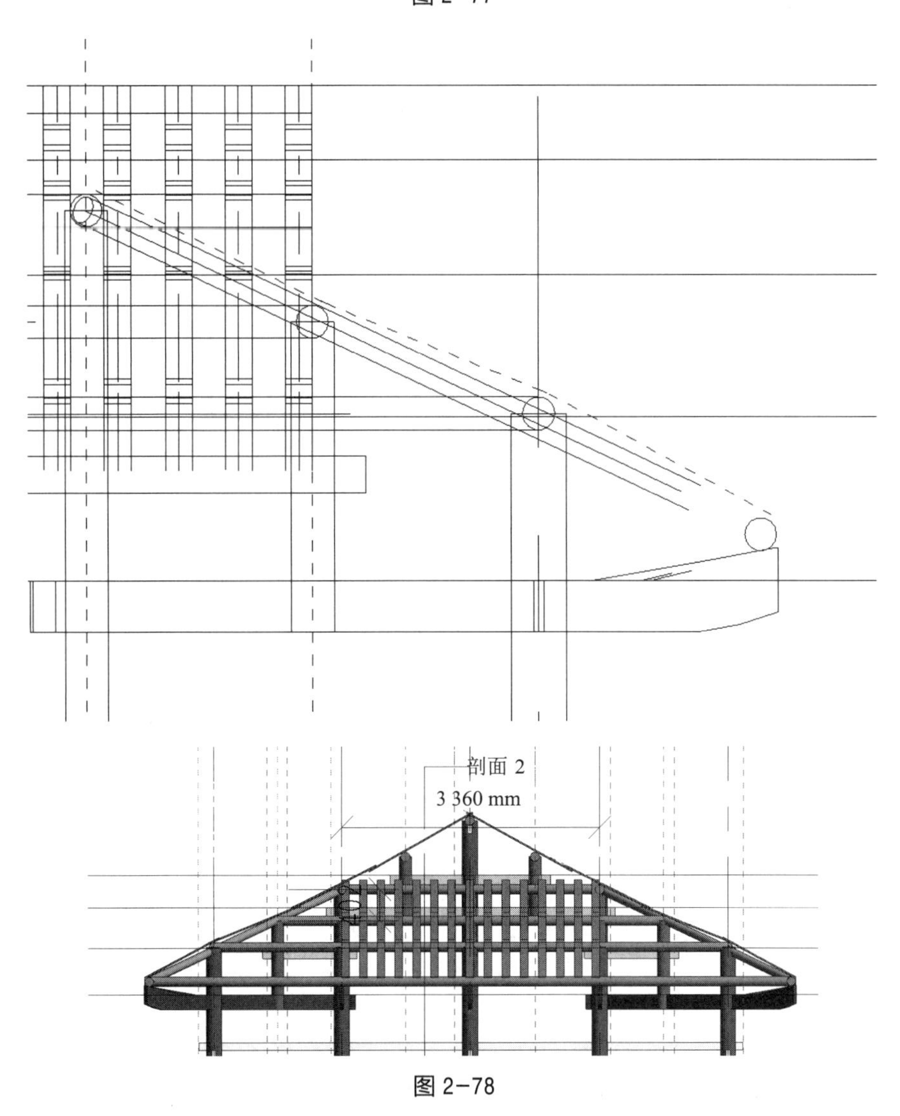

图 2-78

(4) 角部屋面挂瓦条的建立。

选中“挂瓦条 2”组,复制(多个),间距 220 mm,解组,将超出斜檩条 100 mm 的部分删除和调整,如图 2-79。

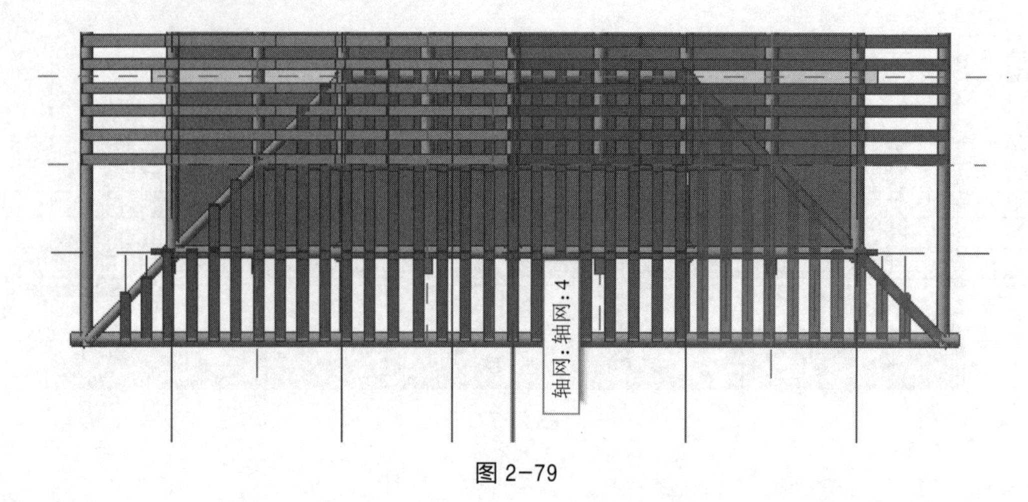

图 2-79

选中“挂瓦条 1”组，解组，复制（多个），间距 220 mm，将超出斜檩条 100 mm 的部分删除和调整，如图 2-80。

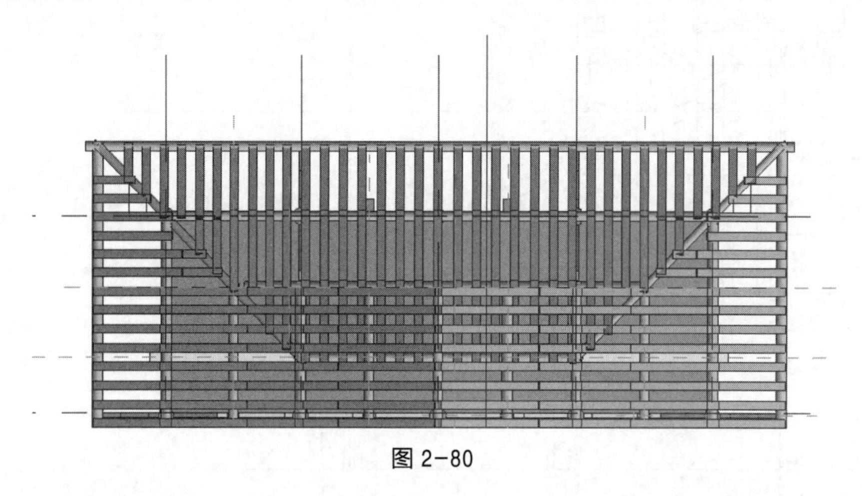

图 2-80

（5）镜像挂瓦条和斜穿枋的建立。选择需要进行镜像的挂瓦条和斜穿枋，点击“修改”控制面板的“拾取轴线”工具，拾取之前画好在 A 与 B 轴线之间平行于 C 轴线的参照线进行镜像。建好的模型如图 2-81。

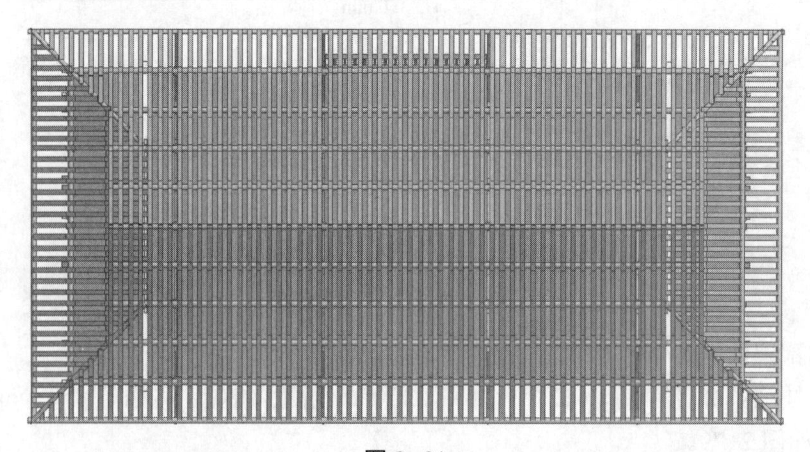

图 2-81

2.10.6 瓦屋面的建立

（1）在项目浏览器中，在楼层平面选“出水枋”标高作为工作平面。点击“建筑”主菜单中“构建”面板中“屋顶”中的“迹线屋顶”，进入绘制界面。这时在“属性”面板出现对屋顶编辑对话框，点击“编辑类型”，出现“类型属性”对话框，点击“复制(D)...”，命名为“瓦屋面 -20 mm”。点击“构造”下的“结构”，弹出“材质浏览器”对话框，再点击左下面“打开 / 关闭资源浏览器”按钮，打开“资源浏览器”对话框，查找“屋顶材料 - 瓦”材质，并修改瓦的厚度为 160 mm。

（2）点击“绘制”面板下的“直线”工具，沿前后方向屋顶外边线到角落顶端，再沿斜圆木檩条的中线到与 E 轴线平行且距 E 轴线右侧 1 500 mm 参照线相交的位置；然后再绘制到另一端的交点，之后通过“修改”面板“镜像”工具得到其他直线；最后点击前后方向屋顶外边线到角落顶端的两条直线，出现“定义坡度”并打上钩，点击“完成编辑模式”。再点击刚才绘制的屋面，弹出“属性”面板，修改“属性”面板下的“底部标高”为“出水枋”，“自标高的底部偏移”设为 235 mm，“角度”设为 26°。建好的模型如图 2-82。

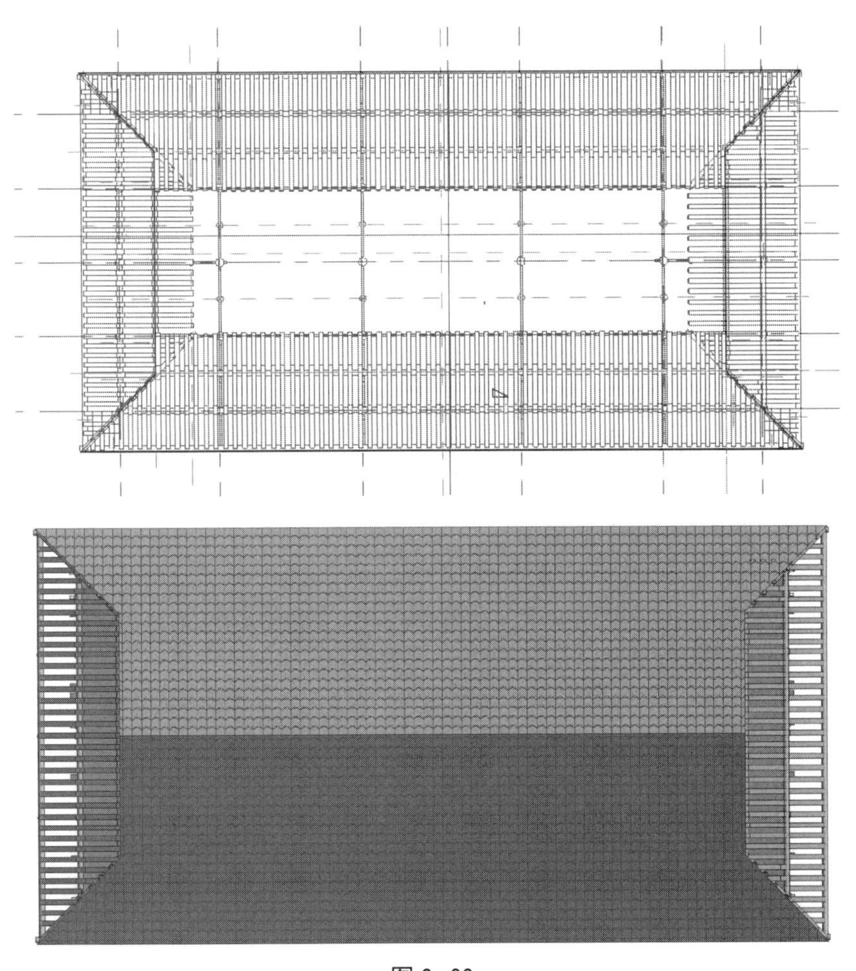

图 2-82

（3）用同样的方法绘制偏厦侧屋面。在项目浏览器中，在楼层平面选“出水枋”标高作为工作平面。点击“建筑”主菜单中“构建”面板中“屋顶”中的“迹线屋顶”,进入绘制界面。这时在“属性”面板出现刚才命名好的“瓦屋面 -20 mm”,点击“绘制”面板下的“直线”工具,沿左侧方向屋顶外边线到角落顶端,再沿斜圆木檩条的中线到与 B 轴线平行且距 B 轴线左侧 660 mm 参照线相交的位置;然后再绘制到另一端的交点,之后通过“修改”面板“镜像”工具得到其他直线;最后点击左侧方向屋顶外边线到角落顶端的直线,出现“定义坡度”并打上钩,点击“完成编辑模式”。再点击刚才绘制的屋面,弹出“属性”面板,修改“属性”面板下的“底部标高”为“出水枋”,“自标高的底部偏移”设为 235 mm,“角度”设为 24. 5°,然后再通过“修改”面板中的“镜像”工具得到右侧瓦屋面。建好的模型如图 2-83。

(4) 点击软件右上端 Revit 图标(应用程序按钮),出现“应用程序菜单”,选择菜单中的“保存”项目,弹出另存为对话框,选择要保存的文件夹,命名为“吊脚楼歇山屋顶模型”,点击“确定”。

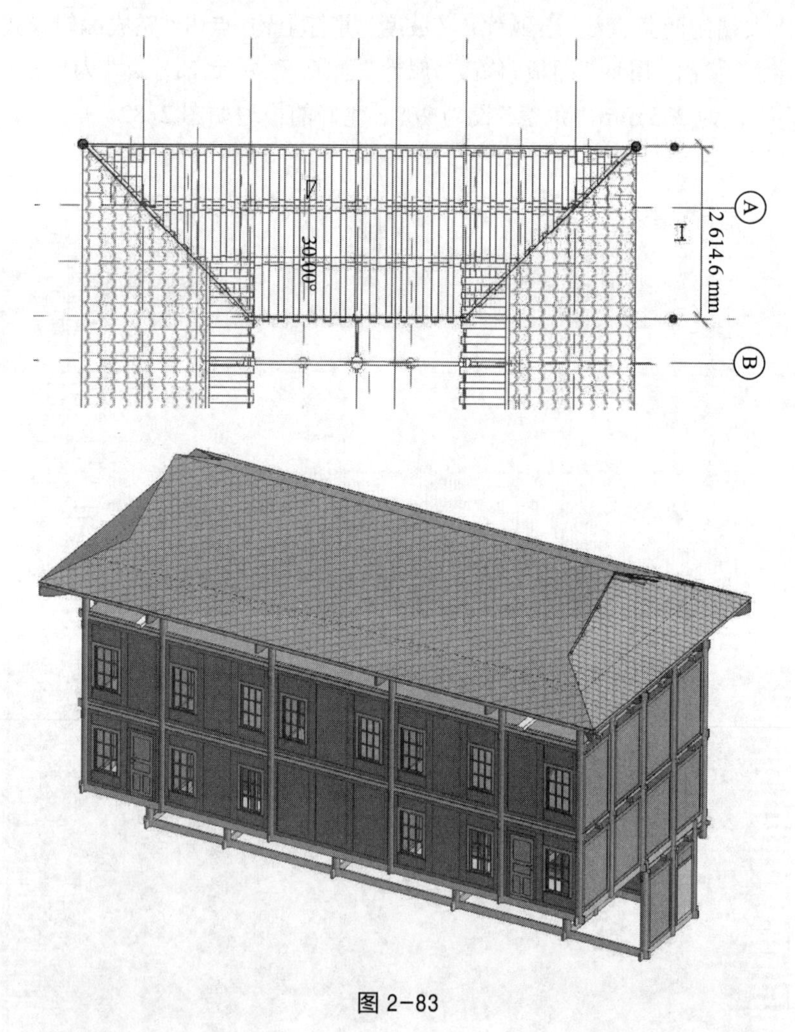

图 2-83

第 3 章

侗族鼓楼 BIM 建模

本章侗族鼓楼模型的相关尺寸数据来自凯里学院校园内从江鼓楼，以其为原型进行建模。凯里学院从江鼓楼位于凯里学院校园内开元湖中的一个人工岛上，是 2011 年 12 月由中共从江县委、从江县人民政府为了支持本地高校建设而出资建造的，共 11 层。该鼓楼为典型的密檐式鼓楼，阁底为正八边形，外围是八根木柱，中间是四根木柱；塔身为 9 层重檐；亭顶为两层攒尖顶，在攒尖顶下面有侗族梅花斗拱和棂窗，在檐口等位置安装有翘脚等。该鼓楼是凯里学院内标志性建筑，如图 3-1。

图 3-1

3.1 项目创建

侗族鼓楼的项目创建与第 2 章的内容基本相同，分为启动软件、新建项目和保存项目，具体如下：

（1）启动 Revit 2021。

（2）新建项目。点击项目板块下的“新建 ...”，弹出“新建项目”对话框；在样板文件对话框选择相应的样板，常用的样板有：建筑样板、结构样板、构造样板和机械样板等。苗侗民族建筑的结构不同于普通的土木结构，为了解决后面不同样板兼容性问题，在本项目中可以选择“构造样板”，点击“确定”按钮。

（3）保存项目。点击软件右上端 Revit 图标（应用程序按钮），出现“应用程序菜单”，选择菜单中的“另存为”项目，保存为“侗族鼓楼”。

3.2 标高和轴线

3.2.1 标　高

侗族鼓楼按平面形状可以分为四角鼓楼、六角鼓楼、八角鼓楼和变角鼓楼四种类型。每层支撑而上，不用一钉一铆，全凭木杆之间搭建而成。塔身大致为 5 层、7 层、9 层、11 层、13 层不等，层比层高，层比层小，成金字塔形，最后高度可达数十米。为了后期建模简单，在每个立柱、瓜柱顶部都设置标高，相关标高见表 3-1。

表 3-1　鼓楼标高

标高名称	标高值 /m	标高名称	标高值 /m
基　脚	-0. 300	三层排枋	8. 165
地面层	0. 000	出水枋 5	8. 956
一层排枋	3. 380	四层排枋	9. 762
出水枋 1	4. 100	五层排枋	12. 382
出水枋 2	4. 935	六层排枋	15. 491
二层排枋	5. 745	顶　层	17. 817
出水枋 3	6. 545	屋　顶	18. 111
出水枋 4	7. 342		

（1）在“项目浏览器”中，选择“立面”中的“南视图”作为当前工作视图。

（2）通过在“建筑”主菜单中“基准”面板中的“标高”工具，进入“修改 / 放置标高”选项卡，在“绘制”面板中选择标高生成方式为“直线”，设置偏移量为 0。

（3）在选项栏中，点击“平面视图类型 ...”按钮，打开“平面视图类型对话框”，在这里

选择要创建的视图类型，可以多选，这样项目浏览器中相应的视图类型会出现绘制的标高。

（4）在“绘图区域”中选择标高，出现标高的“属性”对话框，通过这个对话框可以对标高的相关属性进行调整，包括标高的符号、线性、名称等都可以进行调整。

（5）在本项目中以枋的顶面为标高定义点，柱主要通过柱的高度来进行控制。分别根据不同枋的高度确定“标高”，在绘图区域画出各个标高。为了便于记忆，根据鼓楼构件的名称进行命名，具体如图 3-2。

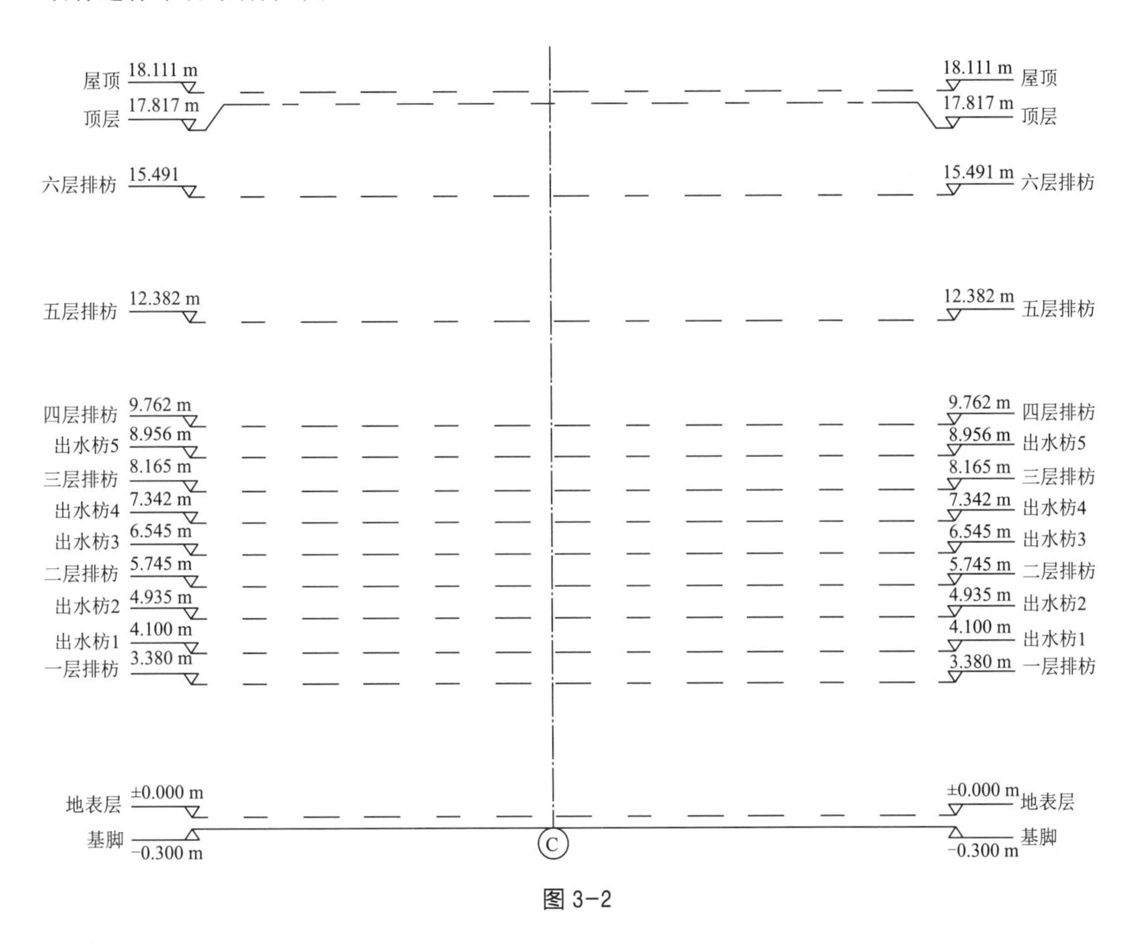

图 3-2

3.2.2 轴　线

创建完标高后，切换到相应的平面视图进行轴线创建，轴线主要用于指导后面柱子和墙的创建。

（1）选取标高“地面层”作为工作平面。

（2）通过“建筑（结构）”主菜单中“基准”面板中的“轴线”工具，进入“修改 / 放置轴线”选项卡，在“绘制”面板中选择标高生成方式为“直线”，设置偏移量 =0。按照相关尺寸画出鼓楼一层轴线，相关尺寸如图 3-3。由于这是个正六边形布置，所以首先在横向画出一条 A 轴线，再由这条轴线通过“修改 / 轴网”选项卡下的“旋转（RO）”或者“阵列（AR）”功能按 45° 角方向进行布置 B ～ D 轴线。然后通过在“建筑（结构）”主菜单中“工作平面”面板中的“参照平面”工具，以“直线”画参照线进行定位画线，距离分别为 1500 mm 和 3 500 mm，以距离 3 500 mm 的参照线与 A 和 B 轴线的两个交点进行轴网连接布置，再以这条轴线按 332. 5 mm 距离平行复制得到距离 1 500 mm 参照线上的轴网，再以这条轴线分别按 287 mm，287 mm，489 mm，294 mm 的距离向中心交点布置其余轴线，得到类似于三角形的轴网。最后将这类似于三角形的轴网通过“修改 / 轴网”选项卡下的“旋转(RO)”或者“阵列(AR)”功能按 90° 角方向布置其他轴网，如图 3-3。

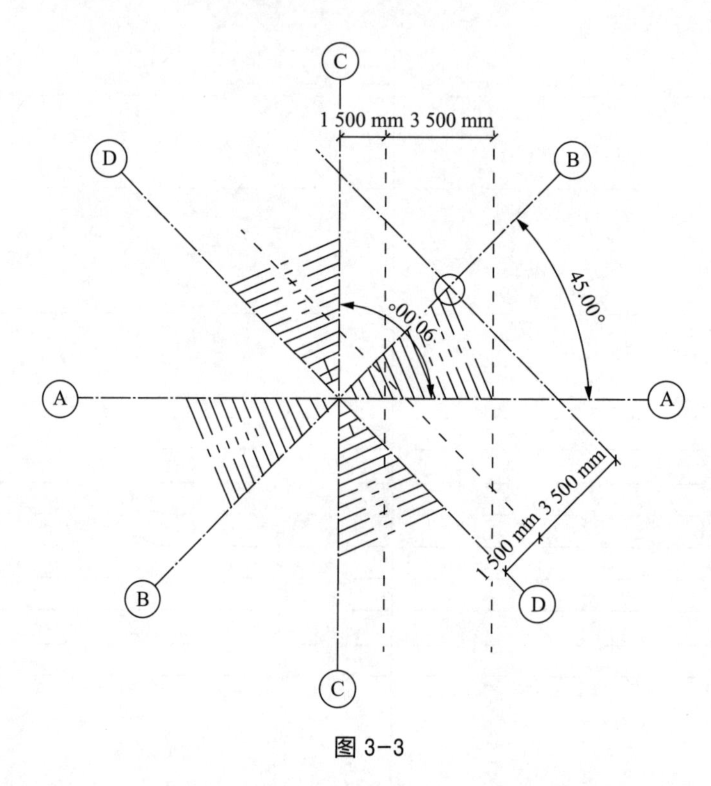

图 3-3

（3）在“绘图区域”中选择轴线，出现轴线的属性对话框，通过这个对话框可以对轴线的相关属性进行调整，包括轴线的符号、线性、名称等都可以进行调整。

（4）点击软件右上端 Revit 图标(应用程序按钮)，出现“应用程序菜单”，选择菜单中的“另存为”项目，弹出另存为对话框，将其保存为“鼓楼标高和轴线”。

3.3 一榀木柱和木枋的建立

3.3.1 木立柱的建立

（1）在项目中点击“插入”主菜单，在“从库中载入”面板中点击“载入”族工具，会跳出“载入”族对话框，载入之前建好的“圆木柱”族，点击“打开”，将“圆木柱”族载入项目中。

（2）点击“建筑”主菜单中“创建”面板中“柱”中的“柱：建筑”，这时在“属性”面板

出现导入的“圆木柱”族。点击“编辑类型”,出现“类型属性”对话框,点击“复制(D)...”,分别命名为表 3-2 中的木立柱名称,木立柱直径均为 300 mm。定义一种新材质“立柱杉木”:“云杉”材质,“颜色”设为“红色(RGB 255 0 0)”。

(3) 在项目浏览器中,在楼层平面选“地面层”标高作为工作平面。在 B 轴线与两条参照线的交点的最外交点处布置一根底层外木立柱,第二个交点处布置一根内木立柱 1,再通过“修改 / 柱”选项卡下的“镜像 - 拾取轴(MM)”功能布置其他木柱,共 4 根木柱。点击木柱“属性”面板,将“约束”选项卡内参数,按表 3-2 中的数值进行调整。建好的模型如图 3-4。

表 3-2 一层立柱标高

名 称	底部标高	底部偏移 /mm	顶部标高	顶部偏移 /mm
300 mm 底层外木立柱	地面层	0	出水枋 1	0
300 mm 内木立柱 1	地面层	0	四层排枋	758

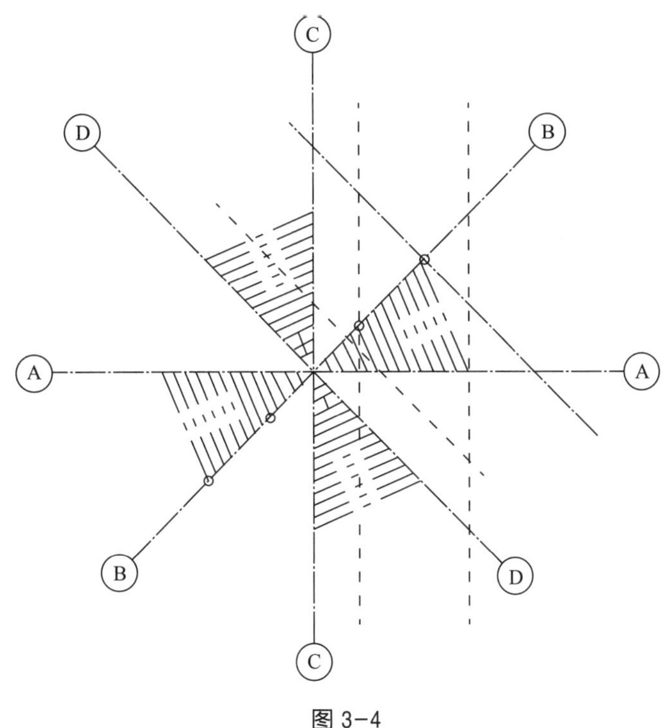

图 3-4

(4) 在项目浏览器中,在楼层平面选“地面层”标高作为工作平面。点击“视图”主菜单中“创建”面板中的“剖面”,绘制一条在 B 轴线上的剖面 1,目的是体现结构在立面的布置情况。在项目浏览器中,在剖面打开“剖面 1”就可以看到柱在立面的布置情况。建好的模型如图 3-5。

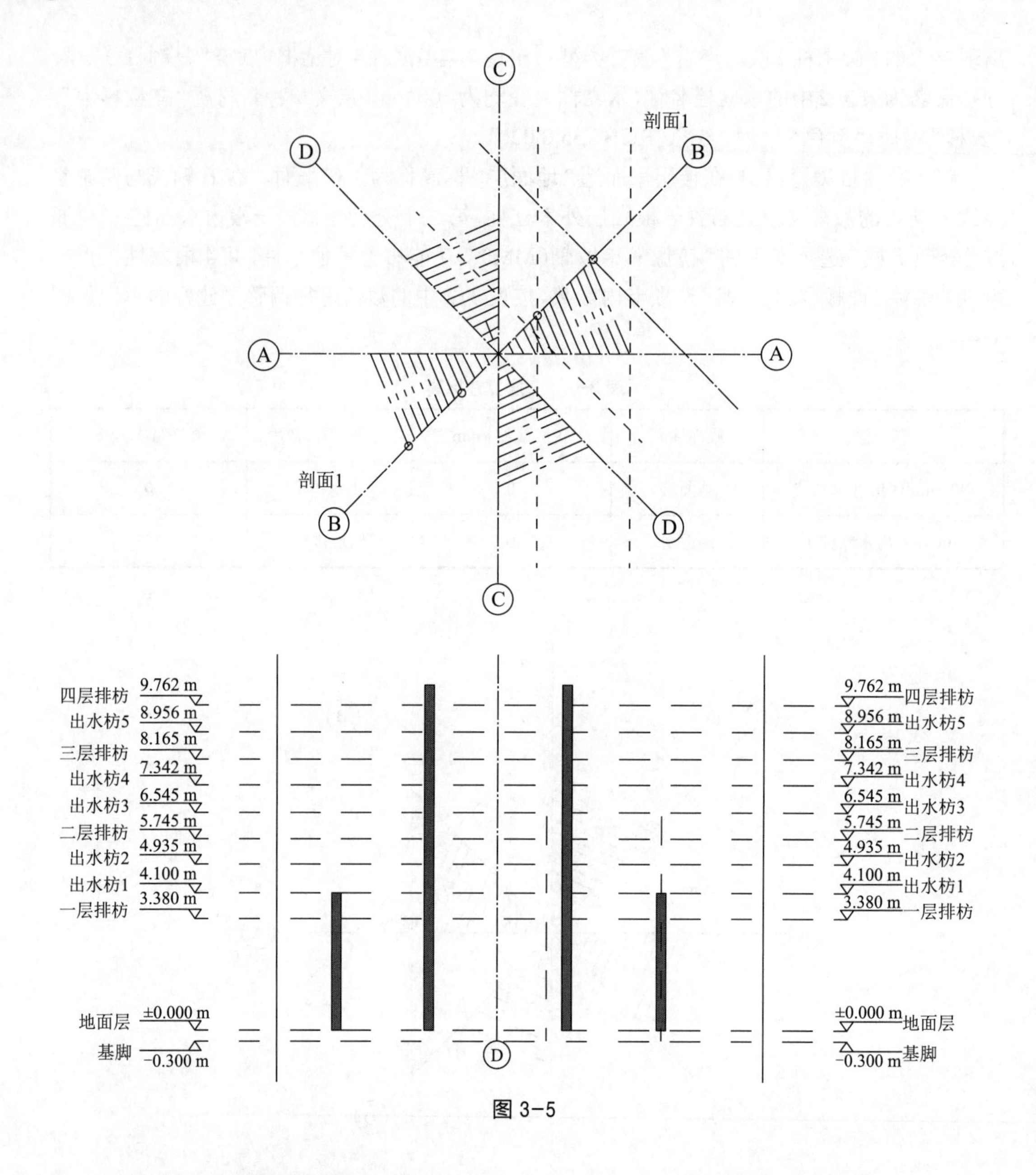

图 3-5

3.3.2　木童柱的建立

（1）点击“建筑”主菜单中“创建”面板中“柱”中的“柱:建筑”，这时在“属性”面板出现导入的“圆木柱”族。点击“编辑类型”，出现“类型属性”对话框，点击“复制(D) ...”，命名为“木童柱 200 mm”。定义一种新材质“童柱杉木”:“云杉”材质，“颜色”设为“蓝色（RGB 0 0 255）”。

（2）同前面布置立柱一样，选择“木童柱 200 mm”，分别布置在 B 轴线与三角形由外到内的第 4 根和第 7 根轴线交点，木童柱的“约束”参数，“底部标高”: 一层排枋，“底部偏移”: 200 mm，“顶部标高”: 出水枋 3，“顶部偏移”: -80 mm;“底部标高”: 二层排枋，“底部偏移”:

0,“顶部标高”:出水枋 5,“顶部偏移”:-80 mm。建立的模型如图 3-6。

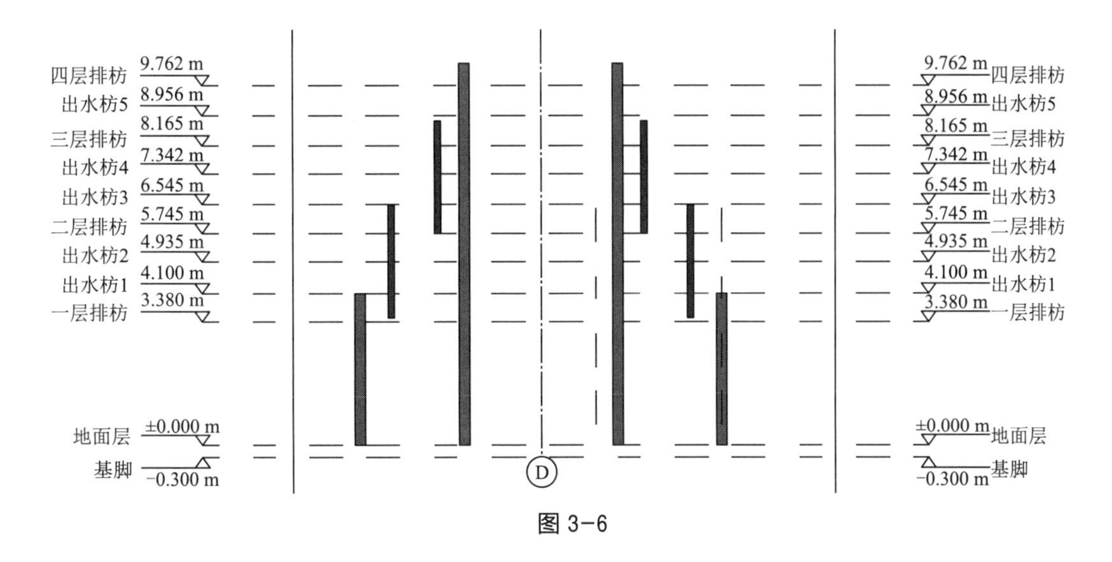

图 3-6

3.3.3 木排枋的建立

(1) 在项目中点击“插入”主菜单,在“从库中载入”面板中点击“载入”族工具,会跳出“载入”族对话框。找到制作好的“木枋”族,点击“打开”,将“木枋”族载入项目中。

(2) 点击“结构”主菜单中“结构”面板中的“梁”工具,这时在“属性”面板出现导入的“木枋”族。点击“编辑类型”,出现“类型属性”对话框,点击“复制(D)...”,名称为“60*200 木排枋”,尺寸为 60 mm×200 mm。定义一种新材质“排枋云杉”:“云杉”材质,“颜色”设为“黄色(RGB 255 255 0)”。

(3) 在结构平面选“一层排枋”标高作为工作平面,在 B 轴线与三角形由外到内的第 1 根和第 9 根轴线交点之间布置“60*200 木排枋”,点击“60*200 木排枋”的“属性”面板,将“约束”选项卡内参数,“参照标高”设为“一层排枋”,“起点标高偏移”设为 200 mm,“终点标高偏移”设为 200 mm;在结构平面选“二层排枋”标高作为工作平面,在 B 轴线与三角形由外到内的第 4 根和第 9 根轴线交点之间布置“60*200 木排枋”,点击“60*200 木排枋”的“属性”面板,将“约束”选项卡内参数,“参照标高”设为“二层排枋”,“起点标高偏移”设为 200 mm,“终点标高偏移”设为 200 mm;在结构平面选“三层排枋”标高作为工作平面,在 B 轴线与三角形由外到内的第 11 根和第 7 根轴线交点之间布置“60*200 木排枋”,点击“60*200 木排枋”的“属性”面板,将“约束”选项卡内参数,“参照标高”设为“三层排枋”,“起点标高偏移”设为 440 mm,“终点标高偏移”设为 440 mm,“开始延伸”设为 0,“端点延伸”设为 -100 mm。建好的模型如图 3-7。

(4) 长木排枋的建立。在项目浏览器中,在结构平面选“四层排枋”标高作为工作平面。在 B 轴线与三角形由外到内的第 9 根轴线两交点之间布置“60*200 长木排枋”。点击“60*200 长木排枋”的“属性”面板,将“约束”选项卡内参数,“参照标高”设为“四层排枋”,“起点标高偏移”设为 200 mm,“终点标高偏移”设为 200 mm。建好的模型如图 3-8。

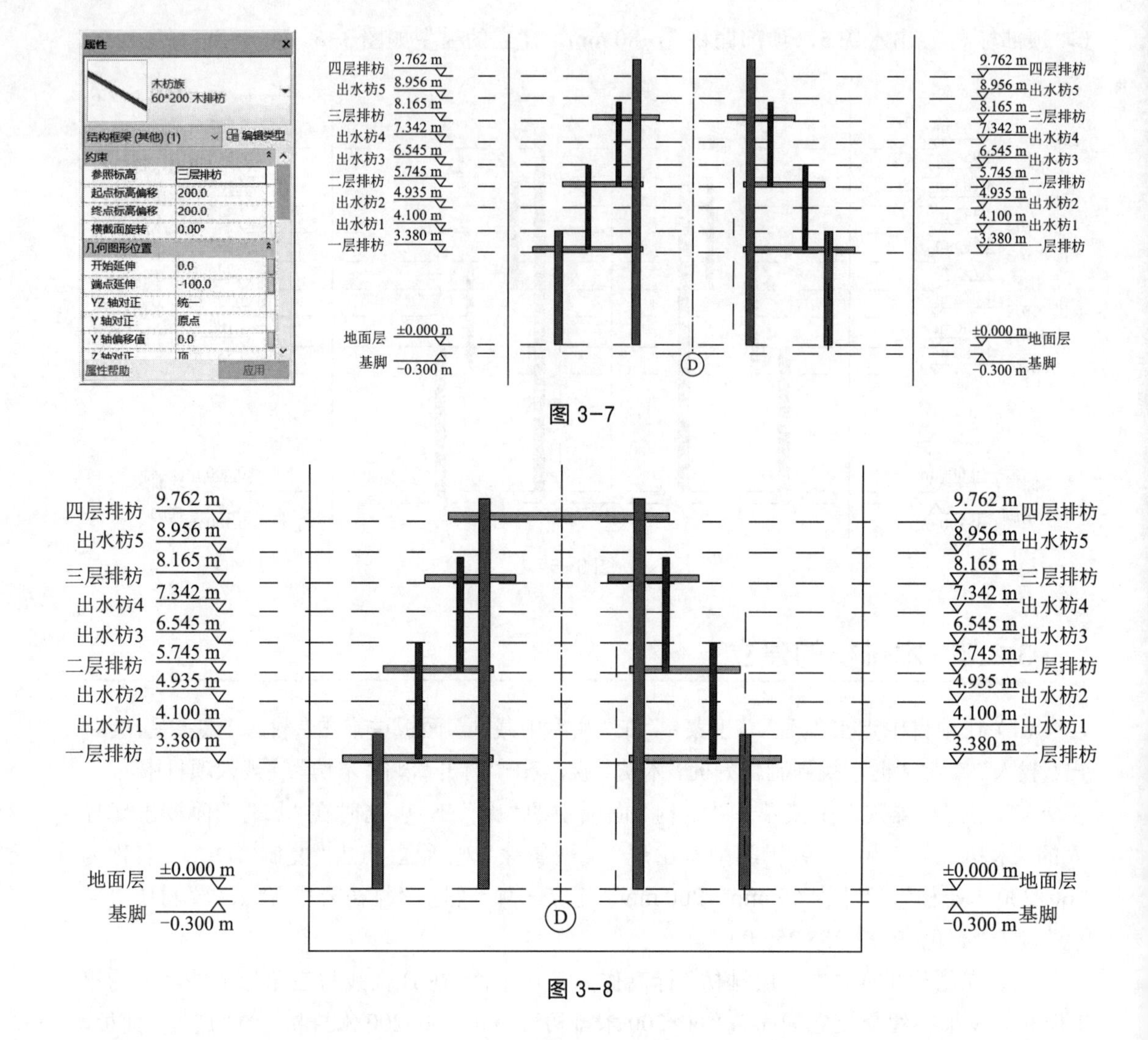

图 3-7

图 3-8

3.3.4 木瓜柱的建立

（1）点击“建筑”主菜单中“创建”面板中“柱”中的“柱：建筑”，这时在“属性”面板出现导入的“圆木柱”族。点击“编辑类型”，出现“类型属性”对话框，点击“复制(D)...”，命名为“200 mm- 木瓜柱”。定义一种新材质“瓜柱杉木”：“云杉”材质，“颜色”设为“紫色(RGB 255 0 255)”。

（2）同前面布置童柱一样，选择“200 mm- 木瓜柱”，分别布置在 B 轴线与三角形由外到内的第 2 根、第 3 根、第 5 根、第 6 根、第 8 根以及第 10 根轴线交点，木瓜柱的“约束”范围见表 3-3。建立的模型如图 3-9。

表 3-3　瓜柱标高

位　置	底部标高	底部偏移 /mm	顶部标高	顶部偏移 /mm
第 2 根轴线交点	一层排枋	200	出水枋 2	-80
第 3 根轴线交点	出水枋 1	0	二层排枋	-80

续表 3-3

位　置	底部标高	底部偏移 /mm	顶部标高	顶部偏移 /mm
第 5 根轴线交点	二层排枋	0	出水枋 4	-80
第 6 根轴线交点	出水枋 3	0	三层排枋	-80
第 8 根轴线交点	三层排枋	0	四层排枋	-80
第 10 根轴线交点	出水枋 5	0	四层排枋	1470

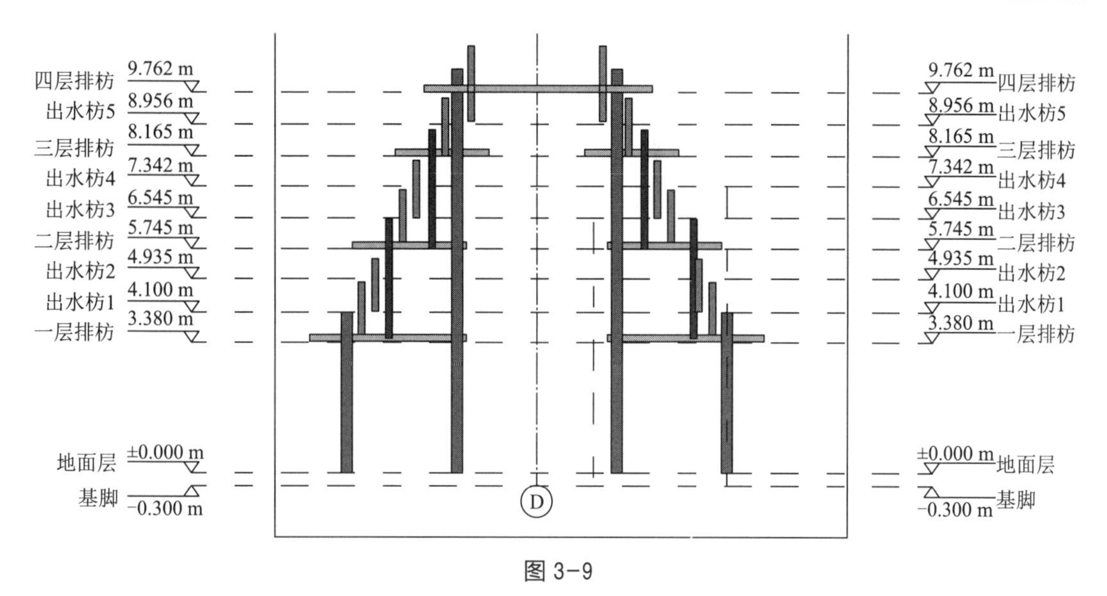

图 3-9

3.3.5 出水枋的建立

（1）点击“结构”主菜单中“结构”面板中的“梁”工具，这时在“属性”面板出现导入的“木枋”族。点击“编辑类型”，出现“类型属性”对话框，点击“复制(D)...”，名称为“60*200 出水枋”。定义一种新材质“出水枋云杉”，“颜色”设为“绿色(RGB 0 255 0)”。

（2）同前面布置木排枋一样，选择“60*200 出水枋”，分别布置在 B 轴线与三角形由外到内的第 4 根和第 2 根轴线交点之间、第 4 根和第 3 根轴线交点之间、第 7 根和第 5 根轴线交点之间、第 7 根和第 6 根轴线交点之间、第 11 根和第 8 根轴线交点之间，“60*200 出水枋”的“约束”范围见表 3-4，但 B 轴线与 11，8 轴线之间的出水枋“开始延伸”为 0，“端点延伸”为 -100 mm。建立的模型如图 3-10。

表 3-4　出水枋标高

位　置	参照标高	起点标高偏移 /mm	终点标高偏移 /mm
B 轴线与 4，2 轴线之间	出水枋 1	200	200
B 轴线与 4，3 轴线之间	出水枋 2	200	200
B 轴线与 7，5 轴线之间	出水枋 3	200	200
B 轴线与 7，6 轴线之间	出水枋 4	200	200
B 轴线与 11，8 轴线之间	出水枋 5	200	200

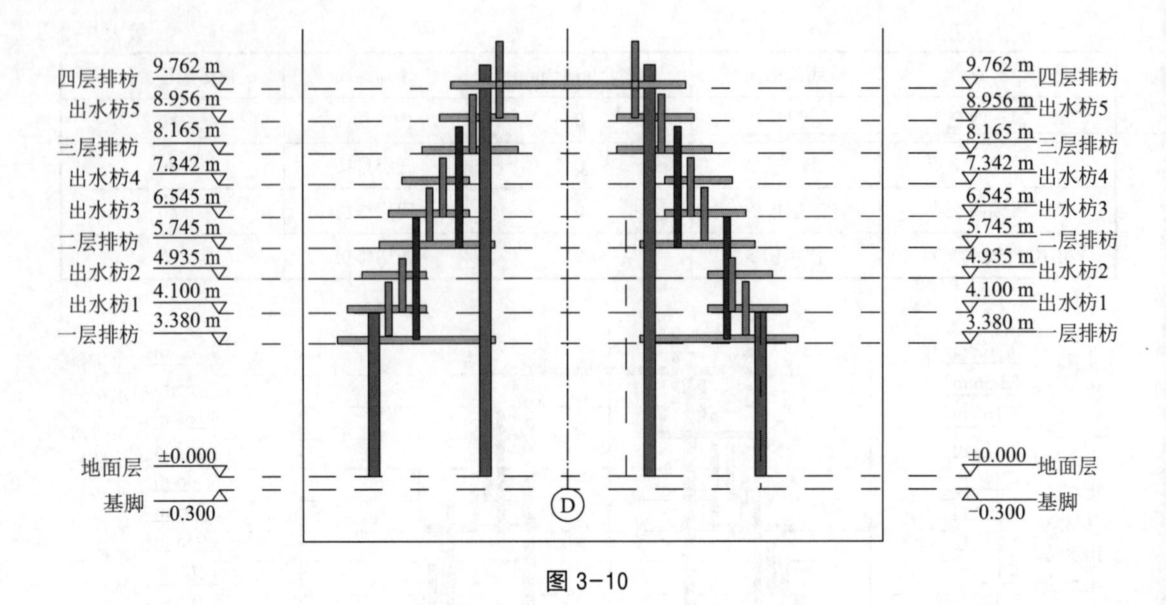

图 3-10

（3）点击软件右上端Revit图标（应用程序按钮），出现“应用程序菜单”，选择菜单中的“另存为”项目，弹出另存为对话框，将其保存为“鼓楼一榀排架”。

3.3.6 “一榀排架”组的建立

（1）点击“视图”主菜单下的“三维视图”，框选所有对象。点击主菜单“修改/选择多个”下“选择”面板下的“过滤器”工具，弹出“过滤器”对话框，选中其中的“柱”和“结构框架（其他）”选项，点击“确定”。

（2）点击“创建”面板下的“创建组”工具，弹出“创建模型组”对话框，在“名称”处输入“一榀排架”。

（3）在项目浏览器中，在楼层平面选“地面层”标高作为工作平面。选中上面创建“一榀排架”组。点击“修改”面板下的“旋转”工具，在“修改/模型组”选中“复制”，以A和C轴线的交点为旋转中心点，分别将“下层一榀排架”组旋转复制到C，D和A轴线上，如图3-11。

图 3-11

（4）对下层排架进行调整。首先对上面的“下层一榀排架”组进行解组，然后对相关数据进行调整。

① 调整A和C轴线上的“300 mm-内木立柱1”的标高，“底部标高”由原来的“地面层”调为“二层排枋”。

② 把A和C轴线上的“一层排枋”位置和“二层排枋”位置的“60*200木排枋”的“属性”中的“开始延伸”均调为451 mm，得到两榀排架。建好的模型如图3-12。

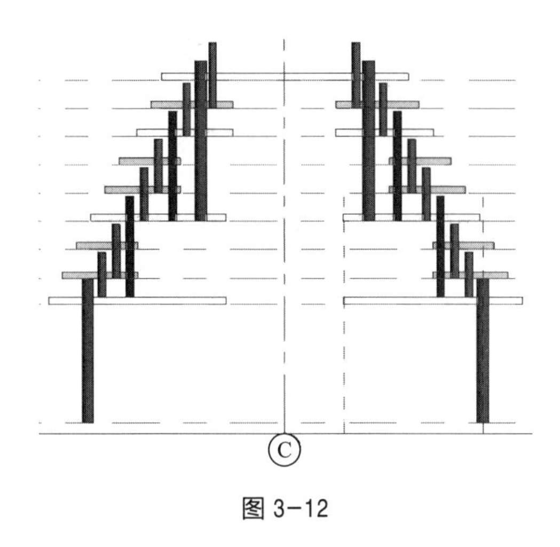

图 3-12

3.4 穿枋的建立

3.4.1 60 mm × 200 mm 地脚枋的建立

（1）点击“结构”主菜单中“结构”面板中的“梁”工具，这时在“属性”面板出现导入的“木枋”族。点击“编辑类型”，出现“类型属性”对话框，点击“复制（D）...”，名称为“60*200 地脚枋”，木枋尺寸为 60 mm×200 mm。定义一种新材质“穿枋云杉”：“云杉”材质，“颜色”设为“青色（RGB 0 255 255）”。

（2）在项目浏览器中，在结构平面选“地面层”标高作为工作平面。分别布置在三角形由外到内的第 1 根轴线与 B 和 C 轴线两交点之间、第 1 根轴线与 C 和 D 轴线两交点之间、第 1 根轴线与 D 和 A 轴线两交点之间。点击“60*200 地脚枋”的“属性”面板，将“约束”选项卡内参数，“参照标高”设为“地面层”，“起点标高偏移”设为 300 mm，“终点标高偏移”设为 300 mm。由于软件兼容性问题，在“60*200 地脚枋”与“60*200 地脚枋”相交的端点会出现端点自动延长或缩短，这时需要手动移动端点的“造型操纵柄”，把其拖动到交点中心。后期遇到类似问题就按此方法解决。建好的模型如图 3-13。

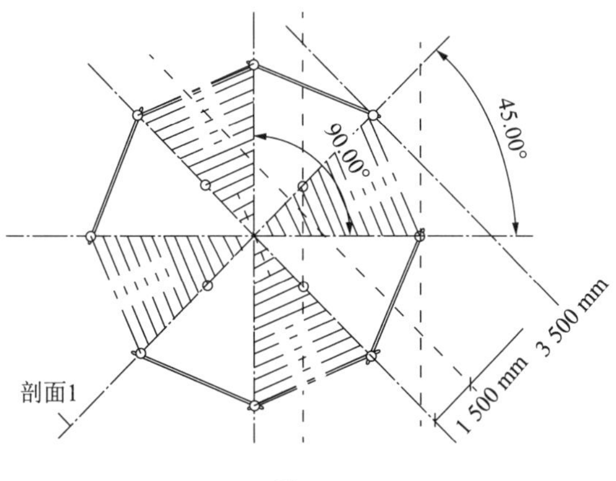

图 3-13

3.4.2 60 mm×200 mm 立柱穿枋的建立

（1）点击“结构”主菜单中“结构”面板中的“梁”工具，这时在“属性”面板出现导入的“木枋”族。点击“编辑类型”，出现“类型属性”对话框，点击“复制(D)...”，名称为“60*200 穿枋”，木枋尺寸为 60 mm×200 mm。定义一种新材质“穿枋云杉”：“云杉”材质，“颜色”设为“青色(RGB 0 255 255)”。

（2）在结构平面选“一层排枋”标高作为工作平面，分别布置在三角形由外到内的第 9 根轴线与 B，D 轴线各交点之间，点击“60*200 穿枋”的“属性”面板，将“约束”选项卡内参数，“参照标高”设为“一层排枋”，“起点标高偏移”设为 200 mm，“终点标高偏移”设为 200 mm。在结构平面选“二层排枋”标高作为工作平面，分别布置在三角形由外到内的第 9 根轴线与 B，D 轴线各交点之间，点击“60*200 穿枋”的“属性”面板，将“约束”选项卡内参数，“参照标高”设为“二层排枋”，“起点标高偏移”设为 200 mm，“终点标高偏移”设为 200 mm。以“三层排枋”标高作为工作平面，分别布置在三角形由外到内的第 9 根轴线与 B，D 轴线各交点之间，点击“60*200 穿枋”的“属性”面板，将“约束”选项卡内参数，“参照标高”设为“三层排枋”，将平行于 A 轴线的两根穿枋“起点标高偏移”设为 -300，“终点标高偏移”设为 -300 mm；将平行于 C 轴线的两根穿枋“起点标高偏移”设为 -100 mm，“终点标高偏移”设为 -100 mm。建好的模型如图 3-14。

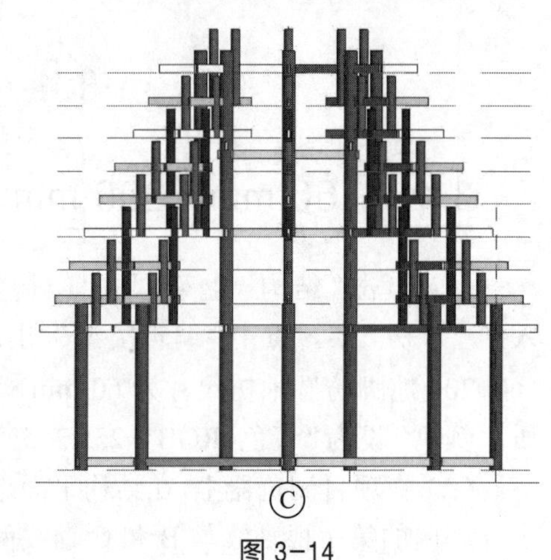

图 3-14

（3）在项目浏览器中，在结构平面选“一层排枋”标高作为工作平面。分别布置在三角形由外到内的第 1 根轴线与 A ～ D 轴线各交点之间。点击“60*200 穿枋”的“属性”面板，将“约束”选项卡内参数，“参照标高”设为“一层排枋”，“起点标高偏移”设为 -192 mm，“终点标高偏移”设为 -192 mm。建好的模型如图 3-15。

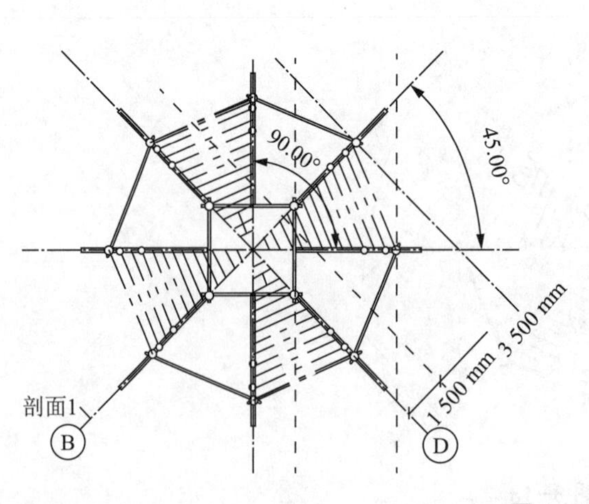

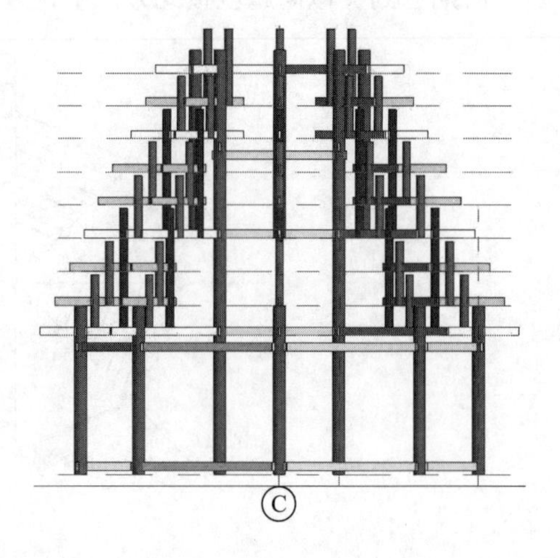

图 3-15

3.4.3 60 mm × 130 mm 穿枋的建立

（1）点击“结构”主菜单中“结构”面板中的“梁”工具，这时在“属性”面板出现导入的“木枋”族。点击“编辑类型”，出现“类型属性”对话框，点击“复制（D）...”，名称为“60*130 穿枋”。定义一种新材质“穿枋云杉”：“云杉”材质，“颜色”设为“青色（RGB 0 255 255）”。

（2）在结构平面选“一层排枋”标高作为工作平面，分别布置在三角形由外到内的第 2 根轴线与 A ～ D 轴线各交点之间，点击“60*130 穿枋”的“属性”面板，将“约束”选项卡内参数，“参照标高”设为“一层排枋”，“起点标高偏移”设为 370 mm，“终点标高偏移”设为 370 mm；在结构平面选“一层排枋”标高作为工作平面，分别布置在三角形由外到内的第 4 根轴线与 A ～ D 轴线各交点之间，点击“60*130 穿枋”的“属性”面板，将“约束”选项卡内参数，“参照标高”设为“一层排枋”，“起点标高偏移”设为 370 mm，“终点标高偏移”设为 370 mm。建好的模型如图 3-16。

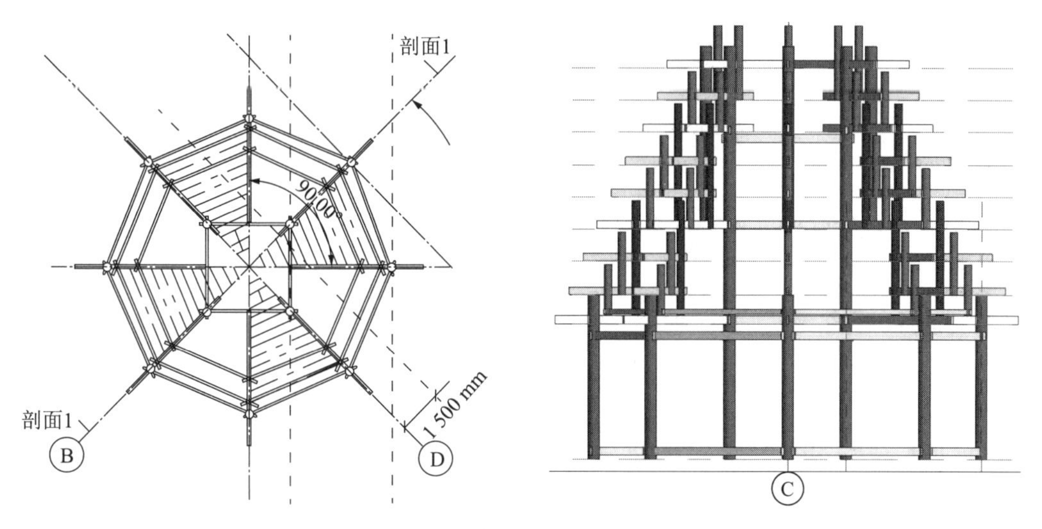

图 3-16

（3）按照前面在“一层排枋”标高布置“60*130 穿枋”的方法，分别在其他层布置“60*130 穿枋”。具体位置及相关参数见表 3-5，建立的模型如图 3-17。

表 3-5 瓜柱连接枋参数

位　置	参照标高	起点标高偏移 /mm	终点标高偏移 /mm
第 3 根轴线与 A ～ D 轴线各交点之间	出水枋 1	370	370
第 4 根轴线与 A ～ D 轴线各交点之间	出水枋 2	370	370
第 5 根轴线与 A ～ D 轴线各交点之间	二层排枋	370	370
第 7 根轴线与 A ～ D 轴线各交点之间	二层排枋	370	370
第 6 根轴线与 A ～ D 轴线各交点之间	出水枋 3	370	370
第 7 根轴线与 A ～ D 轴线各交点之间	出水枋 4	370	370
第 8 根轴线与 A ～ D 轴线各交点之间	三层排枋	370	370

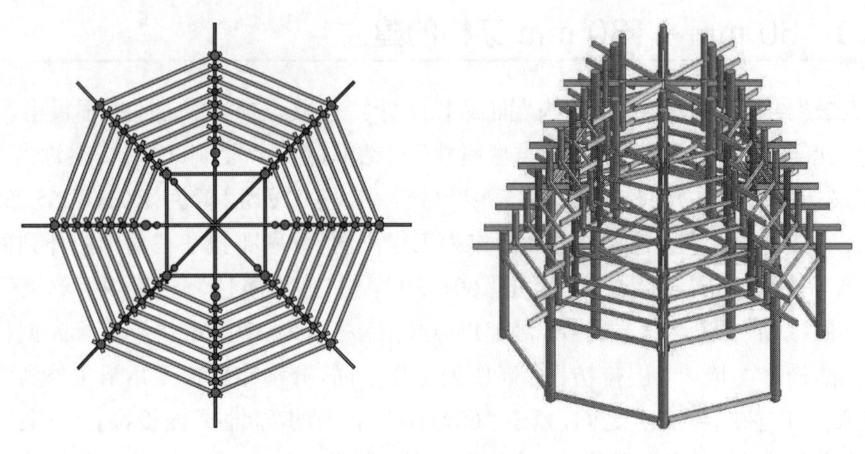

图 3-17

（4）点击软件右上端 Revit 图标(应用程序按钮)，出现“应用程序菜单”，选择菜单中的“另存为”项目，弹出另存为对话框，将其保存为“鼓楼下层整体框架”。

3.5 上层整体框架的建立

3.5.1 一榀框架的建立

1. 木楼板的建立

（1）点击“结构”主菜单中“结构”面板中的“梁”工具，这时在“属性”面板出现导入的“木枋”族。点击“编辑类型”，出现“类型属性”对话框，点击“复制(D)...”，名称为“60*200 楼枕枋”。定义一种新材质“楼枕云杉”，“颜色”设为“浅蓝色(RGB 0 128 255)”。

（2）在项目浏览器中，在结构平面选“三层排枋”标高作为工作平面。沿 C 轴线进行布置，两端稍稍超出三层排枋；再将这根楼枕枋复制到平行于 C 轴线两侧的方向且分别距离 C 轴线 500 mm 和 1 000 mm 的位置上，共 5 根楼枕枋。点击“60*200 楼枕枋”的“属性”面板，将“约束”选项卡内参数，“参照标高”设为“三层排枋”，“起点标高偏移”设为 -100 mm，“终点标高偏移”设为 -100 mm。建好的模型如图 3-18。

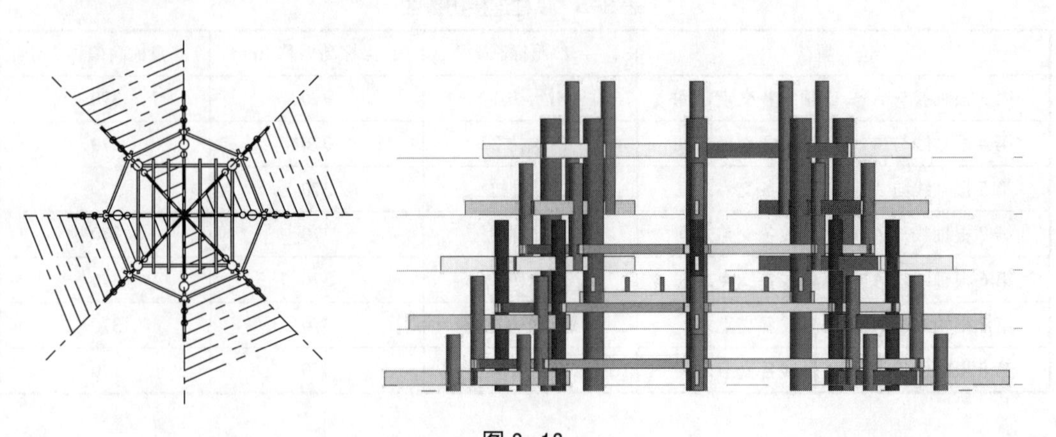

图 3-18

（3）在楼层平面选“三层排枋”标高作为工作平面。点击“建筑”主菜单中“创建”面板中“楼板”中的“楼板：建筑”，这时在“属性”面板出现导入的“楼板”族。点击“编辑类型”，出现“类型属性”对话框，点击“复制(D)...”，名称为“25 木楼板”。点击“结构”下“编辑 ...”，弹出“编辑部件”对话框，在“结构 [1]”中的“材质”，定义一种新材质“楼板杉木”，“颜色”设为“黑紫色(RGB 64 0 64)”，厚度设为 25 mm。

（4）选择“修改 / 创建楼层边界”主菜单下“绘制”面板下的“直线”和“拾取线”工具，先用“直线”画内立柱 1 的外切点之间的线段，再用“拾取线”拾取内立柱 1 的内边缘，连成一条闭合的回路，点击“完成编辑模型”，完成楼板建模，如图 3-19。

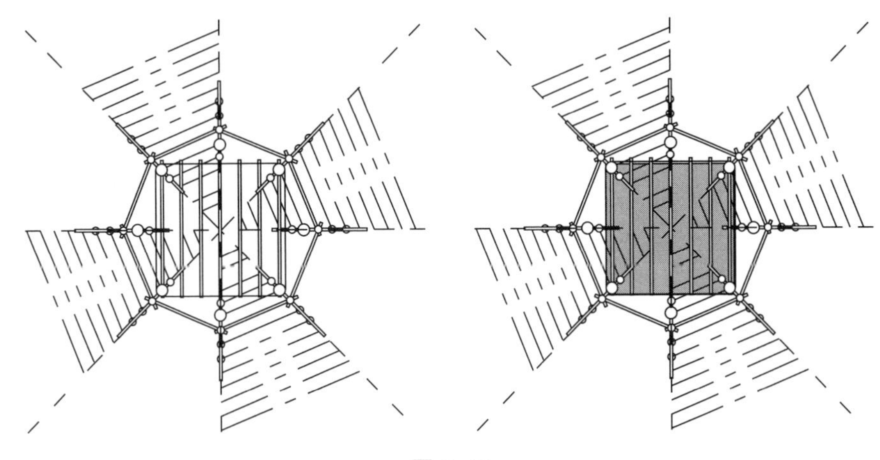

图 3-19

（5）点击“25 木楼板”的“属性”面板，将“约束”选项卡内参数，“标高”设为“三层排枋”，“自标高的高度偏移”设为 0。

2. 顶部立柱的建立

（1）点击“建筑”主菜单中“创建”面板中“柱”中的“柱：建筑”，这时在“属性”面板出现导入的“圆木柱”族。点击“编辑类型”，出现“类型属性”对话框，点击“复制(D)...”，分别命名为表 3-6 中的木立柱名称，木立柱直径均为 300 mm。定义一种新材质“顶部立柱杉木”，“颜色”设为“红色(RGB 255 0 0)”。

（2）在楼层平面选“三层排枋”标高作为工作平面。按照前面布置顶部木立柱的方法，分别布置在 B 轴线与三角形由外到内的第 11 根、第 12 根、第 13 根以及中心原点，木立柱的“约束”范围见表 3-6。建立的模型如图 3-20。

表 3-6　屋顶立柱参数

名　称	位　置	底部标高	底部偏移 /mm	顶部标高	顶部偏移 /mm
250 mm 内木立柱 2	B 轴线与 11 轴线两交点	三层排枋	0	五层排枋	988
200 mm 木童柱	B 轴线与 12 轴线两交点	四层排枋	0	五层排枋	1 959
200 mm 木童柱	B 轴线与 13 轴线两交点	五层排枋	−200	六层排枋	1 654
250 mm 雷公木立柱	中心原点	四层排枋	0	顶层	0

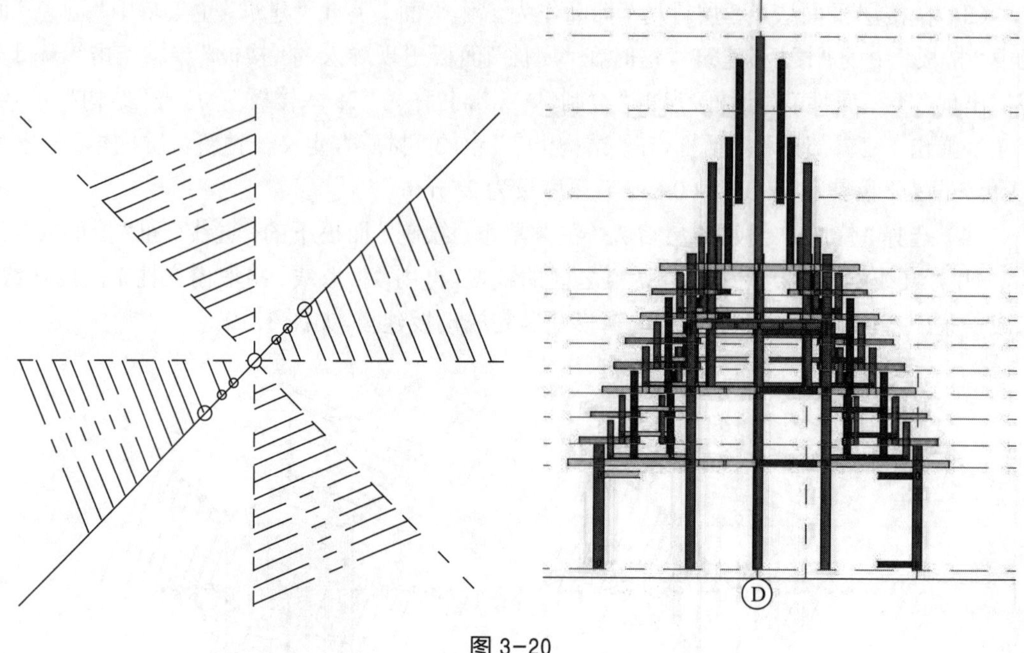

图 3-20

3. 出水枋的建立

（1）在项目中点击“插入”主菜单，在“从库中载入”面板中点击“载入”族工具，会跳出“载入”族对话框。找到之前制作好的“出水枋(小刀枋)”，点击“打开”，将“出水枋(小刀枋)”载入项目中。

（2）点击“结构”主菜单中“结构”面板中的“梁”工具，这时在“属性”面板出现导入的“出水枋(小刀枋)”。点击“编辑类型”，出现“类型属性”对话框，点击“复制(D)...”，名称为“出水枋”。定义一种新材质“出水枋云杉”，“颜色”设为“绿色(RGB 0 255 0)”。

（3）在结构平面选“五层排枋”标高作为工作平面，在 B 轴线与三角形由外到内的第 11 根轴线交点与中心原点之间布置出水枋，点击出水枋“属性”面板，将“约束”选项卡内参数，“参照标高”设为“五层排枋”，“起点标高偏移”设为 0，“终点标高偏移”设为 0；在结构平面选“六层排枋”标高作为工作平面，在 B 轴线与三角形由外到内的第 12 根轴线交点与中心原点之间布置出水枋，点击出水枋“属性”面板，将“约束”选项卡内参数，“参照标高”设为“六层排枋”，“起点标高偏移”设为 0，“终点标高偏移”设为 0。建好的模型如图 3-21。

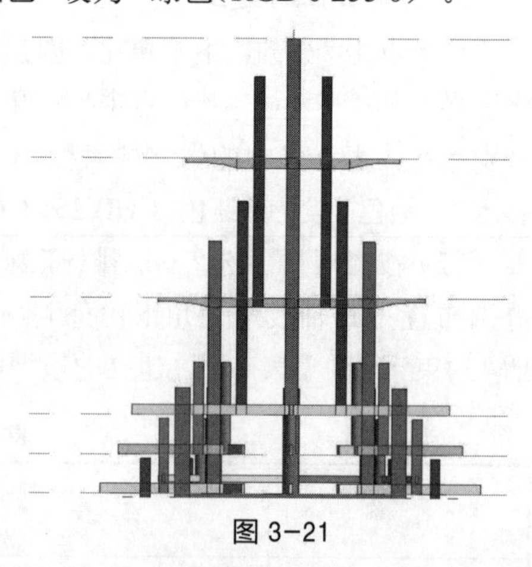

图 3-21

4. 瓜柱和瓜枋的建立

（1）瓜柱的建立。瓜柱的布置方法跟前面布置木瓜柱的方法一样，具体数据见表 3-7，建好的模型如图 3-22。

表 3-7 屋顶瓜柱枋参数

名 称	位 置	底部标高	底部偏移 /mm	顶部标高	顶部偏移 / mm
200 mm 木瓜柱	距 250 mm 内木立柱 2 向外偏移 525 mm	五层排枋	-100	五层排枋	565
200 mm 木瓜柱	距 200 mm 木童柱向外偏移 500 mm	六层排枋	-200	六层排枋	1 200

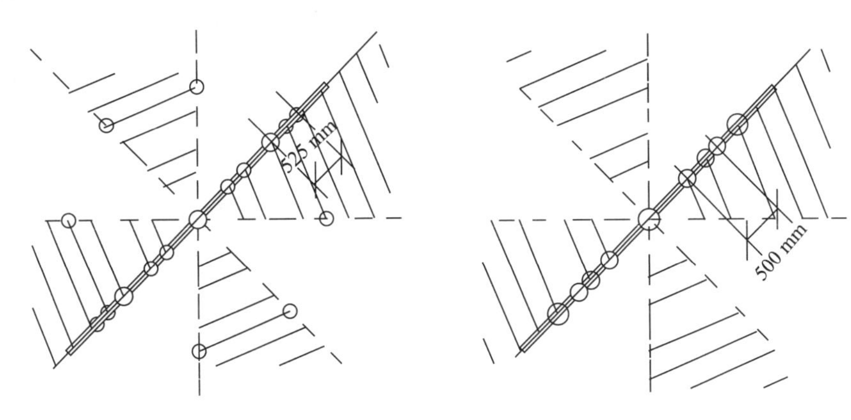

图 3-22

（2）瓜枋的建立。

① 点击“结构”主菜单中“结构”面板中的“梁”工具，这时在“属性”面板出现导入的“木枋”族。点击“编辑类型”，出现“类型属性”对话框，点击“复制（D）...”，名称为“60*133 木排枋”。定义一种新材质“排枋云杉”，“颜色”设为“黄色（RGB 255 255 0）”。

② 在结构平面选“五层排枋”标高作为工作平面，在刚才 250 mm 内木立柱 2 与 200 mm 瓜柱两中心点之间布置“60*133 瓜枋”，点击“60*133 瓜枋”的“属性”面板，将“约束”选项卡内参数，“参照标高”设为“五层排枋”，“起点标高偏移”设为 380 mm，“终点标高偏移”设为 380 mm；在结构平面选“六层排枋”标高作为工作平面，在刚才 200 mm 木童柱与 200 mm 瓜柱两中心点之间布置“60*133 瓜枋”，点击“60*133 瓜枋”的“属性”面板，将“约束”选项卡内参数，“参照标高”设为“六层排枋”，“起点标高偏移”设为 1 215 mm，“终点标高偏移”设为 1 215 mm。建好的模型如图 3-23。

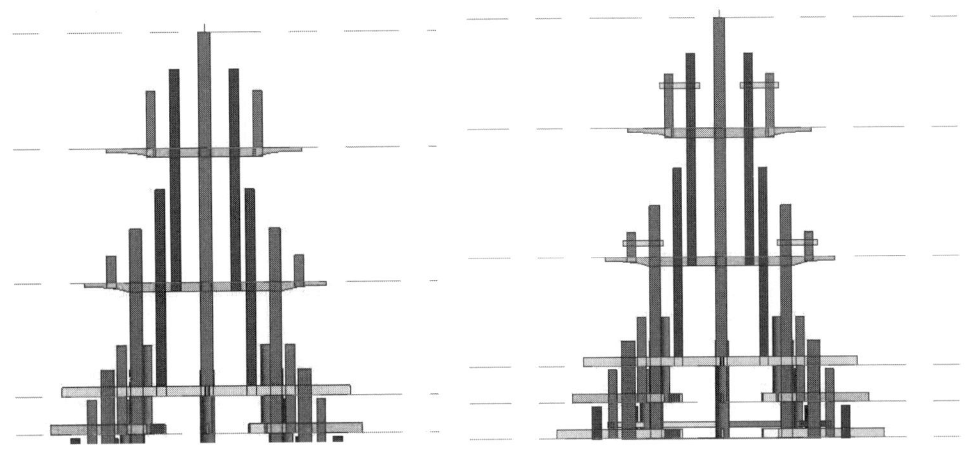

图 3-23

3.5.2 “上层一榀排架”组的建立

（1）点击“视图”主菜单下的“三维视图”，框选上层所需要的对象。点击“创建”面板下的“创建组”工具，弹出“创建模型组”对话框，在“名称”输入“上层一榀排架”。

（2）在楼层平面选“六层排枋”标高作为工作平面。选中“上面”创建“一榀排架”组，点击“修改”面板下的“旋转”工具，在“修改 / 模型组”选中“复制”，以 A，C 轴线的交点为旋转中心点，分别将“上层一榀排架”组旋转复制到 C，D 和 A 轴线上，如图 3-24。

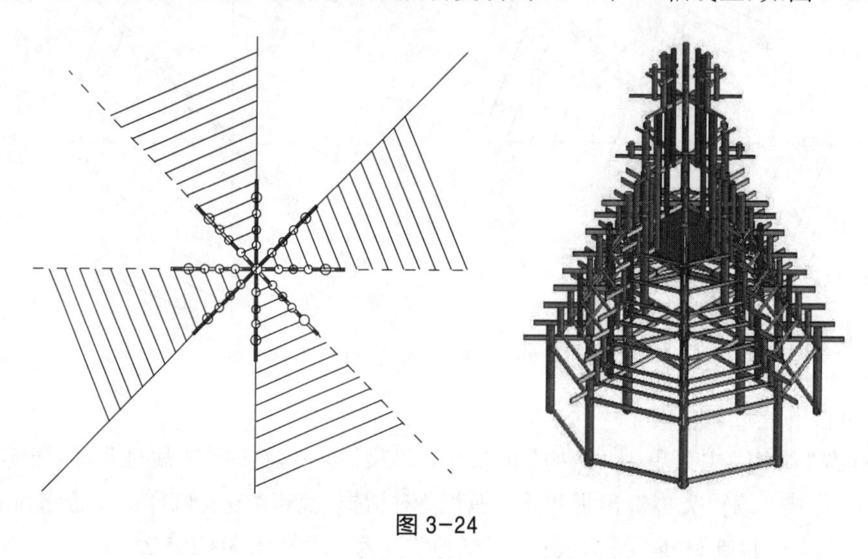

图 3-24

3.5.3 穿枋的建立

按照前面在“一层排枋”标高布置“60*130 穿枋”的方法，分别在其他层布置“60*130 穿枋”。具体位置及相关参数见表 3-8，建立的模型如图 3-25。

表 3-8 屋顶穿枋参数

位　置	参照标高	起点标高偏移 /mm	终点标高偏移 /mm
第 11 根轴线与 A ～ D 轴线各交点之间	三层排枋	370	370
第 11 根轴线与 A ～ D 轴线各交点之间	四层排枋	370	370
第 10 根轴线与 A ～ D 轴线各交点之间	四层排枋	950	950
第 12 根轴线与 A ～ D 轴线各交点之间	四层排枋	370	370
第 11 根轴线与 A ～ D 轴线各交点之间	四层排枋	1 450	1 450
第 12 根轴线与 A ～ D 轴线各交点之间	四层排枋	1 450	1 450
第 11 根轴线与 A ～ D 轴线各交点之间	五层排枋	170	170
第 12 根轴线与 A ～ D 轴线各交点之间	五层排枋	170	170
第 12 根轴线与 A ～ D 轴线各交点之间	五层排枋	1 439	1 439
第 13 根轴线与 A ～ D 轴线各交点之间	五层排枋	170	170
第 13 根轴线与 A ～ D 轴线各交点之间	五层排枋	1 875	1 875
第 13 根轴线与 A ～ D 轴线各交点之间	六层排枋	742	742

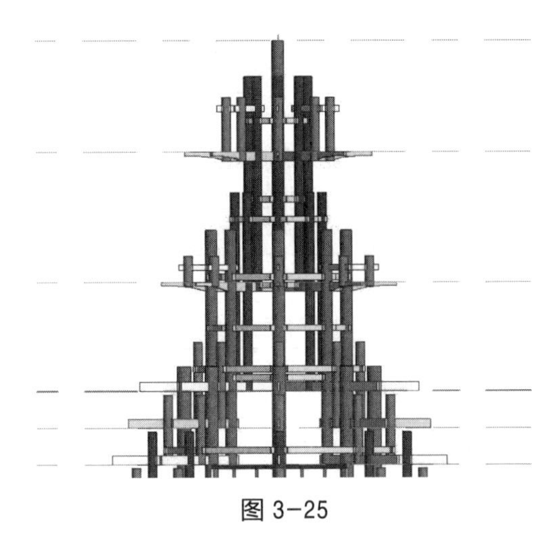

图 3-25

3.5.4 柱头保枋的建立

（1）点击“结构”主菜单中“结构”面板中的“梁”工具，这时在“属性”面板出现导入的“木枋”族。点击“编辑类型”，出现“类型属性”对话框，点击“复制(D)...”，名称为“60*120 柱头保枋”。定义一种新材质“柱头保枋云杉”，将材质的“图形”选项卡下“着色”下的“颜色”设为“橙色(RGB 255 128 0)”。

（2）为了方便定位柱头保枋在平面的位置，给在一整榀排架结构中的立柱、童柱、瓜柱按照由外到内、由下到上的顺序分别命名为外立柱、瓜柱 1、瓜柱 2、童柱 1、瓜柱 3、瓜柱 4、童柱 2、瓜柱 5、内立柱 1、瓜柱 6、瓜柱 7、内立柱 2、童柱 3、瓜柱 8、童柱 4、雷公柱。

（3）在结构平面选“出水枋 1”标高作为工作平面。布置在“外立柱”的柱顶与柱顶中心点之间，柱头枋的上边缘与柱的顶端平行。点击“60*120 柱头保枋”的“属性”面板，将“约束”选项卡内参数，“参照标高”设为“出水枋 1”，“起点标高偏移”设为 0，“终点标高偏移”设为 0。建好的模型如图 3-26。

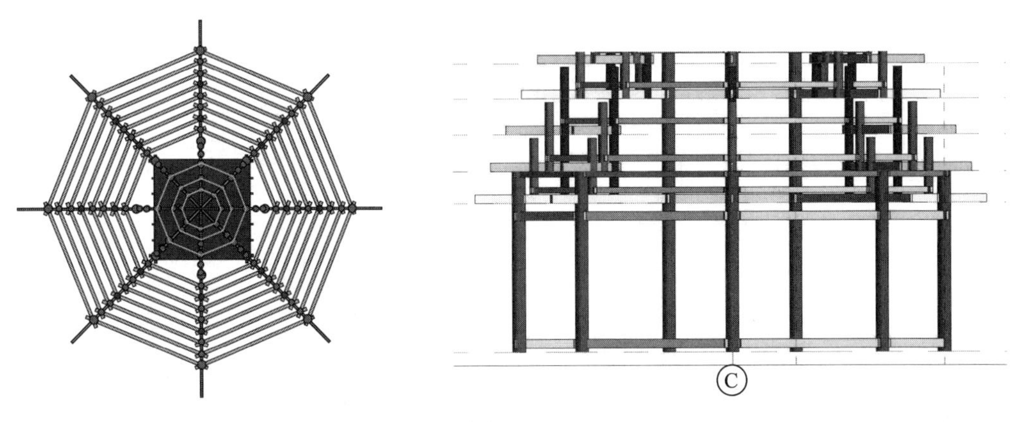

图 3-26

（4）按前面布置柱头枋的方法，分别在其他柱顶布置“60*120 柱头枋”。具体位置及相关参数见表 3-9，建立的模型如图 3-27。

表 3-9 柱头枋参数

位 置	参照标高	起点标高偏移/mm	终点标高偏移/mm
瓜柱 1	出水枋 1	755	755
瓜柱 2	出水枋 2	730	730
童柱 1	二层排枋	720	720
瓜柱 3	出水枋 3	717	717
瓜柱 4	出水枋 4	743	743
童柱 2	三层排枋	711	711
瓜柱 5	出水枋 5	726	726
内立柱 1	四层排枋	758	758
瓜柱 6	四层排枋	1 470	1 470
瓜柱 7	五层排枋	565	565
内立柱 2	五层排枋	988	988
童柱 3	五层排枋	1 959	1 959
瓜柱 8	六层排枋	1 200	1 200
童柱 4	六层排枋	1 654	1 654

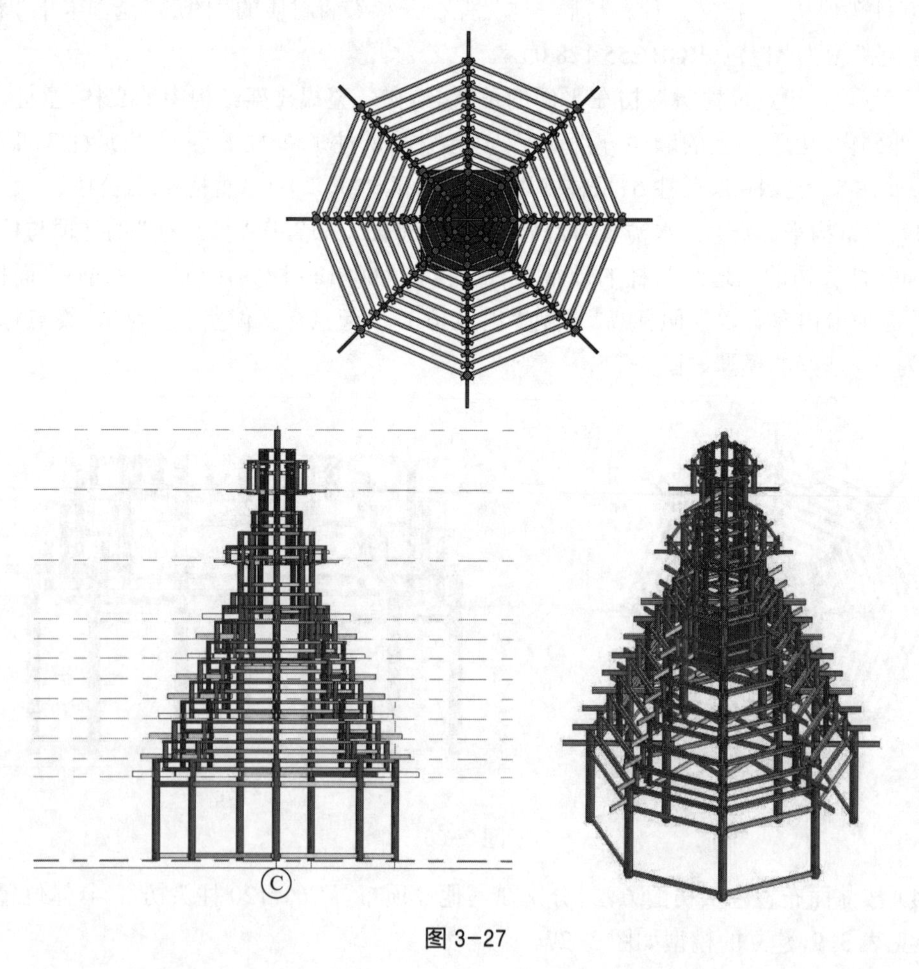

图 3-27

（5）点击软件右上端 Revit 图标（应用程序按钮），出现“应用程序菜单”，选择菜单中的“另存为”项目，弹出另存为对话框，将其保存为“鼓楼上层整体框架”。

3.6 侗族斗拱的建立和布置

3.6.1 斗拱的建立

1. 进入新建族界面

在启动界面点击“族 / 新建 ...”命令，出现“新族 - 选择样本文件”对话框，选择“公制常规模型”，点击“打开”，进入新建族界面。

2. 斗拱弓形板

（1）在视图选项中选择“左立面”。选择主菜单“创建”的“形状”面板，选择“拉伸”工具，进入“修改 / 创建拉伸”选项卡。在“绘制”面板中选择“直线”工具，以两参照线交点为起点，先向左“直线 300”，再向上“直线 180”，再向右“直线 480”，最后利用“起点 终点 半径弧”工具连接起点在“切点”位置画半弧形，形成闭合回路。点击“完成编辑模式”，并点击其“属性”面板，将“约束”选项卡内参数，“拉伸终点”设为 10 mm，“拉伸起点”设为 -10 mm。

（2）在项目浏览器中的视图选项立面中选择“前立面”。选择主菜单“创建”的“形状”面板，选择“拉伸”工具，进入“修改 / 创建拉伸”选项卡。在“绘制”面板中选择“直线”工具，以两参照线交点为起点，先向上“直线 180”，再向右“直线 180”。点击“完成编辑模式”，并点击其“属性”面板，将“约束”选项卡内参数，“拉伸终点”设为 10 mm，“拉伸起点”设为 -10 mm。建好的模型如图 3-28。

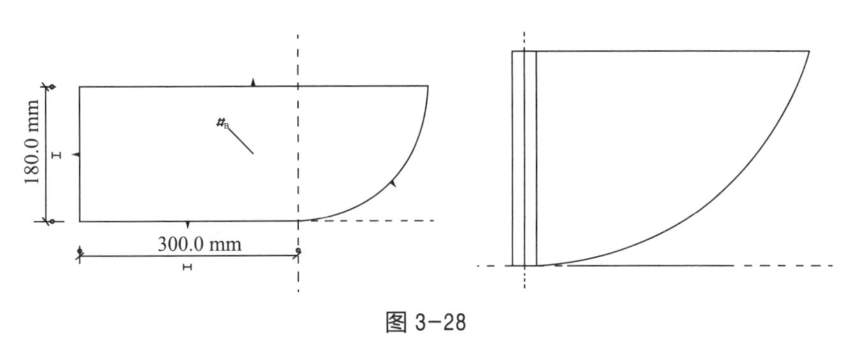

图 3-28

（3）在项目浏览器中，点击楼层平面下的“参照标高”，将第二步建好的模型以交点处为旋转中心旋转 45° 角，之后再利用“镜像”工具进行镜像，得到完整的弓形板。建好的模型如图 3-29。

（4）定义材质。选中弓形板，在“属性”选项板里，“材质”选项里点击后面的小方框，弹出“关联族参数”对话框。点击左下角的“新建参数”按钮，弹出“参数属性”对话框，在名称（N）中，输入弓形板材质，点击“确定”。定义一种新材质“弓形板云杉”，“颜色”设为“紫红色（RGB 128 0 0）”。同时将材质的“外观”选项卡下“常规”下的“颜色”设为“紫红色（RGB 128 0 0）”，“图像褪色”数值设为 0。

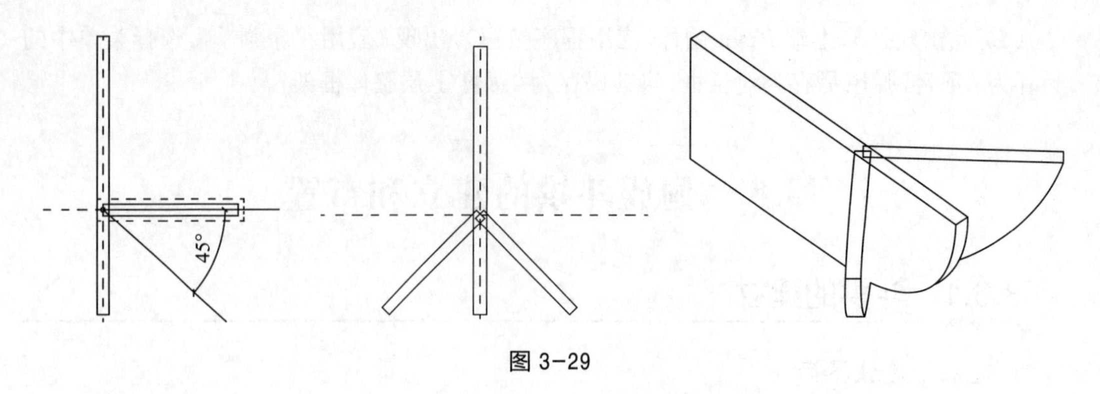

图 3-29

3. 斗拱夹板

（1）在项目浏览器中的视图选项立面中选择“前立面”。选择主菜单“创建”的“形状”面板，选择“拉伸”工具，进入“修改/创建拉伸”选项卡。在“绘制”面板中选择“矩形”工具，绘制一个长为 743 mm（743 mm 为鼓楼中要放置斗拱下部所在两立柱之间的中心距离）、宽为 20 mm、高为 180 mm 的矩形，并把中点移到弓形板中点位置，点击“完成编辑模式”。点击其“属性”面板，将“约束”选项卡内参数，“拉伸终点”设为 10 mm，“拉伸起点”设为 -10 mm。

（2）按照斗拱弓形板第二步建立半圆端板，与刚才建好的夹板两端对齐，形成一个完整的斗拱夹板，如图 3-30。

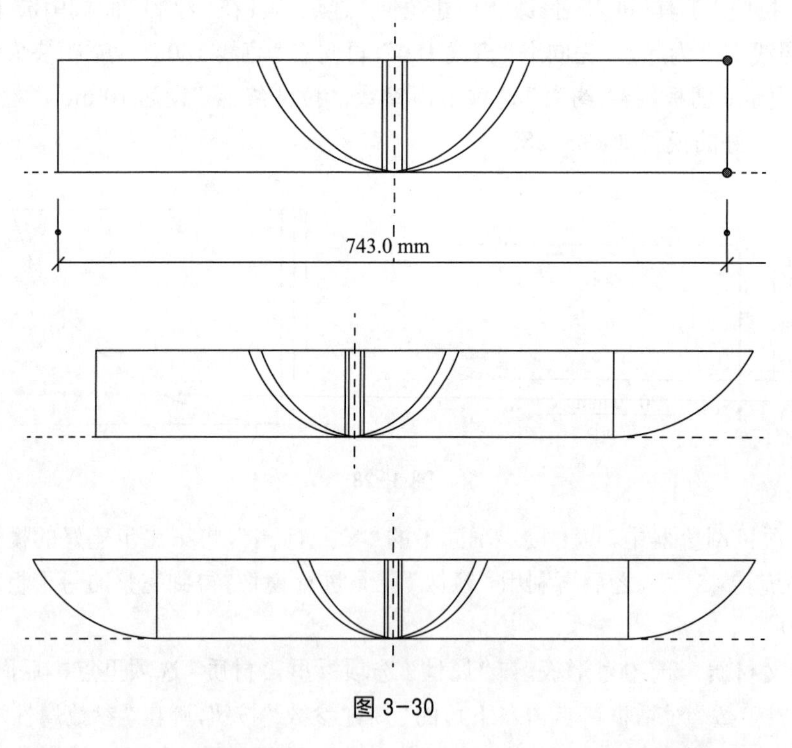

图 3-30

（3）定义材质。选中斗拱夹板的中间矩形板，在“属性”选项板里的“材质”选项里点击后面的小方框，弹出“关联族参数”对话框。点击左下角的“新建参数”按钮，弹出“参数属性”对话框，在名称(N)中，输入夹板材质，点击“确定”。定义一种新材质“夹板云杉”。

将材质的“图形”选项卡下“着色”下的“颜色”设为“白色(RGB 255 255 255)”;同时将材质的“外观”选项卡下“常规”下的“颜色”设为“白色(RGB 255 255 255)”,“图像褪色”数值设为 0。选中斗拱夹板两端的弓形板,材质定义为之前定义好的弓形板材质,如图 3-31。

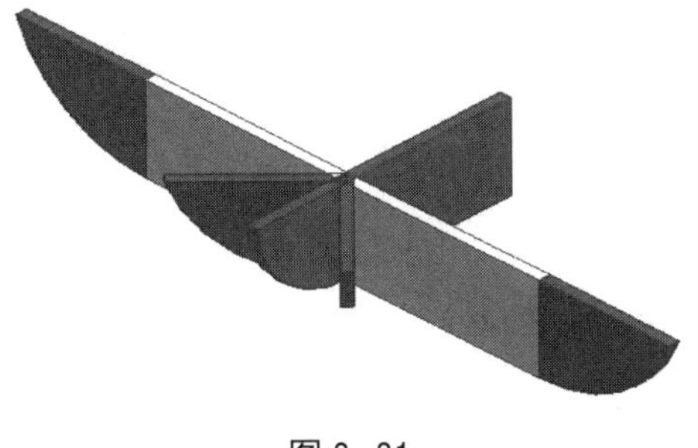

图 3-31

4. 斗拱垫板

(1) 在项目浏览器中,点击楼层平面下的“参照标高”,选择主菜单“创建”的“形状”面板,选择“拉伸”工具,进入“修改 / 创建拉伸”选项卡。在“绘制”面板中选择“直线”工具,以弓形板的一端中心为起点,先向左“直线 450. 2”,再向上“直线 324. 7/67. 5”,再向右“直线 325. 9”,最后把刚才绘制好的直线利用“镜像”工具以垂直参照线镜像到另一边形成闭合回路。点击“完成编辑模式”,并点击其“属性”面板,将“约束”选项卡内参数,“拉伸终点”设为 10 mm,“拉伸起点”设为 -10 mm,如图 3-32。

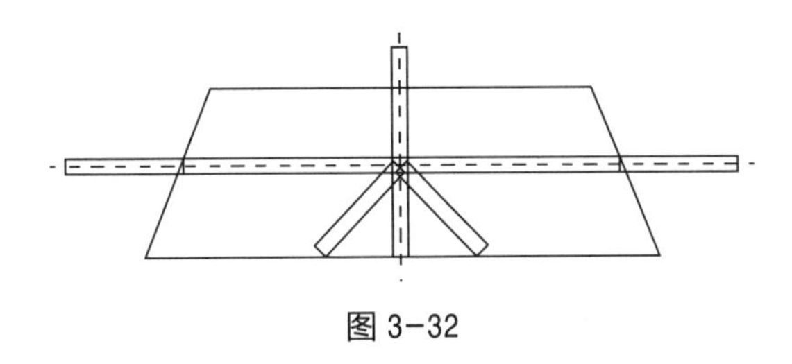

图 3-32

(2) 在项目浏览器中的视图选项立面中选择“前立面”。选中斗拱垫板,点击“取消关联工作平面”按钮,让垫板能在垂直方向移动,然后把垫板向上移动,垫板底部与夹板顶部平行,如图 3-33。

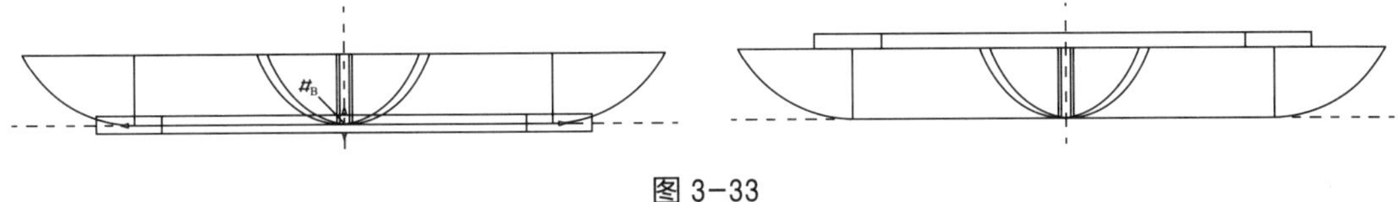

图 3-33

(3) 定义材质。选中斗拱夹板,在“属性”选项板里的“材质”选项里点击后面的小方框,弹出“关联族参数”对话框,材质定义为之前定义好的夹板材质。

5. 组装斗拱

(1) 在项目浏览器中,点击楼层平面下的“参照标高”,选中斗拱弓形板、夹板和垫板,并点击相关的“取消关联工作平面”按钮,然后选择全部斗拱构件,进入“修改/拉伸”选项卡，在“修改”面板中选择“复制”、“旋转”（角度有 45° 和 90°）、“移动”、“镜像”等工具，把斗拱弓形板、夹板和垫板组成一层八边形斗拱构件，也可以通过找到八边形的中心交点（如图 3-34 中的两条参照线的交点）利用“旋转”工具得到八边形斗拱构件。建好的模型如图 3-34。

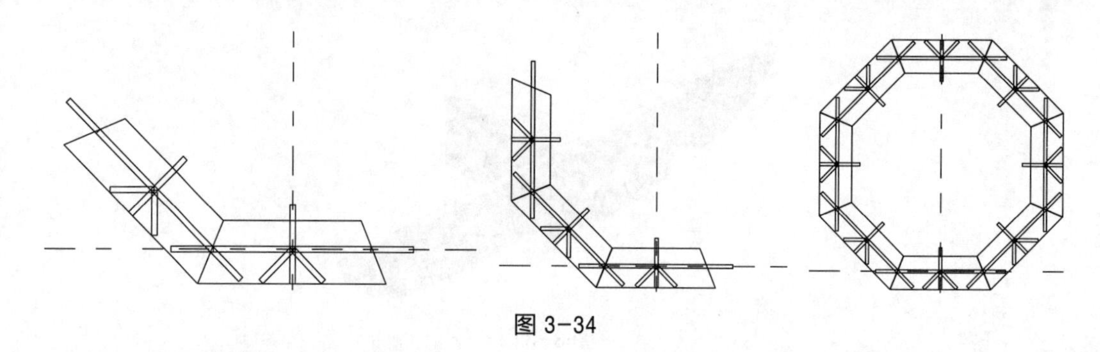

图 3-34

（2）在八边形斗拱构件的每一个角加一个弓形板中长的弓形板，布置位置及方向如图 3-35。

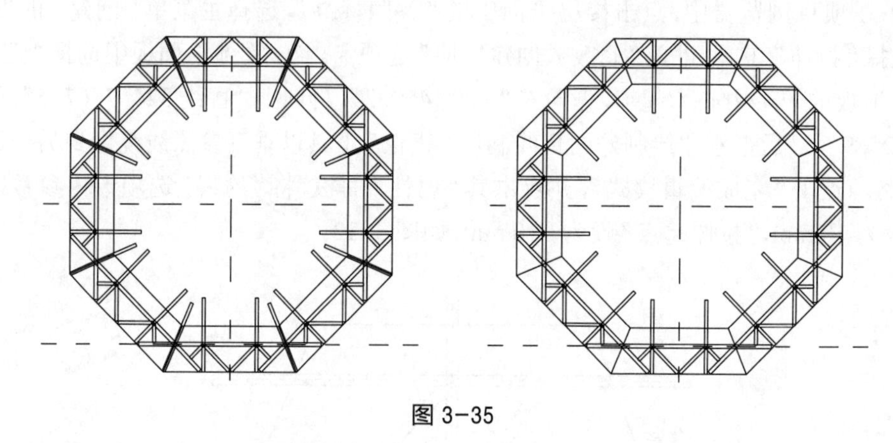

图 3-35

（3）在项目浏览器中的视图选项立面中选择“前立面”。鼓楼中斗拱底部与顶部之间水平距离为 901 mm，垂直距离为 1 060 mm，其中 60 mm 为后面建的斗拱杯脚高度，在这只取 1 000 mm 的数据在立面中以参照线绘制出来，并连接两交点得到一条斜参照线，如图 3-36。

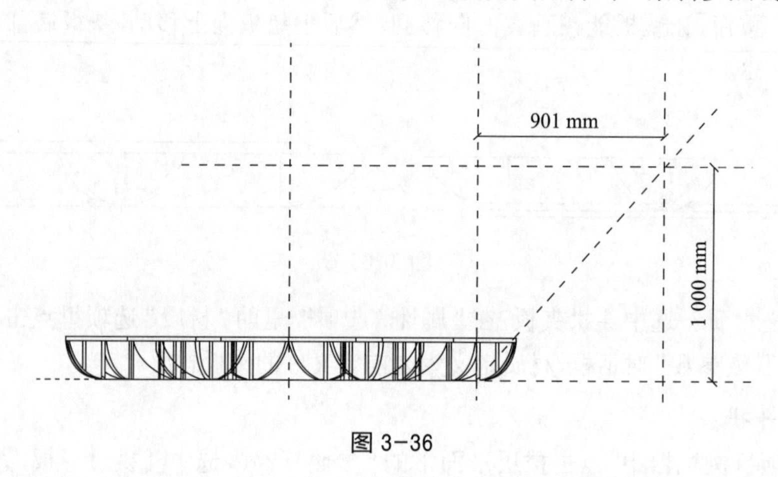

图 3-36

（4）在平面选中与斜参照平面一侧方向建好的、需要复制的斗拱弓形板、夹板、垫板构

件，转到立面从第一层复制到二层，以这条斜参照线为斗拱弓形板、夹板、垫板向外移动的端部，再转到平面进行相关的移动和延伸到两角部端相交的面上以及需要切掉的部分进行调整。在这过程中夹板和垫板的长度会发生变化，并使二层的斗拱弓形板与一层的斗拱弓形板的位置错开布置，调整好后，再选中调好的部分进行阵列或者旋转到其他的面。其他层也如此，共五层的八边形斗拱构件，但最后一层的斗拱垫板换为全封闭式的八边形垫板。建好的模型如图3-37。

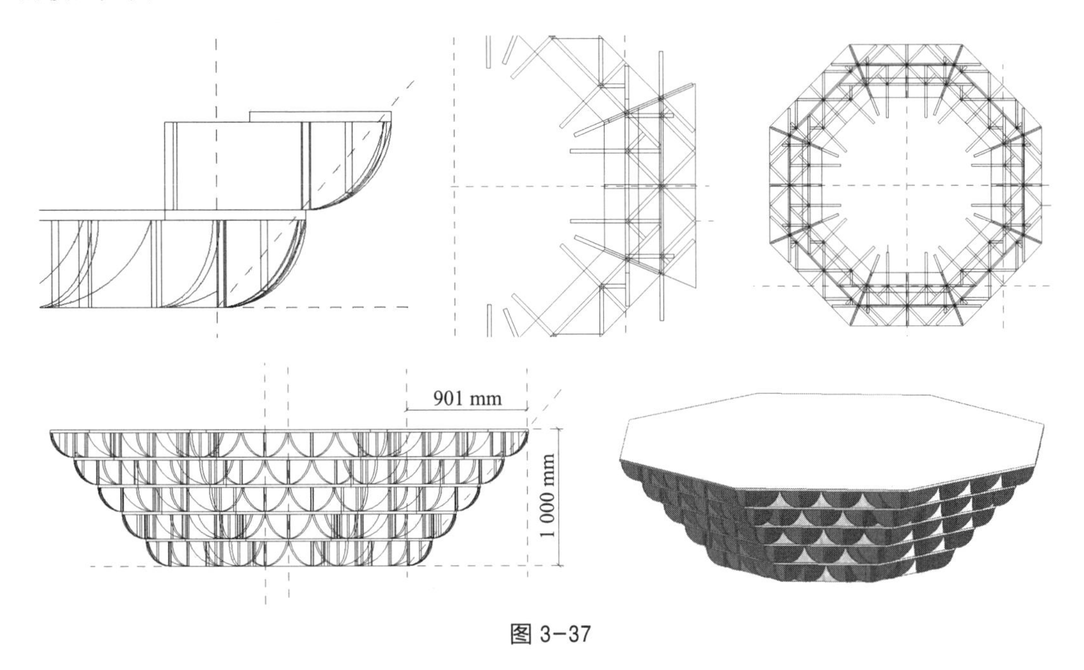

图3-37

（5）点击软件右上端Revit图标（应用程序按钮），出现“应用程序菜单”，选择菜单中的“另存为”项目，弹出另存为对话框，将其保存为“斗拱1”族。

6. 斗拱杯脚的建立

（1）在启动界面的族板块点击“新建...”，出现“新族-选择样本文件”对话框，选择“公制常规模型”，点击“打开”，进入新建族界面。

（2）在项目浏览器中的视图选项立面中选择“前立面”。在距离参照标高15 mm和30 mm处绘制两条水平参照平面，在距离中轴线22. 5 mm处绘制竖向参照平面，如图3-38。

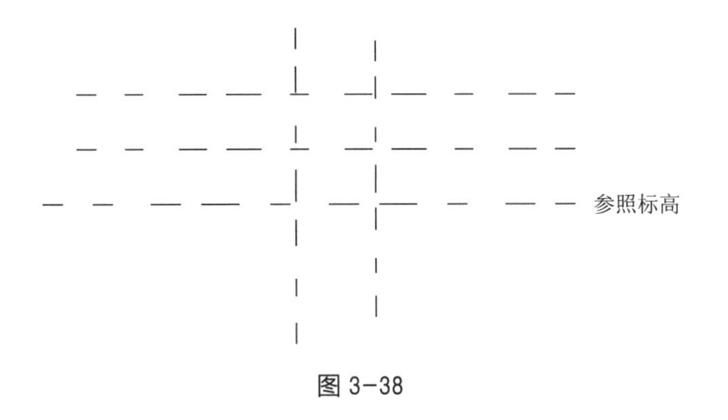

图3-38

（3）选择主菜单“创建”的“形状”面板，选择“拉伸”工具，进入“修改 / 创建拉伸”选项卡。在“绘制”面板中选择“直线”工具，在参照标高和距离参照标高 30 mm 处分别画长度为 15 mm 和 30 mm 的直线。在“绘制”面板中选择“起点 – 终点 – 半径弧”工具，选择高度为 30 mm 的直线端点和参照平面交点，半径弧 =18. 8 mm；选择高度为 0 的直线端点和参照平面交点，半径弧 =18. 8 mm；然后进行镜像，将多余的直线删除，拉伸长度为 –30 mm 到 30 mm，点击“完成编辑模式”，如图 3–39。

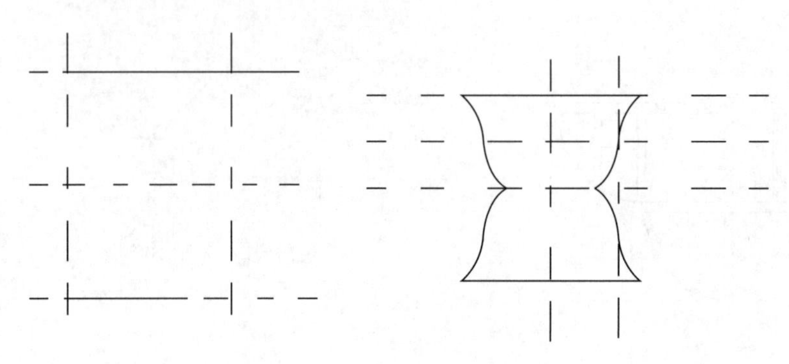

图 3–39

（4）在项目浏览器中的视图选项立面中选择“左立面”。在距离中轴线 15 mm，22. 5 mm，30 mm 的位置绘制三条竖向参照平面。然后选择主菜单“创建”的“形状”面板，选择“空心形状”下的“空心拉伸”工具，进入“修改 / 创建空心拉伸”选项卡。在“绘制”面板中选择“起点 – 终点 – 半径弧”工具，选择高度为 30 mm 的直线端点和参照平面交点，半径弧 =18. 8 mm；选择高度为 0 的直线端点和参照平面交点，半径弧 =18. 8 mm；然后镜像到下端一侧，在“绘制”面板中选择“直线”工具，连接两端点，形成闭合回线，拉伸长度为 –30 mm 到 30 mm，点击“完成编辑模式”，如图 3–40。

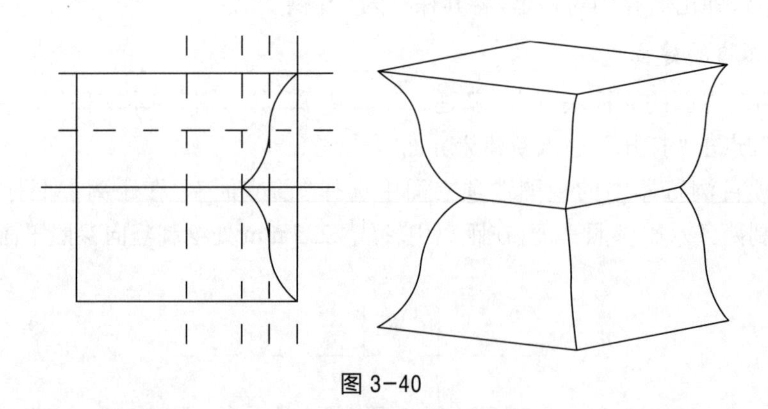

图 3–40

（5）定义材质。在“属性”选项板的“材质”选项里点击后面的小方框，弹出“关联族参数”对话框。点击左下角的“新建参数”按钮，弹出“参数属性”对话框，在名称(N)中输入材质，点击“确定”。定义一种新材质“斗拱杯脚杉木”，将材质的“图形”选项卡下“着色”下的“颜色”设为“白色(RGB 255 255 255)”，饰面“珍珠白”。

（6）点击软件右上端 Revit 图标(应用程序按钮)，出现“应用程序菜单”，选择菜单中的“保存”项目，弹出另存为对话框，将其保存为“斗拱杯脚”族。

7. 把斗拱杯脚导入斗拱1作为斗拱基脚

（1）打开“斗拱1”族，选择主菜单“插入”的“从库中载入”面板，选择“载入”族工具。找到“斗拱杯脚”族，把斗拱杯脚载入“斗拱1”中。

（2）在项目浏览器中，点击楼层平面下的“参照标高”，选择主菜单“创建”的“模型”面板，选择“构件”工具，弹出“斗拱杯脚”的“属性”面板，将“约束”选项卡内参数，“偏移量”设为 -30 mm。将“斗拱杯脚”布置在一层八边形斗拱构件下的每一个弓形板下以及八边形的每一个角的端点下，并使斗拱杯脚有花纹的外边线与一层夹板的外边线对齐。在八边形端点处按 22. 5° 角旋转得到如图 3-41 中的方向位置，在斜边处按 45° 角旋转得到图 3-41 中的方向位置。全部布置好后，点击保存“斗拱 1”族，建好的模型如图 3-41。

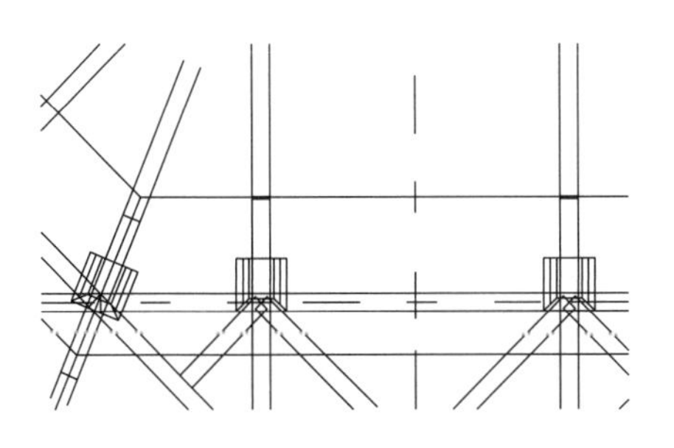

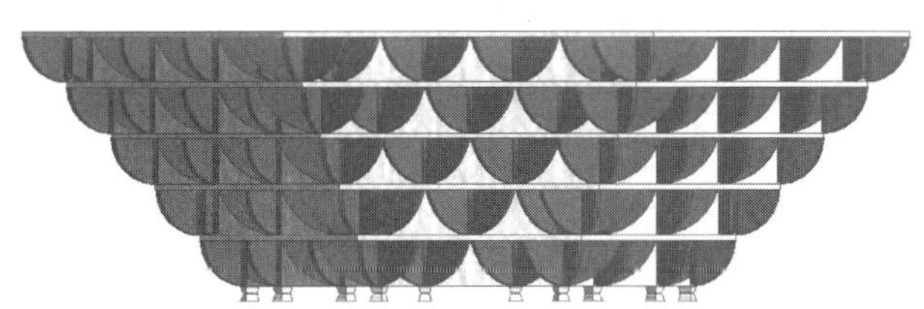

图 3-41

8. 斗拱2的建立

（1）斗拱 2 的建立方法跟斗拱 1 的建立方法一样。弓形板不变，只是一层夹板的长度由 743 mm 变为 1 386 mm，垫板改为以弓形板的一端中心为起点，先向左“直线 771. 7”，再向上“直线 324. 7/67. 5”，再向右“直线 647. 4”，最后把刚才绘制好的直线利用“镜像”工具以垂直参照线镜像到另一边，形成闭合回路，点击“完成编辑模式”。点击其“属性”面板，将“约束”选项卡内参数，“拉伸终点”设为 10 mm，“拉伸起点”设为 -10 mm。组装好的一层八边形斗拱构件如图 3-42。

（2）在项目浏览器中的视图选项立面中选择“前立面”。鼓楼中斗拱底部与顶部之间水平距离为 614 mm，垂直距离为 1 060 mm（其中 60 mm 为后面建的斗拱杯脚高度），在这只取 1 000 mm 的数据在立面中以参照线绘制出来，并连接两交点，得到一条斜参照线，如图 3-43。

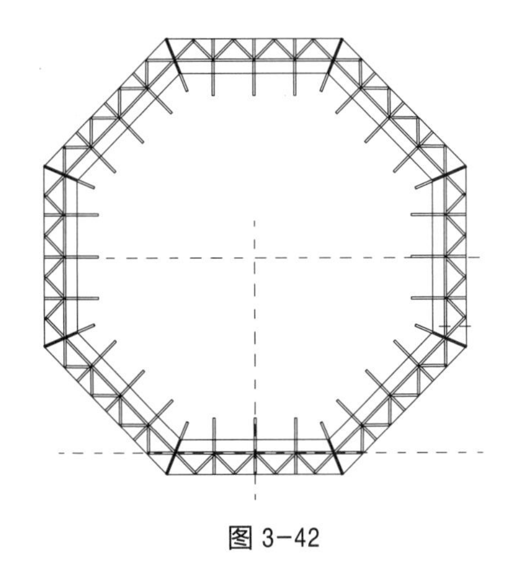

图 3-42

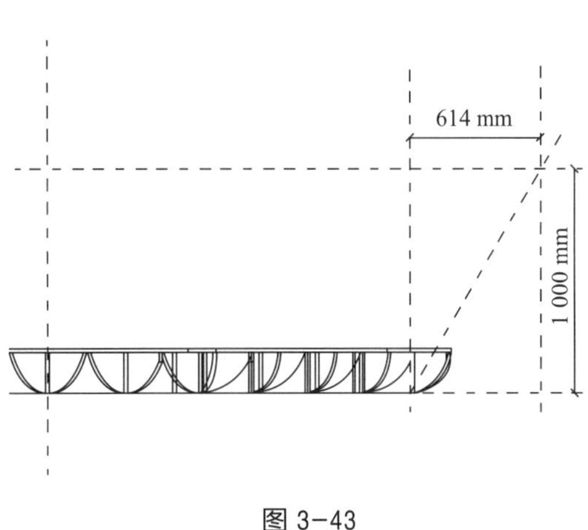

图 3-43

（3）在平面选中与斜参照平面一侧方向建好的、需要复制的斗拱弓形板、夹板、垫板构件，转到立面从第一层复制到二层，以这条斜参照线为斗拱弓形板、夹板、垫板向外移动的端部，再转到平面进行相关的移动和延伸到两角部端相交的面上以及需要切掉的部分进行调整。在这过程中夹板和垫板的长度会发生变化，并使二层的斗拱弓形板与一层的斗拱弓形板的位置错开布置，调整好后，再选中调好的部分进行阵列或者旋转到其他的面。其他层也如此，共五层的八边形斗拱构件，但最后一层的斗拱垫板换为全封闭式的八边形垫板。建好的模型如图 3-44。

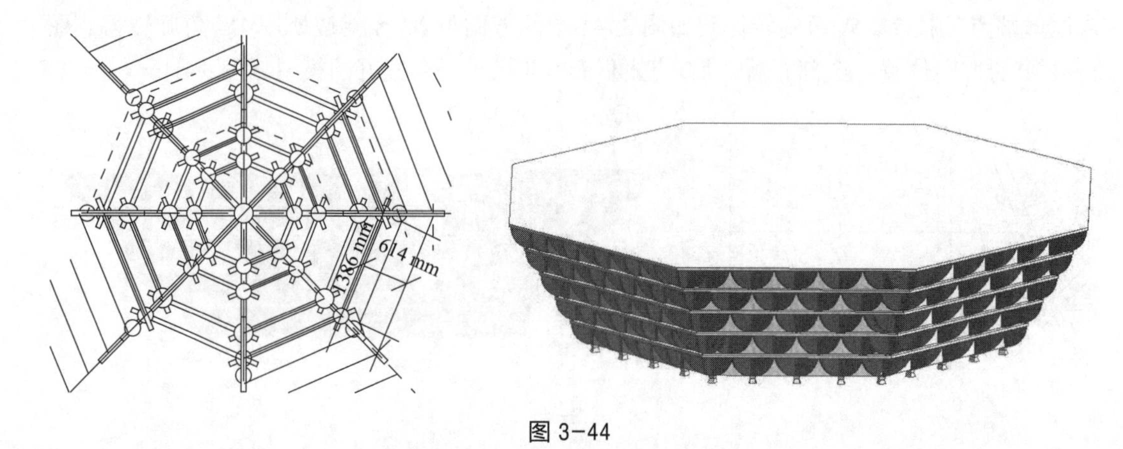

图 3-44

（4）点击软件右上端 Revit 图标（应用程序按钮），出现“应用程序菜单”，选择菜单中的“另存为”项目，弹出另存为对话框，将其保存为“斗拱 2”族。

3.6.2 柱基石的建立

（1）在启动界面的族板块点击“新建...”，出现“新族 - 选择样本文件”对话框，选择“公制柱”，点击“打开”，进入新建族界面。

（2）在立面→前立面选择“创建”面板下的“旋转”工具，利用“修改 / 创建旋转”面板下“绘制”中的“直线”工具，以中心参照平面为起点，先向右“直线 150”，再从中心点“直线 100”，再向右“直线 150”，最后“起点 - 终点 - 半径弧”绘制半径为 50 mm 的弧线，如图 3-45。

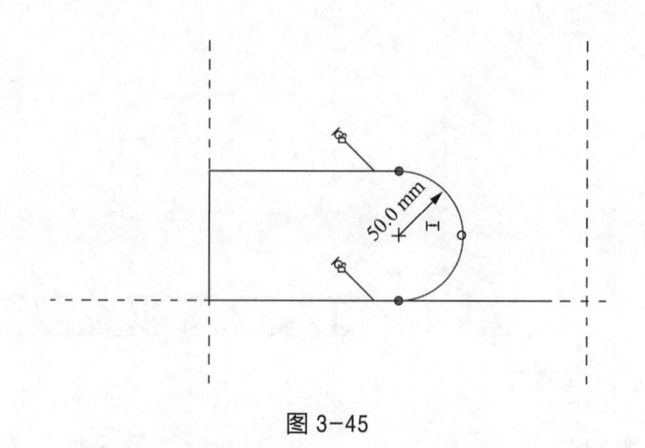

图 3-45

（3）点击“修改/创建旋转”面板下“绘制”中的“轴线”，利用“轴线”中的“直线”工具，在中心参照平面上画一条直线，点击“完成编辑模型”，如图 3-46。

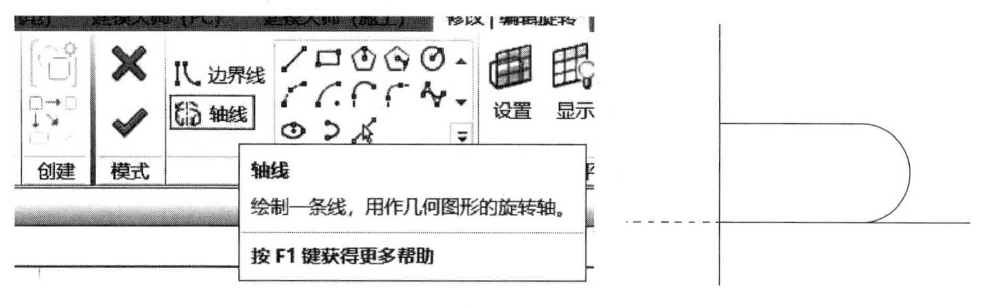

图 3-46

（4）定义材质。在“属性”选项板的“材质”选项里点击后面的小方框，弹出“关联族参数”对话框，点击左下角的“新建参数”按钮，弹出“参数属性”对话框，在名称(N)中输入材质，点击“确定”。定义一种新材质“柱基大理石”:“大理石”材质，将材质的“图形”选项卡下“着色”下的“颜色”设为“浅蓝(RGB 0 128 255)”，如图 3-47。

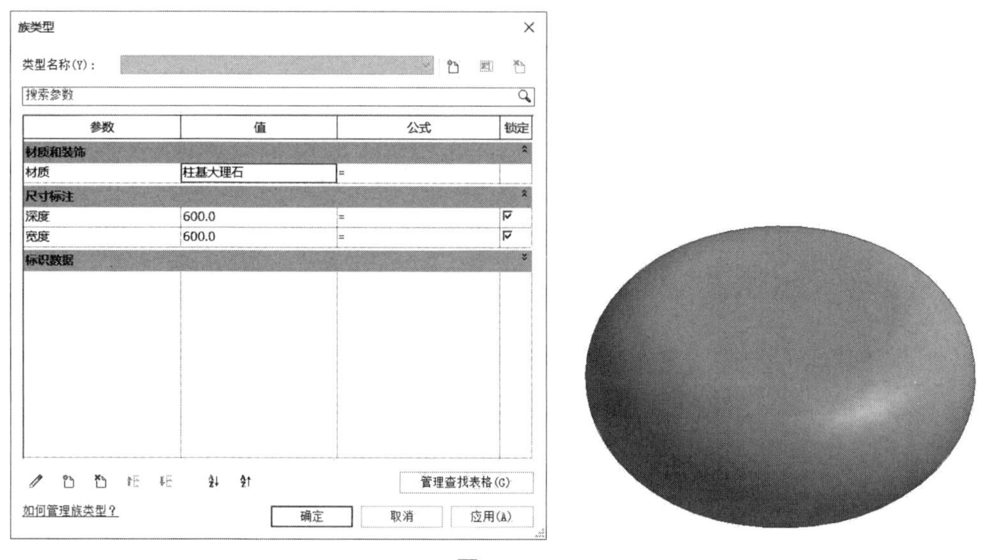

图 3-47

（5）点击软件右上端 Revit 图标(应用程序按钮)，出现“应用程序菜单”，选择菜单中的“保存”项目，弹出另存为对话框，选择要保存的文件夹，命名为“柱基石”族，点击“确定”。

3.6.3 风窗的建立

1. 确定风窗的尺寸

首先确定风窗的尺寸，尺寸通过鼓楼模型中量取风窗所在的位置得到。通过量取得到风窗 1 的高为 400 mm，长为 543 mm，如图 3-48。

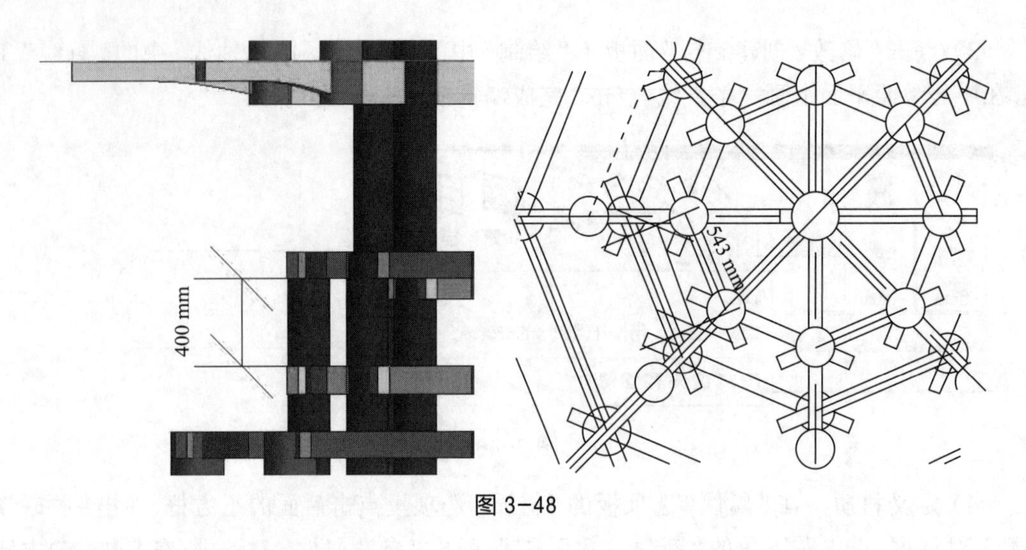

图 3-48

2. 进入新建族界面

在启动界面的族板块点击“新建 ...”,出现“新族 - 选择样本文件”对话框,选择“公制柱”,点击“打开”,进入新建族界面。

3. 窗框的建立

(1) 在项目浏览器中的视图选项立面中选择“前立面”。选择主菜单“创建”的“形状”面板,选择“放样”工具,进入“修改 / 放样”选项卡。在“放样”面板中选择“绘制路径”工具,进入“修改 / 放样:绘制路径”选项卡,在“绘制”面板中选择“矩形”工具,在两参照平面的交点绘制一个长为 543 mm、高为 400 mm 的矩形,点击“完成编辑模式”,如图 3-49。

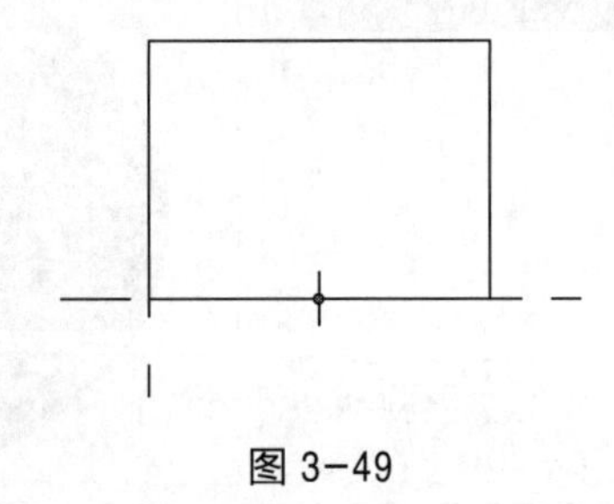

图 3-49

(2) 在“放样”面板中选择“编辑轮廓”工具,进入“修改 / 放样 > 编辑轮廓”选项卡,选择“立面: 右”视图,在“绘制”面板中选择“矩形”工具,绘制一个长为 50 mm、高为 50 mm 的矩形,点击“完成编辑模式”,如图 3-50。

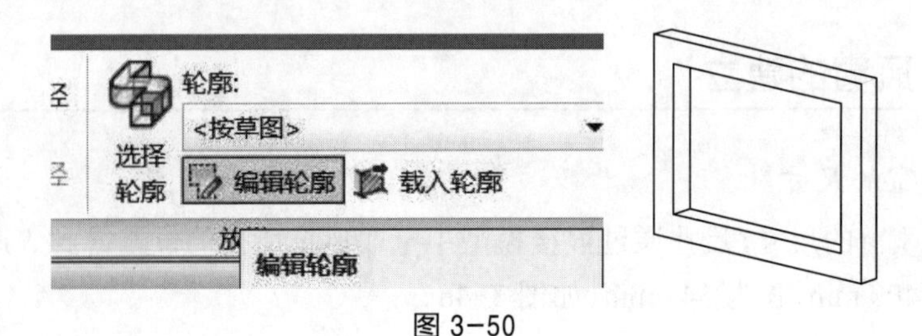

图 3-50

（3）定义材质。在“属性”选项板里的“材质”选项里点击后面的小方框，弹出“关联族参数”对话框，点击左下角的“新建参数”按钮，弹出“参数属性”对话框，在名称(N)中输入材质，点击“确定”。

3. 窗条的建立

（1）在项目浏览器中的视图选项立面中选择“前立面”。选择主菜单“创建”的“形状”面板，选择“拉伸”工具，进入“修改/创建拉伸”选项卡。在“绘制”面板中选择“直线”工具，在窗框的角端点向右 60 mm 的距离绘制两条间距为 20 mm、倾斜角为 45° 的斜线，两端与窗框相交；然后再以“直线”把两条斜线的端点连接起来，形成闭合回线。在“属性”面板中修改“约束”下的“拉伸终点”为 10 mm，“拉伸起点”为 -10 mm，点击“完成编辑模式”，如图 3-51。

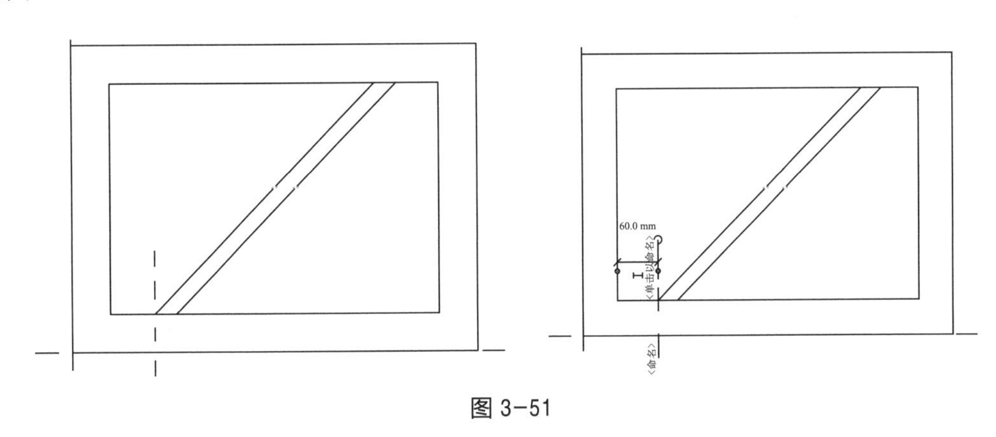

图 3-51

（2）定义材质。在“属性”选项板的“材质”选项里点击后面的小方框，弹出“关联族参数”对话框，点击左下角的“新建参数”按钮，弹出“参数属性”对话框，在名称(N)中输入材质，点击“确定”。

（3）选择窗条，以 100 mm 的距离分别复制在其两侧，调整窗条两端点，使窗条两端处与框内边缘相切；之后再通过“修改”面板中的“镜像”工具在竖直方向以窗框中点为镜像轴线，把之前调整好的窗条镜像到另一边。建好的模型如图 3-52。

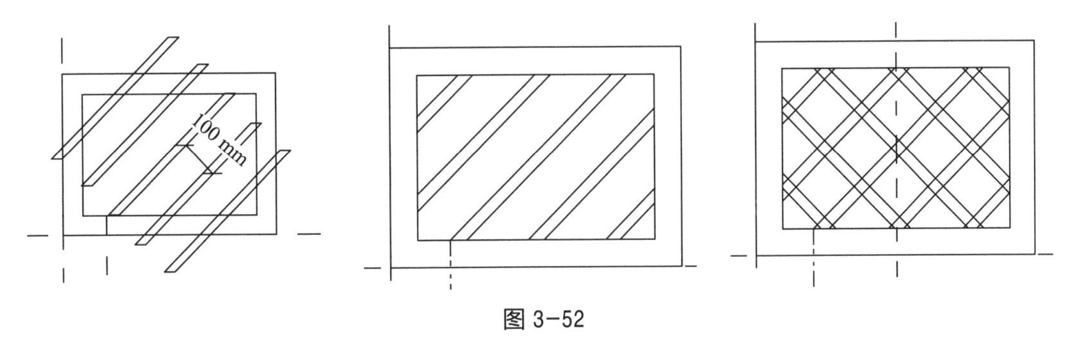

图 3-52

（4）点击软件右上端 Revit 图标（应用程序按钮），出现“应用程序菜单”，选择菜单中的“保存”项目，弹出另存为对话框，将其保存为“风窗 1”族。

4. 风窗 2 的建立

（1）利用建“风窗 1”族的方法创建“风窗 2”族。通过对鼓楼模型中量取风窗 2 所在的位置得到风窗 2 的高为 400 mm，长为 1 186 mm，如图 3-53。

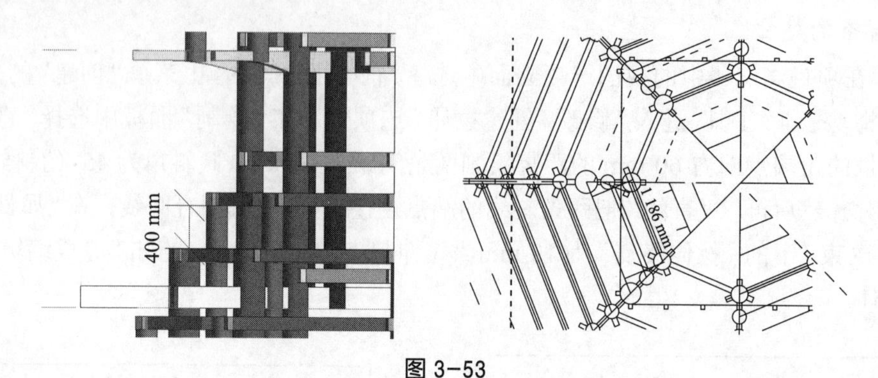

图 3-53

（2）根据风窗 2 的尺寸得到“风窗 2”族，并且窗条的起点位置由原来距窗框角端点 60 mm 改为 100 mm。建好的模型如图 3-54。

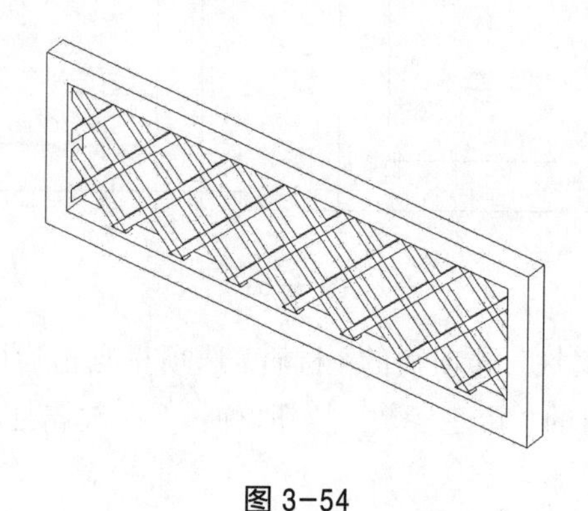

图 3-54

（3）点击软件右上端 Revit 图标（应用程序按钮），出现“应用程序菜单”，选择菜单中的“保存”项目，弹出另存为对话框，将其保存为“风窗 2”族。

3.6.4 构件布置

1. 斗拱的布置

（1）在项目中点击“插入”主菜单，在“从库中载入”面板中点击“载入”族工具，会跳出“载入”族对话框。找到开始保存的“斗拱 1”族，点击“打开”，将“斗拱 1”族载入项目中。

（2）在项目浏览器中，在楼层平面选“六层排枋”标高作为工作平面。点击“建筑”主菜单中“构建”面板中的“构件”工具，选择“放置构件”。在布置斗拱位置方向时有两种方法：一种方法是把斗拱放好，点击鼠标左键，然后通过“修改”面板中的“旋转”工具，以斗拱边缘为中心旋转 22. 5° 角（为了使斗拱边缘与枋的布置方向平行），最后通过“修改”面板中的“移动”工具，从斗拱中心点移动到雷公柱的中心点上，如图 3-55；另一种方法是把斗拱拖动到雷公柱周围，然后通过按“空格键”得到 22. 5° 角，点击鼠标左键，最后通过“修改”

面板中的“移动”工具，从斗拱中心点移动到雷公柱的中心点上，如图3-56。

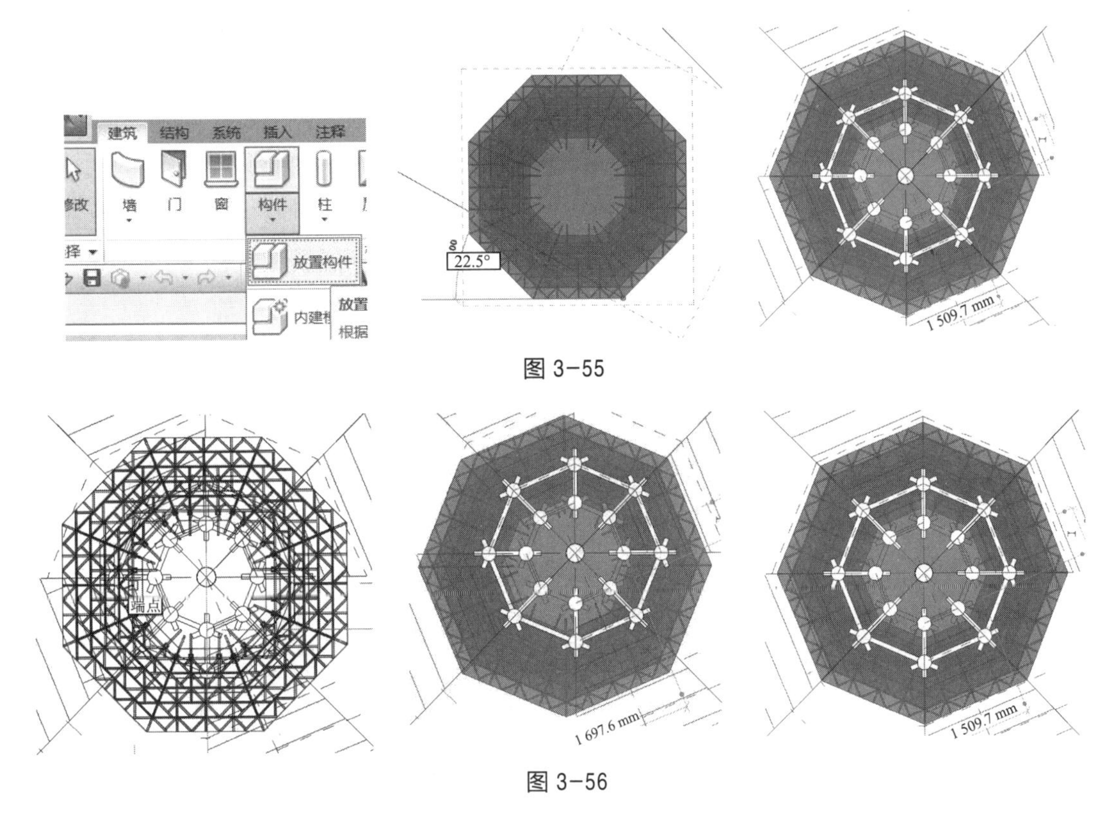

图3-55

图3-56

（3）点击“斗拱1”编辑类型，出现“类型属性”对话框，点击“材质和装饰”下“材质：〈按类别〉”，弹出“材质浏览器”对话框，定义一种新材质“斗拱云杉”。将材质的“图形”选项卡下“着色”下的“颜色”设为“红褐色（RGB 128 0 0）”，并修改“属性”面板下的“约束”选项卡内参数，“标高”设为“六层排枋”，“偏移量”设为 -1 090 mm。

（4）“斗拱2”的布置方法跟“斗拱1”的布置方法一样。在楼层平面选“五层排枋”标高作为工作平面，点击修改“属性”面板下的“约束”选项卡内参数，“标高”设为“五层排枋”，“偏移量”设为 -1 090 mm。建好的模型如图3-57。

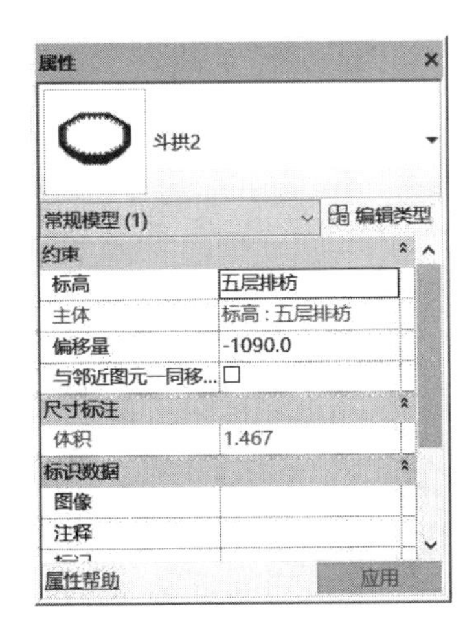

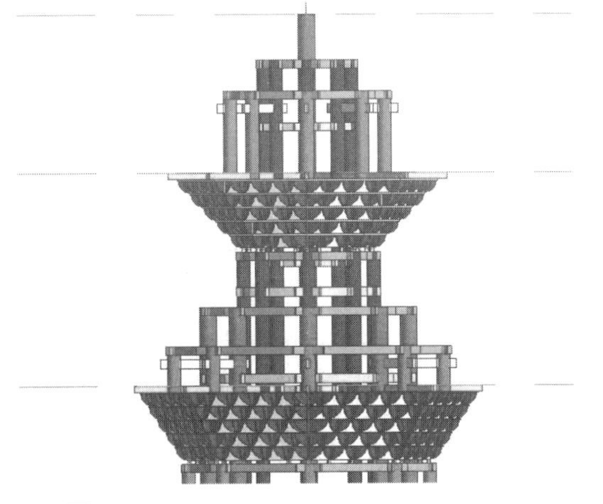

图3-57

2. 风窗的布置

（1）在项目中点击“插入”主菜单，在“从库中载入”面板中点击“载入”族工具，会跳出“载入”族对话框。找到开始保存的“风窗 1”族，点击“打开”，将“风窗 1”族载入项目中。

（2）在项目浏览器中，在楼层平面选“五层排枋”标高作为工作平面。点击“建筑”主菜单中“构建”面板中的“构件”工具，选择“放置构件”，在三角形由外到内的第 12 根轴线上的“木童柱”与“木童柱”之间布置“风窗 1”。布置风窗 1 位置方向与布置斗拱位置方向的方法一样：一是通过“旋转”得到 22. 5° 角方向，二是通过按“空格键”得到 22. 5° 角方向。为了更清晰地布置风窗，可以在布置风窗前把斗拱隐藏，如图 3-58。

（3）点击“风窗 1”编辑类型，出现“类型属性”对话框，点击“材质和装饰”下“材质：〈按类别〉”，弹出“材质浏览器”对话框，再点击左下面“打开 / 关闭资源浏览器”按钮，打开“资源浏览器”对话框，定义一种新材质“风窗云杉”。将材质的“图形”选项卡下“着色”下的“颜色”设为“黄色（RGB 255 255 0）”，并修改“属性”面板下的“约束”选项卡内参数，“标高”为“五层排枋”，“偏移量”为 1 439 mm，如图 3-59。

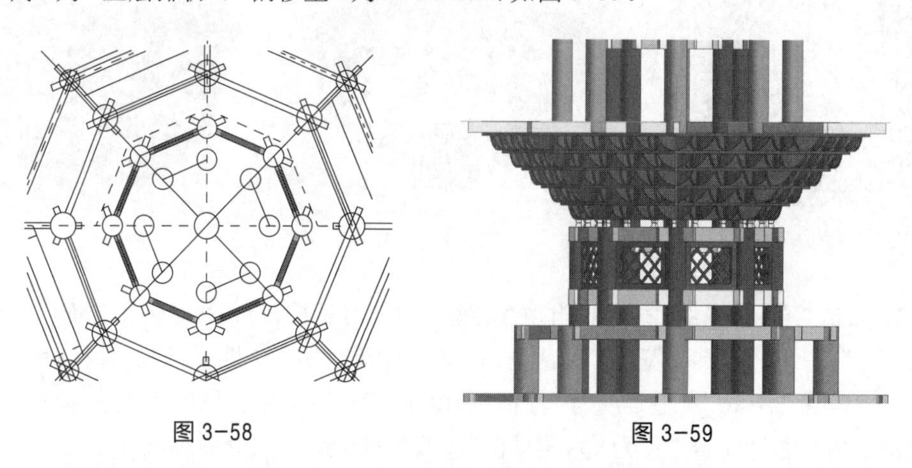

图 3-58　　图 3-59

（4）“风窗 2”的布置方法跟“风窗 1”的布置方法一样。在楼层平面选“四层排枋”标高作为工作平面。在三角形由外到内的第 10 根轴线上的“木瓜柱”与“木瓜柱”之间布置“风窗 2”。点击修改“属性”面板下的“约束”选项卡内参数，“标高”设为“四层排枋”，“偏移量”设为 950 mm。建好的模型如图 3-60。

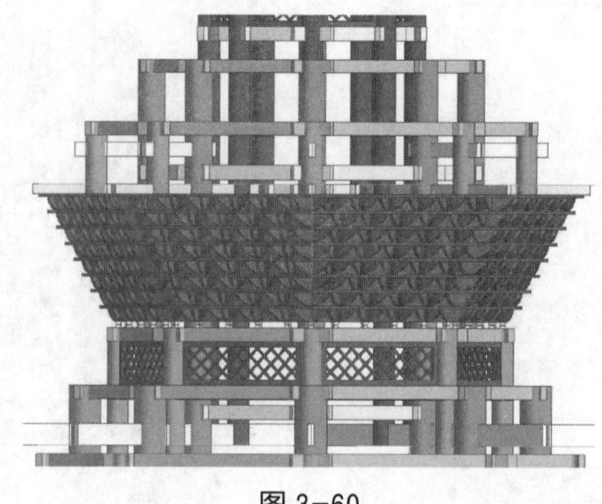

图 3-60

3. 美人靠的布置

（1）在项目中点击“插入”主菜单，在“从库中载入”面板中点击“载入”族工具，会跳出“载入”族对话框。找到开始保存的“美人靠”族，点击“打开”，将“美人靠”族载入项目中。

（2）点击“结构”主菜单中“结构”面板中的“梁”工具，这时在“属性”面板出现导入的“美人靠”。点击“编辑类型”，点击“材质和装饰”下“材质:< 按类别 >”，弹出“材质浏览器”对话框，定义一种新材质“美人靠云杉”。将材质的“图形”选项卡下“着色”下的“颜色”设为“深褐色（RGB 128 64 0）”。

（3）在项目浏览器中，在结构平面选“地面层”标高作为工作平面。分别布置在三角形由外到内的第 1 根轴线与 B，C 轴线两交点之间、第 1 根轴线与 C，D 轴线两交点之间、第 1 根轴线与 D，A 轴线两交点之间。由于软件兼容性问题，在美人靠与美人靠相交的端点会出现端点自动延长或缩短，这时需要手动移动端点的“造型操纵柄”，把其拖动到柱的中心，如图 3-61。

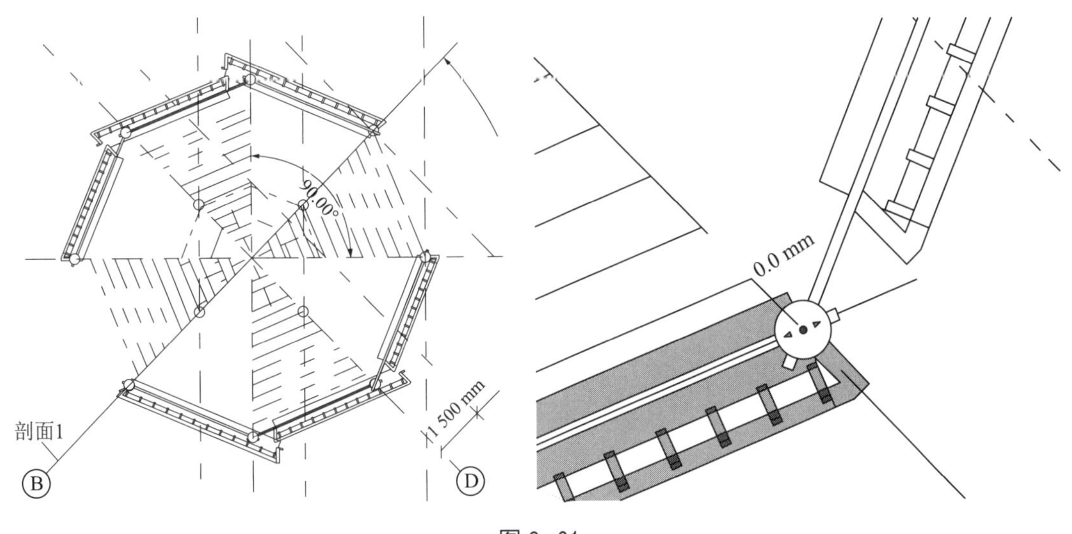

图 3-61

（4）点击“美人靠”的“属性”面板，将“约束”选项卡内参数，“参照标高”设为“地面层”，“起点标高偏移”设为 1 020 mm，“终点标高偏移”设为 1 020 mm。建好的模型如图 3-62。

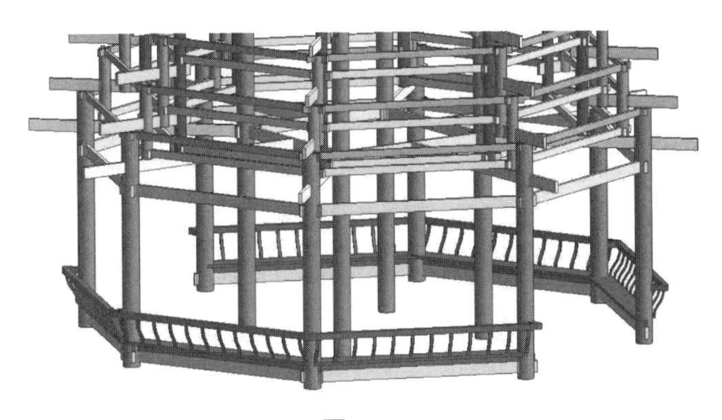

图 3-62

4. 柱基石的布置

（1）在项目中点击“插入”主菜单，在“从库中载入”面板中点击“载入”族工具，会跳出“载入”族对话框。找到开始保存的“柱基石”族，点击“打开”，将“柱基石”族载入项目中。

（2）在项目浏览器中，在结构平面选“地面层”标高作为工作平面。点击“建筑”主菜单中“构件”面板中“柱”下的“柱：建筑”工具，这时在“属性”面板出现导入的“柱基石”。将柱基石布置到每根“300 mm- 底层外木立柱”和每根“300 mm- 内木立柱 1”的底部中心，柱基石的顶部与柱的底部重合。分别点击每根“柱基石”的“属性”面板，将“约束”选项卡内参数，“底部标高”设为“地面层”，“底部偏移”设为 0，“顶部标高”设为“一层排枋”，“顶部偏移”设为 0。建好的模型如图 3-63。

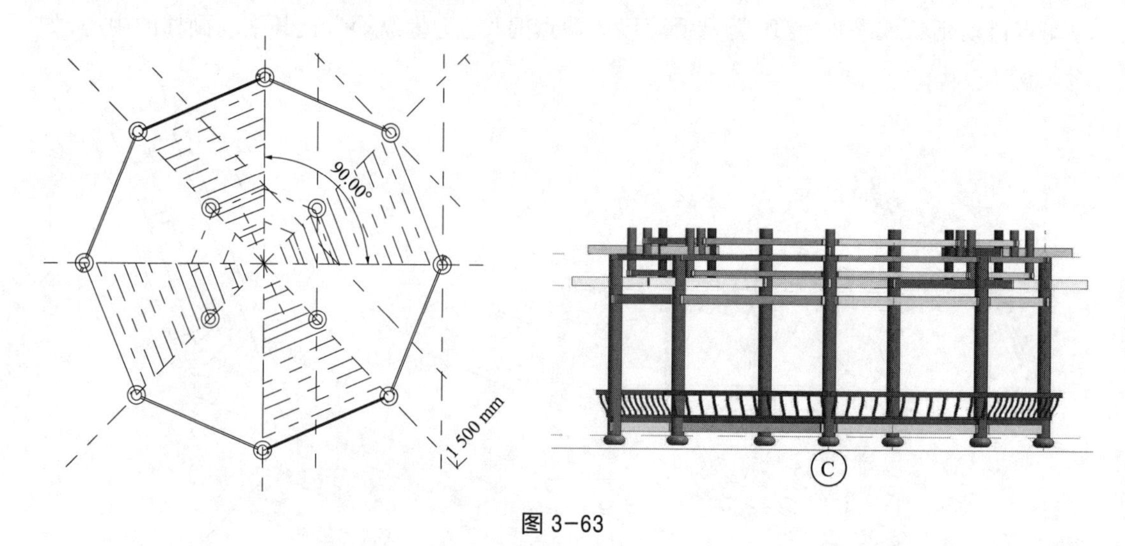

图 3-63

5. 保存项目

点击软件右上端 Revit 图标（应用程序按钮），出现“应用程序菜单”，选择菜单中的“另存为”项目，弹出另存为对话框，将其保存为“鼓楼构件”。

3.7 檩条及挂瓦条的建立

3.7.1 檩条的建立

1. 布置水平方向圆木檩条

（1）在项目中点击“插入”主菜单，在“从库中载入”面板中点击“载入”族工具，会跳出“载入”族对话框。找到开始保存的“圆木檩条”族，点击“打开”，将“圆木檩条”族载入项目中。

（2）点击“结构”主菜单中“结构”面板中的“梁”工具，这时在“属性”面板出现导入的“圆木檩条”。点击“编辑类型”，出现“类型属性”对话框，点击“复制（D）...”，名称为“圆

木檩 120”，定义一种新材质“檩条云杉”。将材质的“图形”选项卡下“着色”下的“颜色”设为“橙色（RGB 255 128 0）”。

（3）在项目浏览器中，在结构平面选“一层排枋”标高作为工作平面。在两两相邻的“木排枋”并在距离“木排枋”端点 120 mm 处做平行于端点的参照平面。在刚才做好的两个参照平面与“木排枋”相交的交点之间布置“圆木檩条 120”，放在“木排枋”端点上面，如图 3-64。

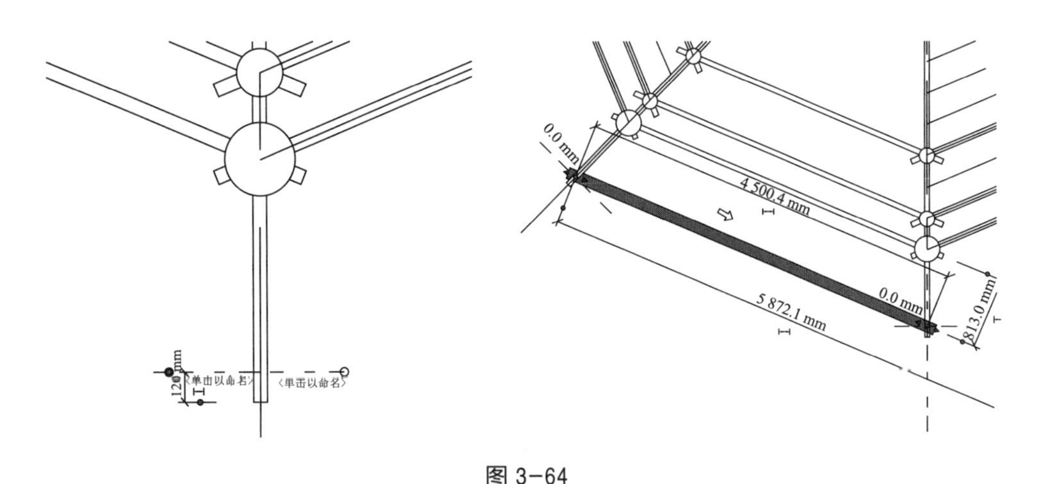

图 3-64

（4）点击“圆木檩条 120”的“属性”面板，将“约束”选项卡内参数，“参照标高”设为“一层排枋”，“起点标高偏移”设为 260 mm，“终点标高偏移”设为 260 mm。

（5）选中“圆木檩条 120”，利用“修改 / 结构框架”选项卡下“修改”面板中的“旋转”或“阵列”工具，以轴线交点中心为基点，按 45° 角方向布置八边形八面中的剩余七个面方向的“圆木檩条 120”。建好的模型如图 3-65。

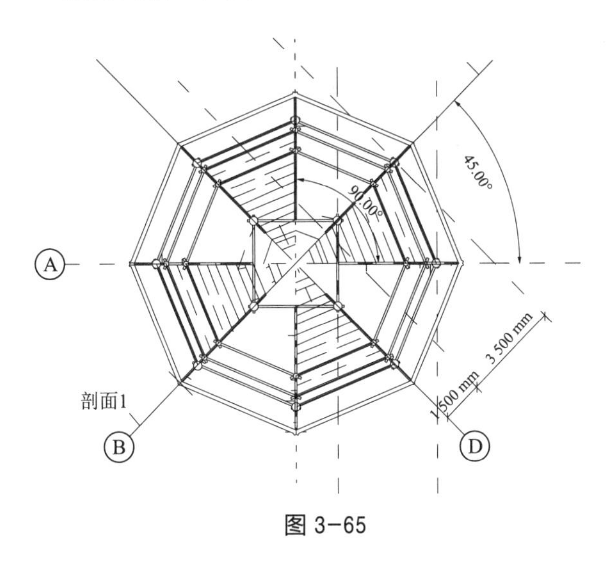

图 3-65

（6）用建第一层“圆木檩条 120”的方法在其他的“木排枋”和“出水枋”端点上面布置二层到九层的“圆木檩条 120”。具体位置及相关参数见表 3-10，建立的模型如图 3-66。

表 3-10 檩条参数

层 数	参照标高	起点标高偏移/mm	终点标高偏移/mm
第二层	出水枋 1	260	260
第三层	出水枋 2	260	260
第四层	二层排枋	260	260
第五层	出水枋 3	260	260
第六层	出水枋 4	260	260
第七层	三层排枋	260	260
第八层	出水枋 5	260	260
第九层	四层排枋	260	260

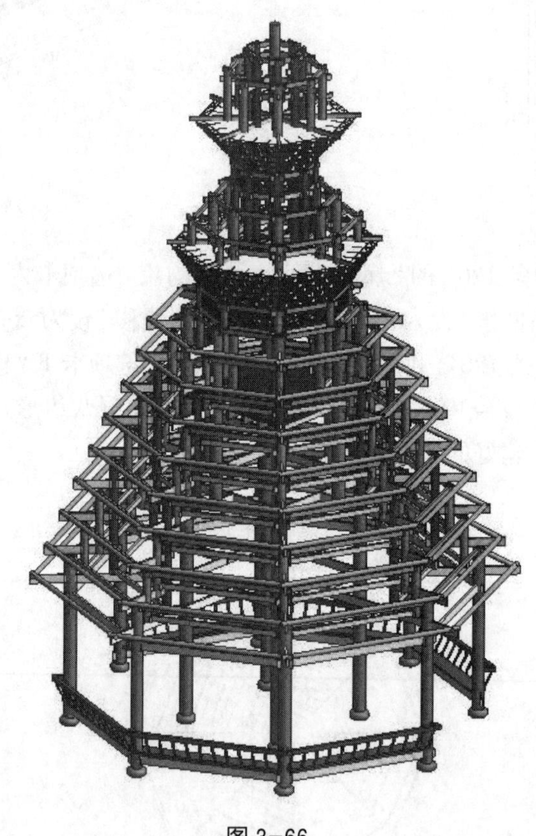

图 3-66

2. 布置倾斜方向圆木檩条

（1）在项目浏览器中，在结构平面选“一层排枋”标高作为工作平面。点击“视图”主菜单，在“创建”面板下选择“剖面”工具，在 D 轴线上建立剖面 2。选中剖面→点击右键→快捷菜单→转到视图，把相关的“模型组”隐藏，并把视图上下两端分别拉伸到屋顶标高之上和基脚标高之下，如图 3-67。

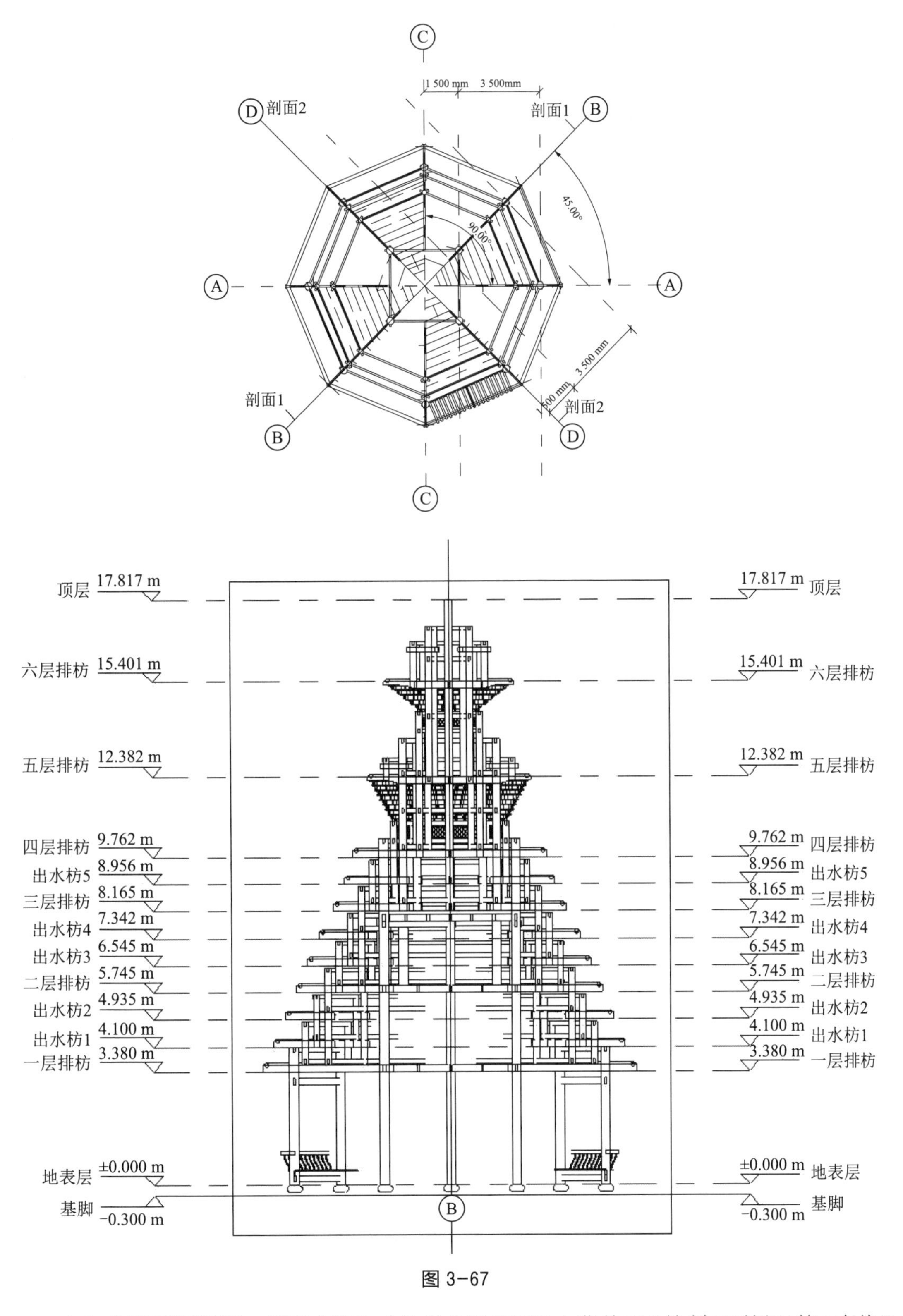

图 3-67

（2）参照平面设置。利用“修改 / 放置参照平面”主菜单下“绘制”面板下的“直线”工具，在“60*120 柱头枋”中心端点与“圆木檩条 120”上端点画斜参照平面，如图 3-68。

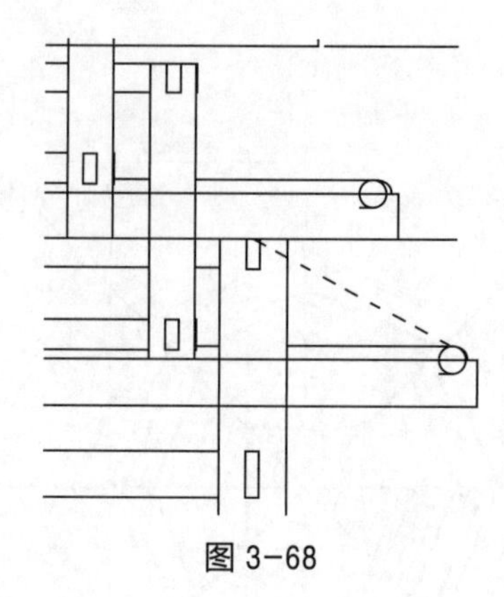

图 3-68

（3）点击“结构”主菜单中“结构”面板中的“梁”工具，在“属性”面板找到“圆木檩条120”，在刚才绘制好的参照平面两端布置“圆木檩条 120”，将“约束”选项卡内参数，“参照标高”设为“一层排枋”，“开始延伸”设为 -250 mm，“端点延伸”设为 -150 mm，如图 3-69。

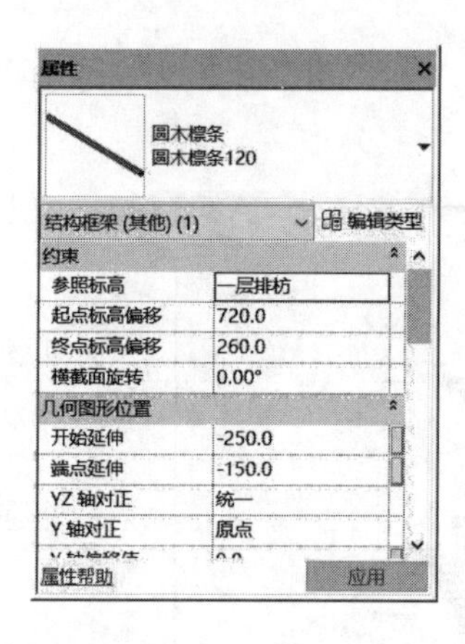

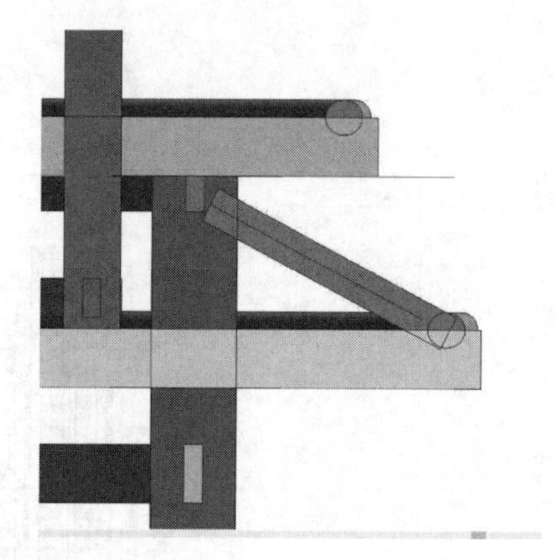

图 3-69

（4）选中“圆木檩条 120”，利用“修改 / 结构框架”选项卡下“修改”面板中的“旋转”或“阵列”工具，以轴线交点中心为基点，按 45° 角方向布置八边形八角端中的剩余七个角端方向的“圆木檩条 120”，如图 3-70。

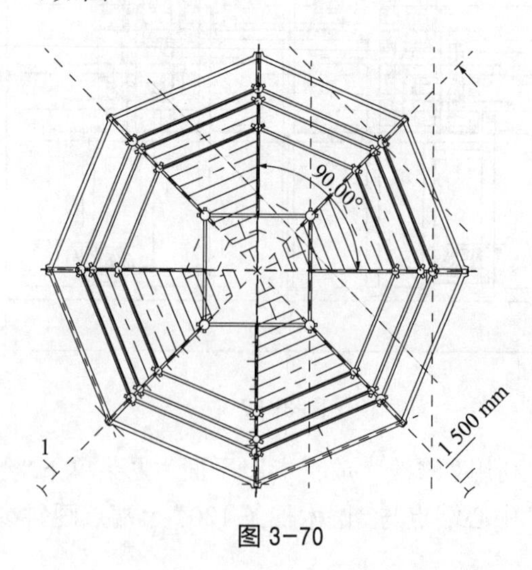

图 3-70

（5）用建第一层“圆木檩条 120”的方法在二层到九层布置倾斜方向的“圆木檩条 120”。建好的模型如图 3-71。

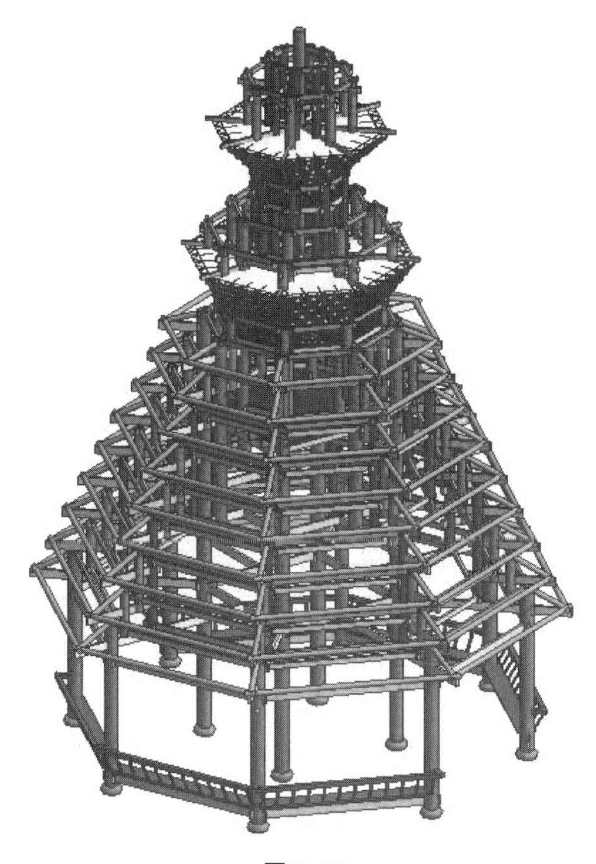

图 3-71

3.7.2 挂瓦条的建立

1. 导入挂瓦条族

导入之前建好的挂瓦条族。

2. 布置挂瓦条

（1）在项目浏览器中，在结构平面选“一层排枋”标高作为工作平面。点击“视图”主菜单，在“创建”面板下选择“剖面”工具，在 C 和 D 轴线之间且经过中心点并平分 C 和 D 轴线之间建立剖面 3。选中剖面 3 →点击右键→快捷菜单→转到视图，把相关的“模型组”隐藏，如图 3-72。

（2）参照平面设置，选择“修改 / 放置参照平面”主菜单下“绘制”面板下“直线”工具，连接“60*120 柱头枋”外端点与“圆木檩条 120”上切点画斜参照平面，如图 3-73。

（3）在项目中点击“插入”主菜单，在“从库中载入”面板中点击“载入”族工具，会跳出“载入”族对话框。找到保存的“挂瓦条”族，点击“打开”，将“挂瓦条”族载入项目中。

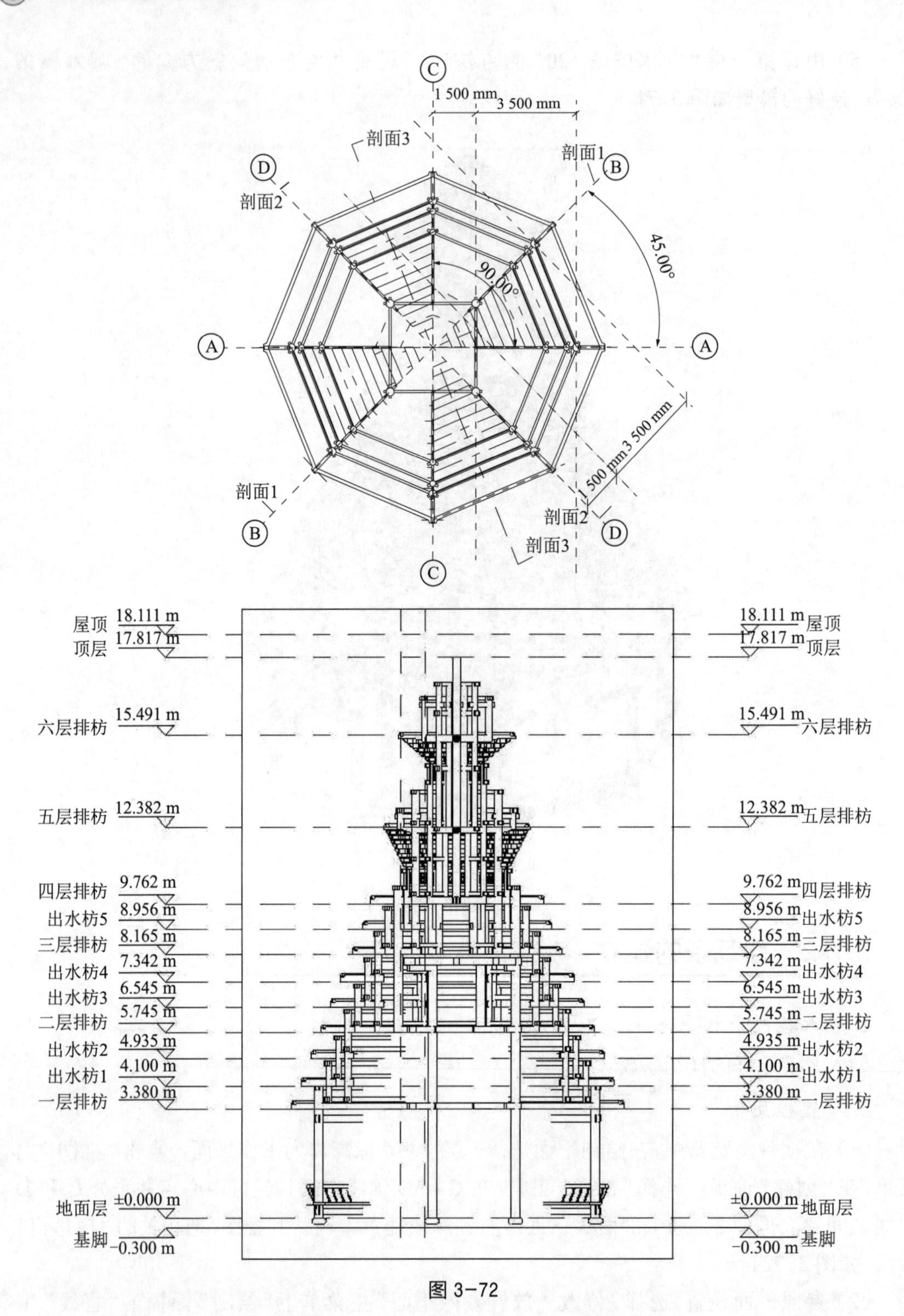

图 3-72

（4）点击“结构”主菜单中“结构”面板中的“梁”工具，这时在“属性”面板出现导入的“挂瓦条”族。点击“编辑类型”，出现“类型属性”对话框，点击“复制(D)...”，名称为“挂瓦条 20*100”，其中 b=100 mm，b_1=50 mm，h=20 mm。定义一种新材质“挂瓦条杉木”，“颜色”设为“浅蓝色(RGB 0 128 255)”。

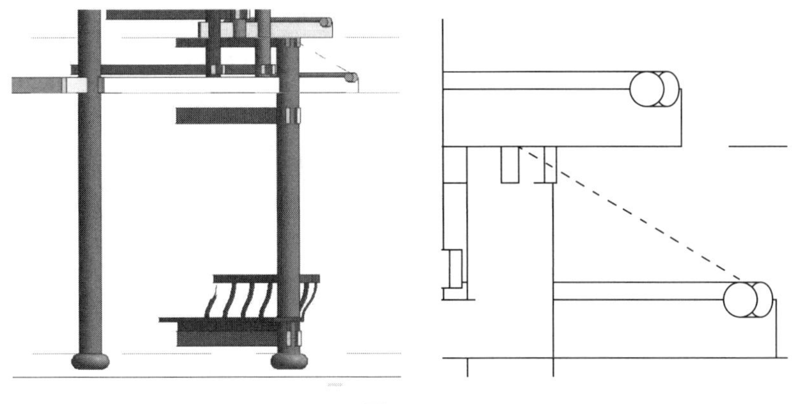

图 3-73

（5）在项目浏览器中，在结构平面选“一层排枋”标高作为工作平面。点击“结构”主菜单中“结构”面板中的“梁”工具，在“属性”面板找到“挂瓦条 20*100”，在 C 与 D 轴线之间的第一层“60*120 柱头枋”的中线到第一层“檩条 120”的中线的两线垂直距离之间布置“挂瓦条 20*100”，将“约束”选项卡内参数，“参照标高”设为“一层排枋”，“起点标高偏移”设为 300 mm，“终点标高偏移”设为 300 mm。再转换到剖面 3 视图中，通过“修改 / 结构框架”选项卡中“修改”面板下的“旋转”工具，以挂瓦条的下边缘线与斜参照平面的交点为基点，把挂瓦条旋转到斜参照平面上，使挂瓦条的上边缘线与斜参照平面重合得到斜挂瓦条，如图 3-74。

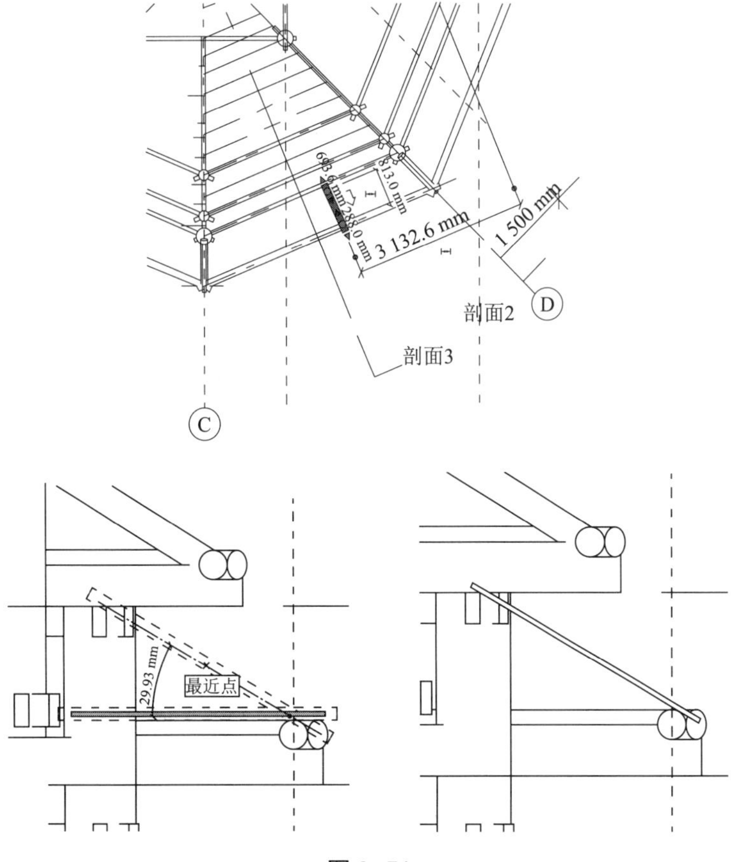

图 3-74

（6）在项目浏览器中，在结构平面选“一层排枋”标高作为工作平面。点击“挂瓦条20*100”，将布置在“60*120 柱头枋”一端的端点的“造型操纵柄”拖动到“60*120 柱头枋”中心线上；再通过“修改”面板下的“移动”工具，将“挂瓦条 20*100”移动到 C 与 D 轴线之间的平分线上（剖面 3 线上）；之后通过“修改”面板下的“复制”工具，以 220 mm 的间距把“挂瓦条 20*100”分别复制到檩条的两侧；最后在挂瓦条与斜檩条相交的地方，把挂瓦条多余的部分切掉，如图 3-75。

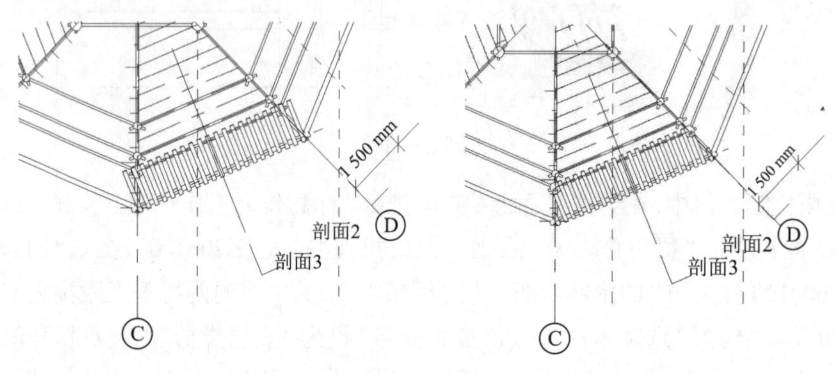

图 3-75

（7）选中所有调整好的挂瓦条，创建成为一个模型组，命名为“一层挂瓦条”。选中“一层挂瓦条”模型组，利用“修改 / 模型组”选项卡下“修改”面板中的“旋转”或“阵列”工具，以轴线交点中心为基点，按 45° 角方向布置八边形八面中的剩余七个面方向的“挂瓦条”，如图 3-76。

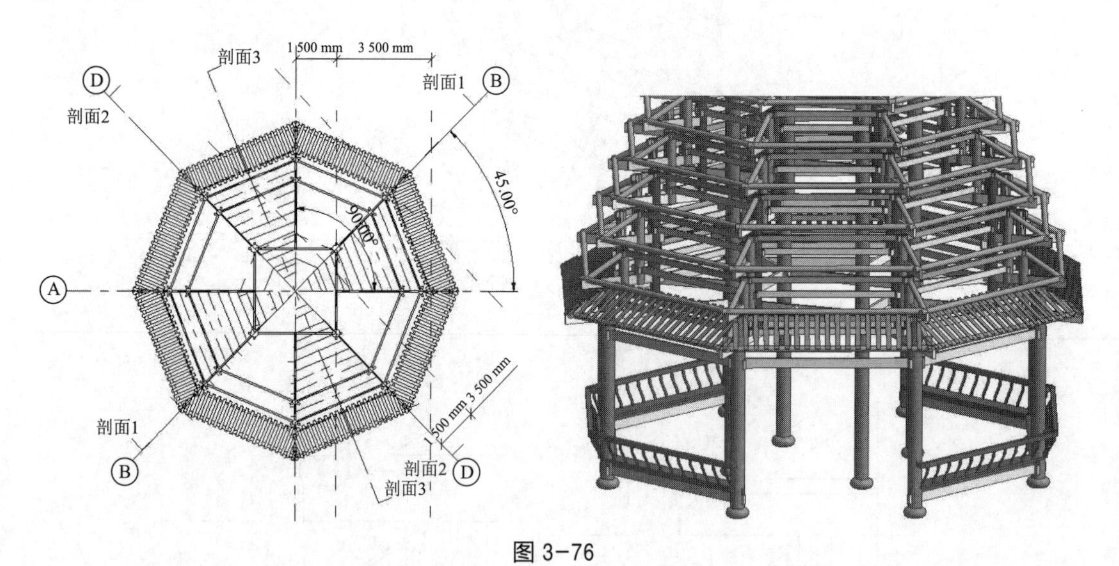

图 3-76

（8）用建第一层“挂瓦条 20*100”的方法在二层到九层布置“挂瓦条 20*100”。建好的模型如图 3-77。

（9）点击软件右上端 Revit 图标（应用程序按钮），出现“应用程序菜单”，选择菜单中的“另存为”项目，弹出另存为对话框，将其保存为“鼓楼檩条及挂瓦条”。

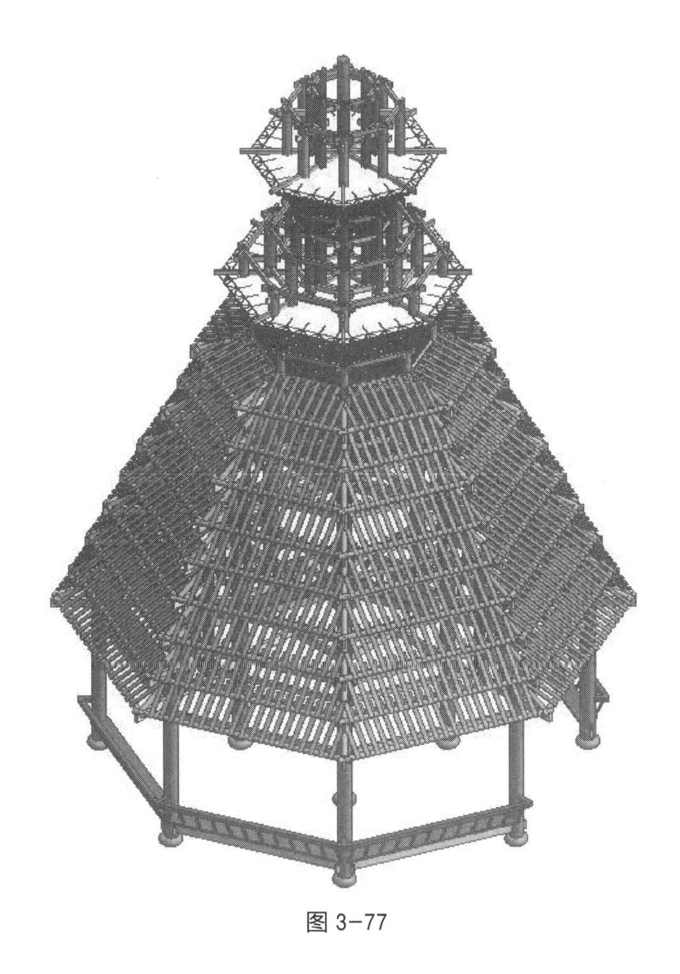

图 3-77

3.8 瓦屋面、封檐板、木书条及角封板的建立

3.8.1 瓦屋面的建立

1. 瓦屋面族

（1）在启动界面的族板块点击“新建...”，出现“新族-选择样本文件”对话框，选择“公制常规模型”，点击“打开”，进入新建族界面。

（2）在“参照标高”平面先画一条与水平参照平面成 22.5° 角的参照平面，再把这条参照平面通过“旋转”或者“阵列”工具以中心交点为基点按 45° 角复制其他三条参照平面，如图 3-78。

（3）在鼓楼“一层排枋”放置瓦屋面的位置量取一层檩条和一层柱头枋到中心点的垂直距离，分别为 5 432 mm，4 619 mm，再以 5 572 mm 和 4 479 mm 的长度距水平参照平面绘制两条水平参照平面，再在 4 个交点处绘制 4 条垂直参照平面，如图 3-79。

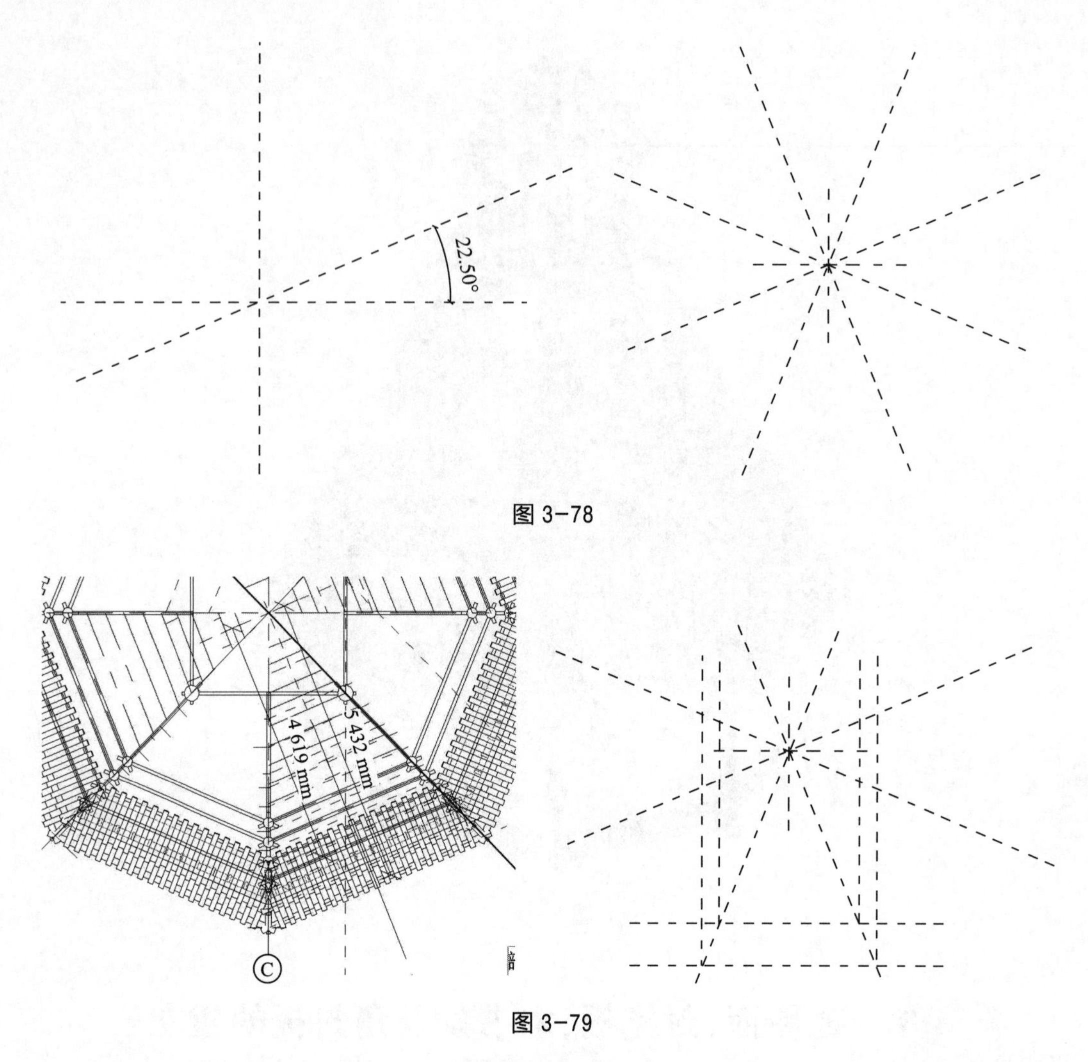

图 3-78

图 3-79

（4）切换到“前立面”。在最外两侧分别绘制距外侧参照平面 100 mm 的垂直参照平面。再点击“创建”主菜单中“形状”面板下的“放样”工具，点击“绘制路径”，利用“直线”和“起点 - 终点 - 半径弧”工具绘制如图 3-80 的曲线。在利用“起点 - 终点 - 半径弧”工具时，外端在刚绘制好的垂直参照平面上并与水平参照平面形成 30° 角，绘制完成后点击“完成编辑模式”。然后点击“编辑轮廓”，弹出转到视图，点击“左立面”进入编辑模式，先在左侧绘制一条距“红点” 1 093 mm 的垂直参照平面，利用“直线”工具绘制角度 29. 93°、厚 50 mm 的轮廓，然后以轮廓的中点为基点把轮廓移动到“红点”位置，点击“完成编辑模式”，如图 3-80。

（5）在“参照标高”平面将绘制好的模型移动到两水平参照平面之间，如图 3-81。

（6）点击“创建”主菜单中“形状”面板下的“空心拉伸”工具，利用“直线”工具沿斜参照平面一侧多余的屋面绘制闭合的回线。修改“属性”面板下的“拉伸终点”为 2 000 mm，“拉伸起点”为 -1 000 mm，点击“完成编辑模式”。然后把空心形状通过“镜像”镜像到另一侧，切掉屋面多余的另一侧，如图 3-81。

（7）点击软件右上端 Revit 图标（应用程序按钮），出现“应用程序菜单”，选择菜单中的“保存”项目，弹出另存为对话框，将其保存为“一层屋面”族。

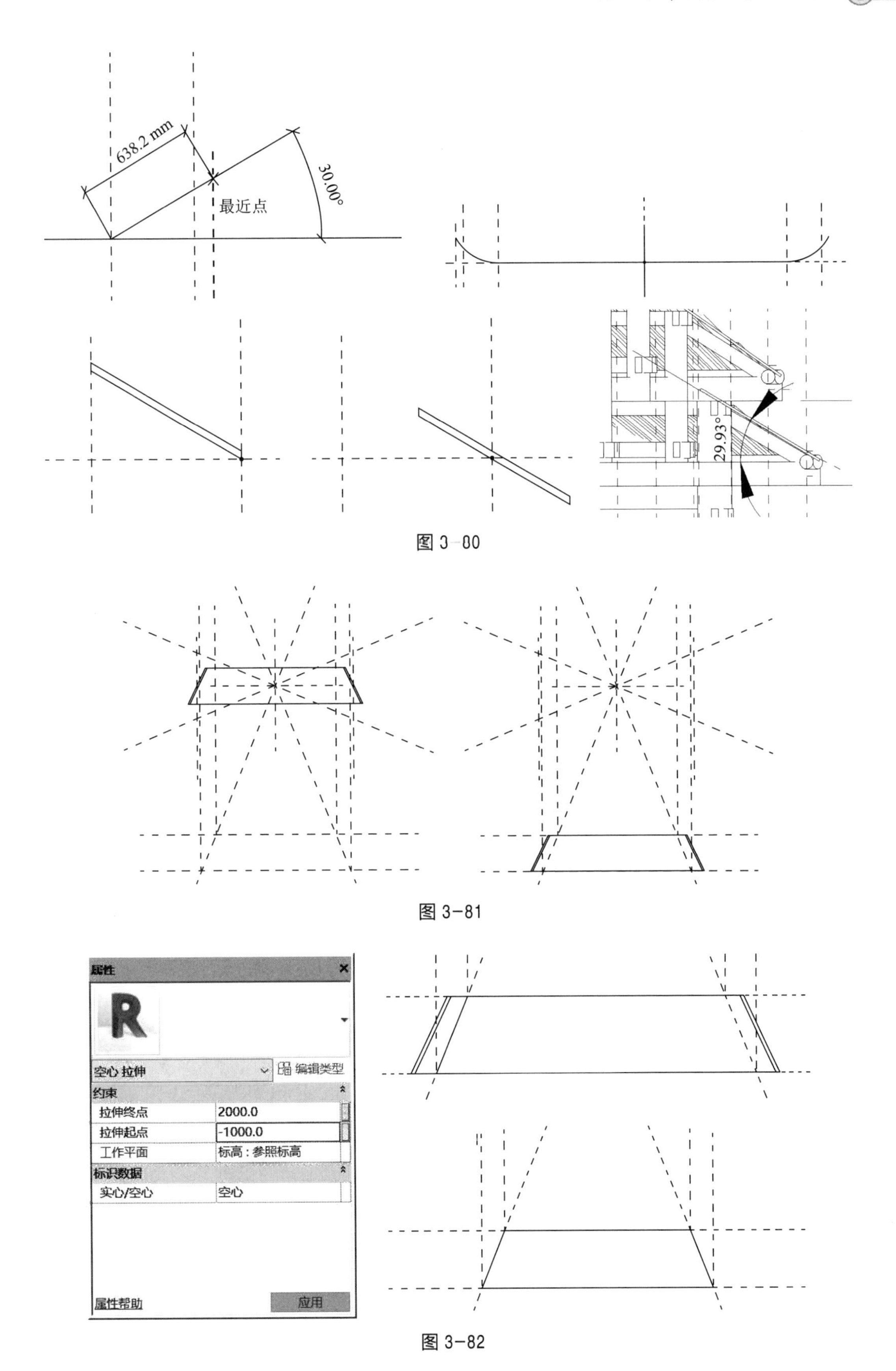

图 3-80

图 3-81

图 3-82

2. 布置瓦屋面

（1）在项目中点击“插入”主菜单，在“从库中载入”面板中点击“载入”族工具，会跳出“载入”族对话框。找到开始保存的“一层屋面”族，点击“打开”，将“一层屋面”族载入项目中。

（2）在项目浏览器中，在楼层平面选“一层排枋”标高作为工作平面。点击“建筑”主菜单中“构建”面板中的“构件”工具，选择“放置构件”；然后让鼠标移动到斜轴线上，出现阴影线，再通过按“空格键”得到 22. 5° 角；最后再移动鼠标到中心点位置，按鼠标左键确定，如图 3-83。

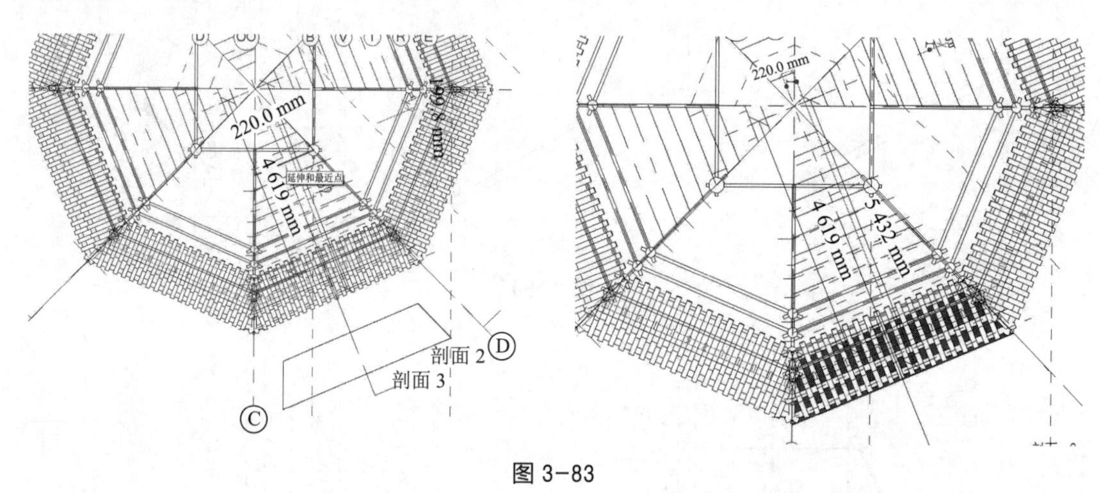

图 3-83

（3）切换到三维视图。在“建筑”主菜单中“构建”面板点击“构建”面板下“屋顶”中的“面屋顶”工具，弹出屋顶。在“属性”面板中，点击“编辑类型”，出现“类型属性”对话框，点击“复制(D)...”，名称为“斜屋顶”。点击“构造”下“结构”，弹出“材质浏览器”对话框，再点击左下面“打开 / 关闭资源浏览器”按钮，打开“资源浏览器”对话框，“查找”“瓦片 - 筒瓦”材质，并修改厚度为 160 mm。

（4）屋顶材质设置好后，移动鼠标到刚才放置好的屋顶族，拾取屋顶族上表面作为屋顶的面层，然后点击“多重选择”面板下的“创建屋顶”工具形成面屋顶，并把导入的“一层屋面”族删除掉。建好的模型如图 3-84。

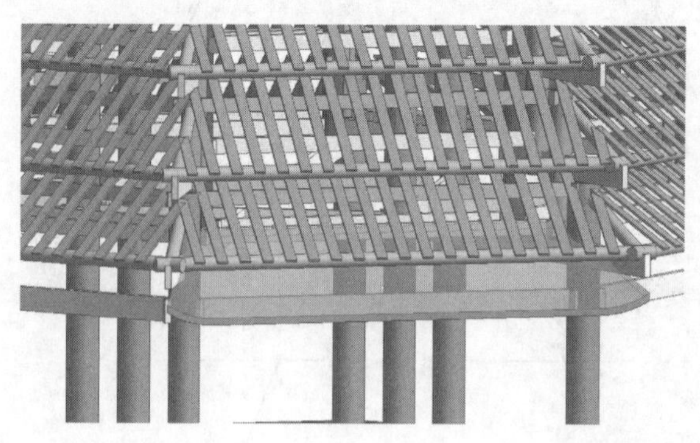
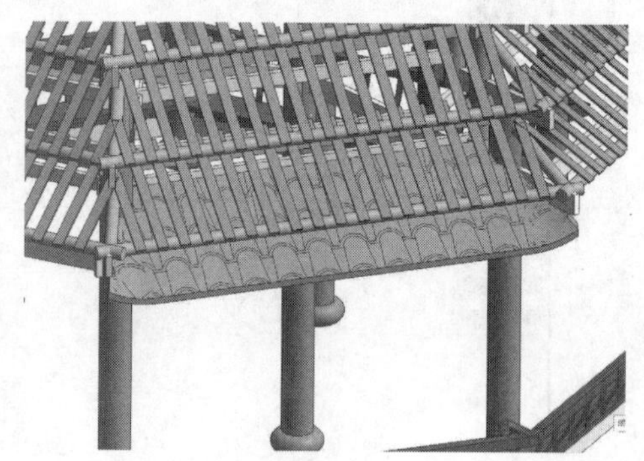

图 3-84

（5）切换到“剖面 3”，点击“斜屋顶”，将“斜屋顶”通过“移动”工具移动到“挂瓦条”

上面，使屋面的下边缘与挂瓦条的上边缘对齐重合，如图 3-85。

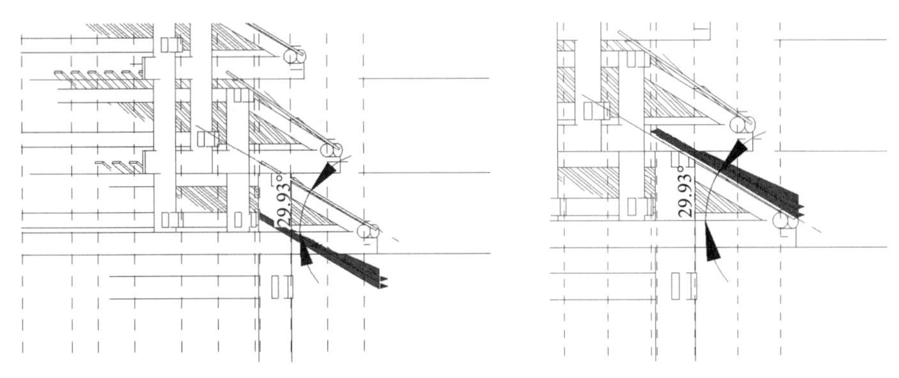

图 3-85

（6）在项目浏览器中，在楼层平面选“一层排枋”标高作为工作平面。选中“斜屋顶”，利用“修改 / 屋顶”选项卡下“修改”面板中的“旋转”或“阵列”工具，以轴线交点中心为基点，按 45° 角方向布置八边形八面中的剩余七个面方向的“斜屋顶”。建好的模型如图 3-86。

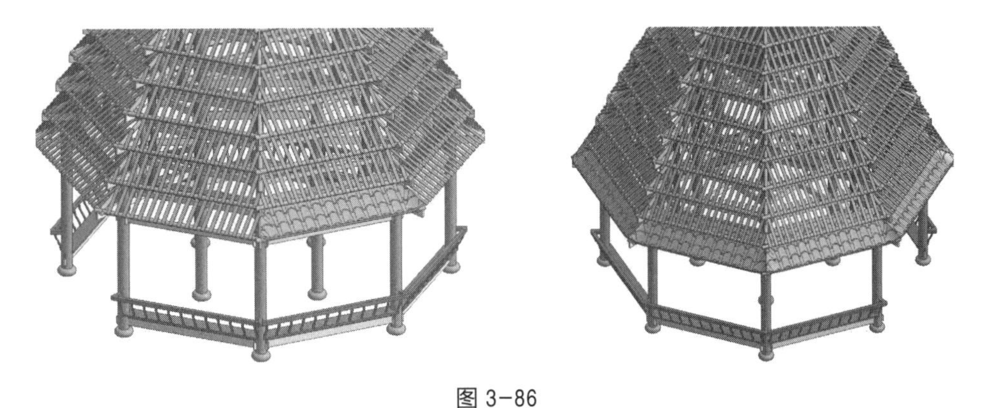

图 3-86

（7）用建第一层“斜屋顶”的方法在二层到九层布置屋面。建好的模型如图 3-87。

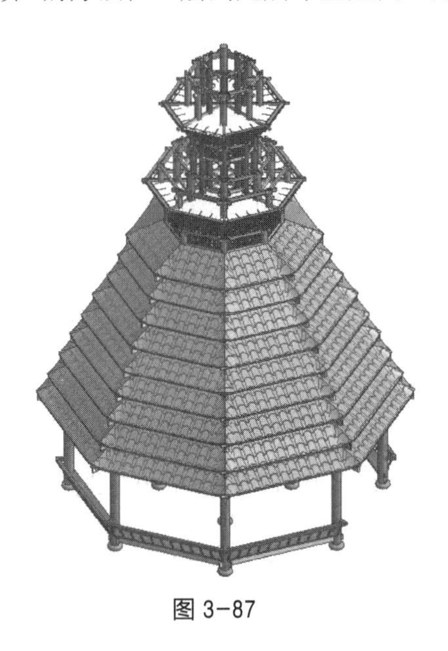

图 3-87

3. 十层与十一层屋面

（1）绘制参照平面。用建第一层“斜屋顶”的方法绘制八边形参照平面。在鼓楼“剖面 3”视图中作距小刀枋端部 300 mm 的竖向参照平面以及距小刀枋顶部 200 mm 的竖向参照平面；连接两条参照平面的交点与“250 mm- 内木立柱 2”顶端的边缘点作一条斜参照平面；然后从中心线分别量取距柱头枋端部和距竖向参照平面的水平距离，分别为 1 059 mm 和 2 737 mm，同时量取斜参照平面的角度为 32. 53°；然后在刚绘制好的八边形参照平面以 1 059 mm 和 2 737 mm 的长度距水平参照平面绘制两条水平参照平面，再在 4 个交点处绘制 4 条垂直参照平面。绘制好的参照平面如图 3-88。

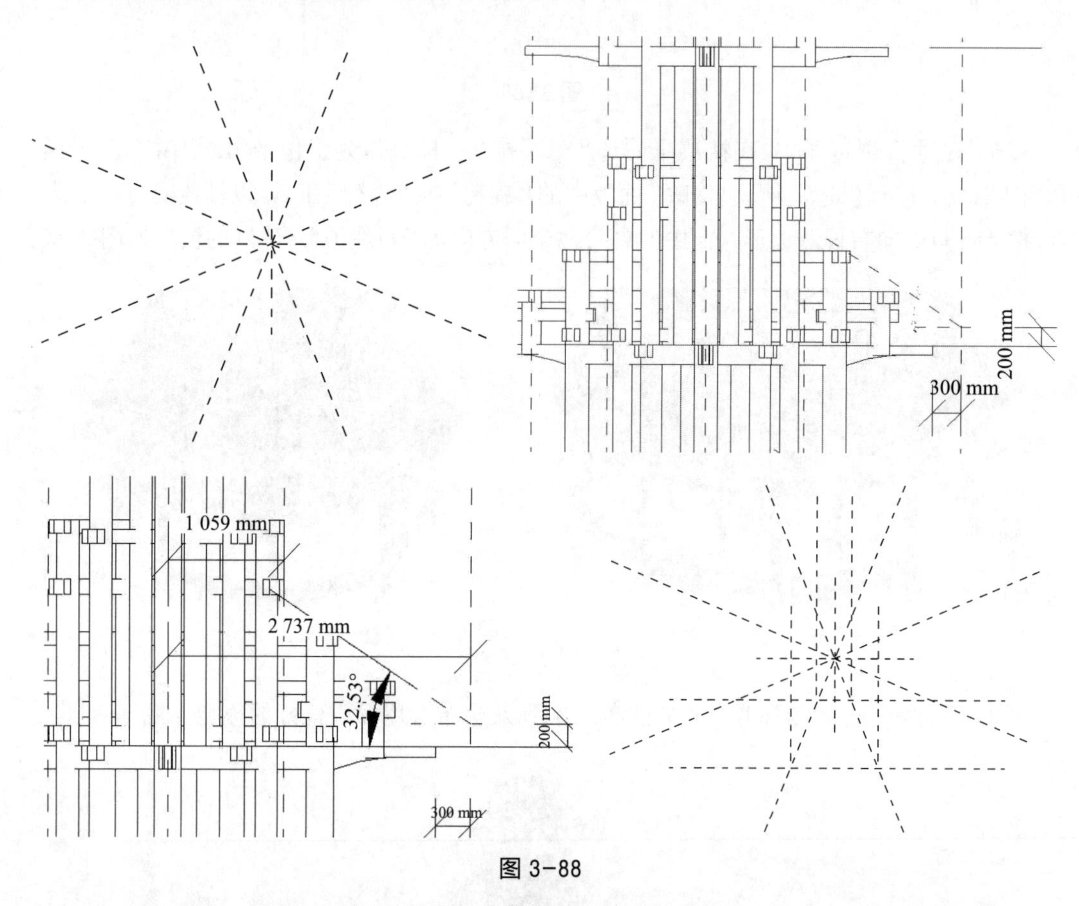

图 3-88

（2）切换到“左立面”。先在左侧绘制一条距中心参照平面 1 678 mm 的垂直参照平面；然后以中心交点为基点在这两条参照平面之间绘制一条角度为 32. 53° 的斜参照平面；再点击“创建”主菜单中“形状”面板下的“放样”工具，点击“绘制路径”，利用“起点 - 终点 - 半径弧”工具在斜参照平面与两条竖向参照平面的两交点绘制半径为 11 000 mm 的曲线，绘制完成后点击“完成编辑模式”。然后点击“编辑轮廓”，弹出转到视图，点击“立面：前”，进入编辑模式。先在最外两侧分别绘制距外侧参照平面 100 mm 的垂直参照平面，再在距“红点”位置上方 150 mm 处绘制一条水平参照平面。再利用“起点 - 终点 - 半径弧”工具在两侧交点绘制如图 3-89 的曲线，并向上复制 50 mm 的距离，然后连接两条线的端点形成闭合的轮廓线，点击“完成编辑模式”，如图 3-89。

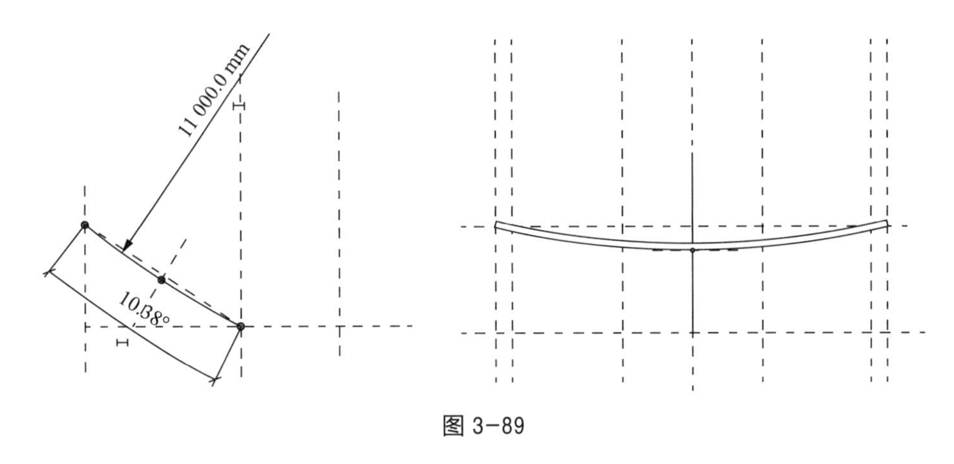

图 3-89

（2）在“参照标高”平面将绘制好的模型移动到两水平参照平面之间，如图 3-90。

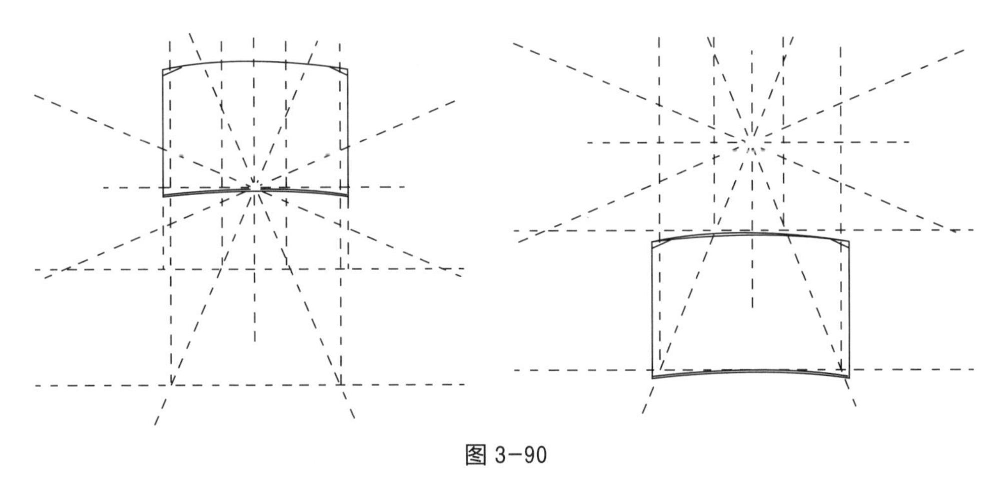

图 3-90

（3）点击“创建”主菜单中“形状”面板下的“空心拉伸”工具，利用“直线”工具沿斜参照平面一侧多余的屋面绘制闭合的回线。修改“属性”面板下的“拉伸终点”为 3 000 mm，“拉伸起点”为 -1 000 mm，点击“完成编辑模式”。然后把空心形状通过“镜像”镜像到另一侧，切掉屋面多余的另一侧，如图 3-91。

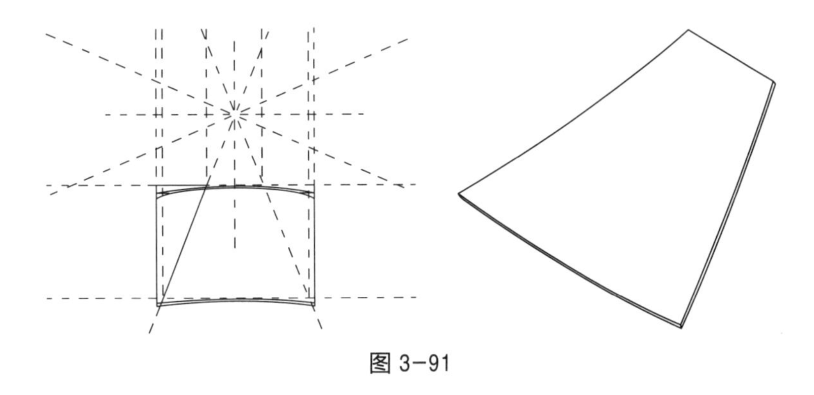

图 3-91

（4）点击软件右上端 Revit 图标(应用程序按钮)，出现“应用程序菜单”，选择菜单中的“保存”项目，弹出另存为对话框，将其保存为“十层屋面”族。

（5）用同样的方法可建得“十一层屋面”族。建好的模型如图 3-92。

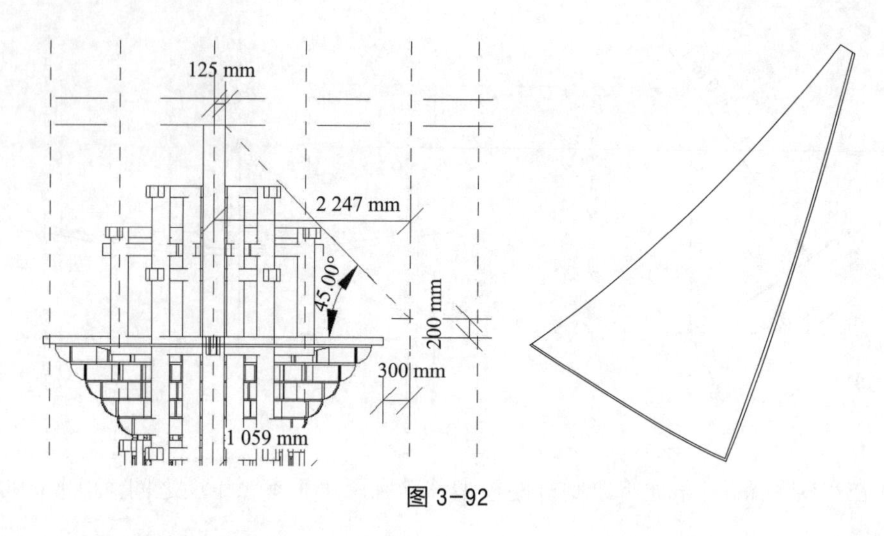

图 3-92

4. 十层与十一层挂瓦条

（1）挂瓦条的创建方法与创建十层屋面的方法。十层挂瓦条与十层屋面的数据和参照平面都不变，只有轮廓改变。在编辑轮廓时先做一条曲线作为辅助线，然后在辅助线上绘制长为 100 mm、宽为 20 mm 的小矩形作为挂瓦条轮廓，沿着辅助曲线生成其他小矩形，并使两矩形之间间隔 120 mm，然后再把辅助线删掉。建好的模型如图 3-93。

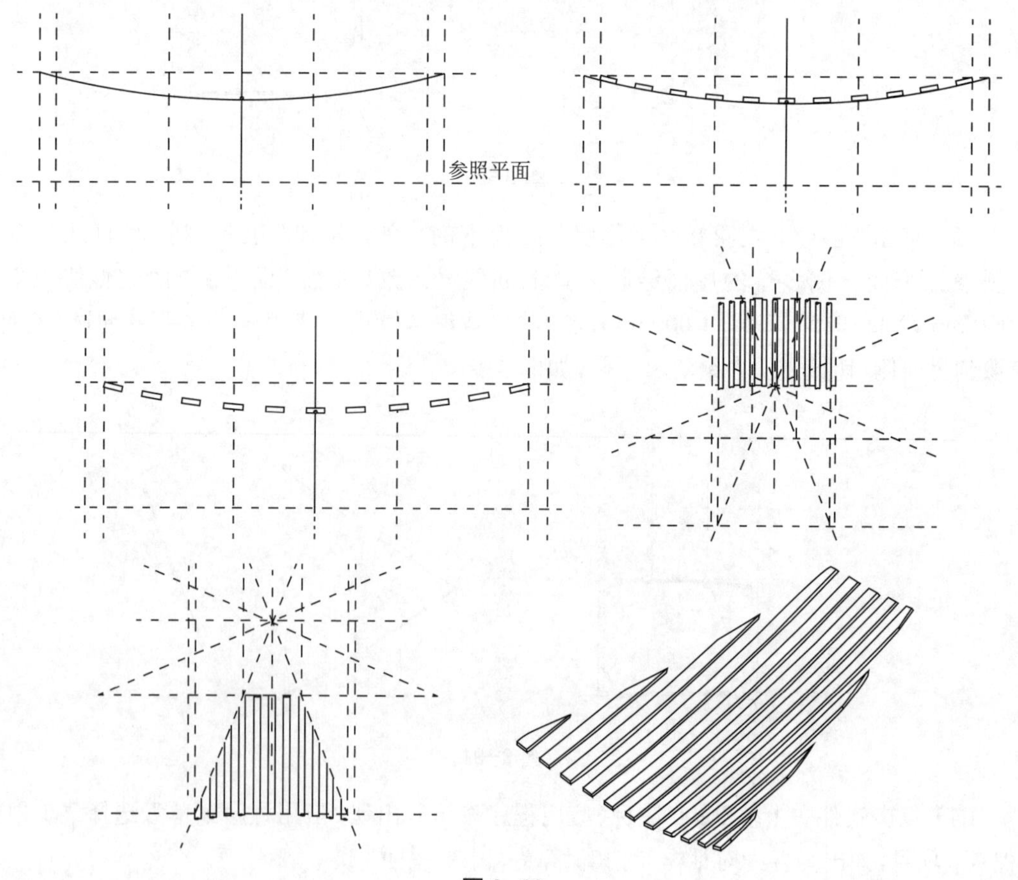

图 3-93

（2）定义材质。在“属性”选项板里的“材质”选项里点击后面的小方框，弹出“关联族参数”对话框，点击左下角的“新建参数”按钮，弹出“参数属性”对话框，在名称(N)中，输入材质，点击“确定”。

（3）点击软件右上端Revit图标(应用程序按钮)，出现“应用程序菜单”，选择菜单中的“保存”项目，弹出另存为对话框，选择要保存的文件夹，命名为“十层挂瓦条”族，点击“确定”。

（4）根据创建“十层挂瓦条”的方法创建“十一层挂瓦条”。建好的模型如图3-94。

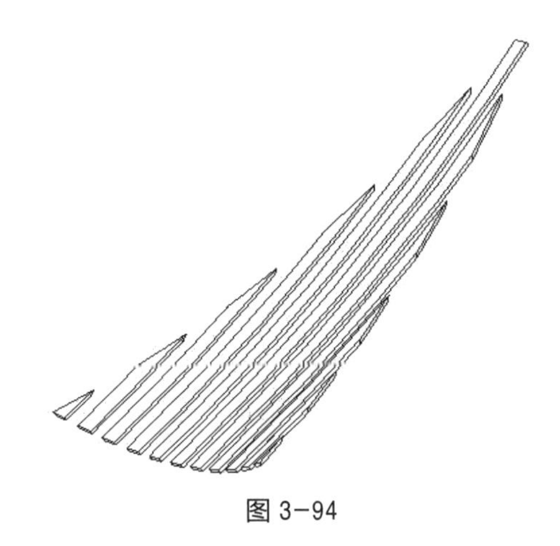

图3-94

5. 挂瓦条与屋面的布置

（1）在项目中点击“插入”主菜单，在“从库中载入”面板中点击“载入”族工具，会跳出“载入”族对话框。找到开始保存的“十层挂瓦条”族，点击“打开”，将“十层挂瓦条”族载入项目中。

（2）在项目浏览器中，在楼层平面选“五层排枋”标高作为工作平面。点击“建筑”主菜单中“构建”面板中的“构件”工具，选择“放置构件”，弹出十层挂瓦条“属性”面板。点击“编辑类型”，出现“类型属性”对话框，点击“材质和装饰”下“材质”，找到之前编辑好的“挂瓦条杉木”材质，点击“确定”。然后让鼠标移动到斜轴线上，出现阴影线，再通过按“空格键”得到22. 5°角；最后再移动鼠标到中心点位置，按鼠标左键确定，如图3-95。

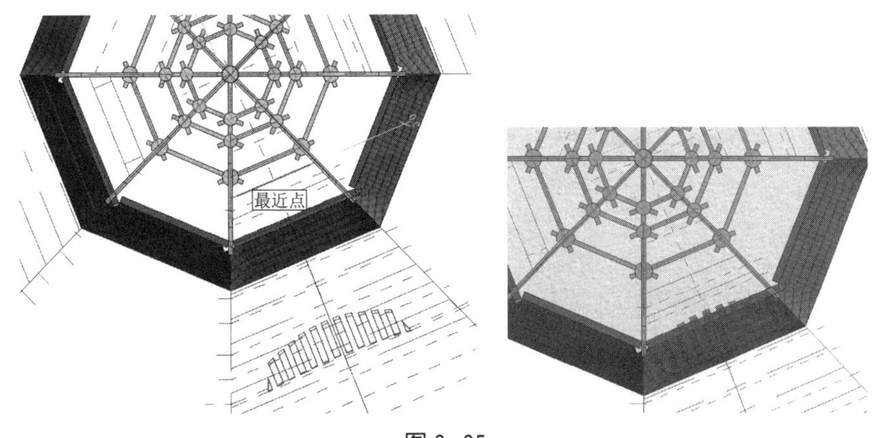

图3-95

（3）切换到“剖面 3”，点击“十层挂瓦条”，将“十层挂瓦条”通过“移动”工具移动到斜参照平面上，使挂瓦条的下边缘与斜参照平面对齐重合，如图 3-96。

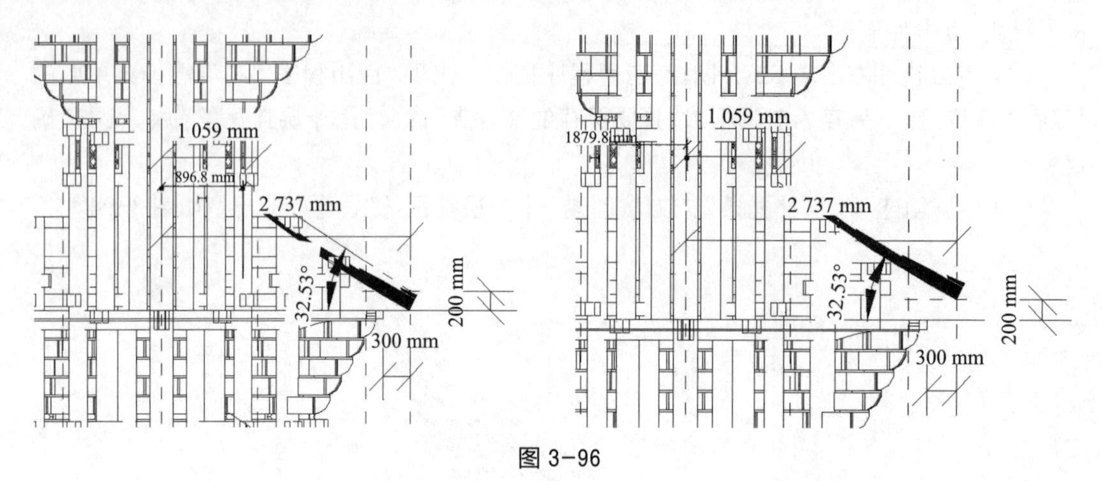

图 3-96

（4）在项目浏览器中，在楼层平面选“五层排枋”标高作为工作平面。选中“十层挂瓦条”，利用“修改 / 常规模型”选项卡下“修改”面板中的“旋转”或“阵列”工具，以轴线交点中心为基点，按 45° 角方向布置八边形八面中的剩余七个面方向的“十层挂瓦条”。用同样的方法可布置“十一层挂瓦条”。建好的模型如图 3-97。

（5）屋面布置与一层屋面布置的方法一样，使屋面底部边缘与挂瓦条顶部边缘对齐重合。建好的模型如图 3-98。

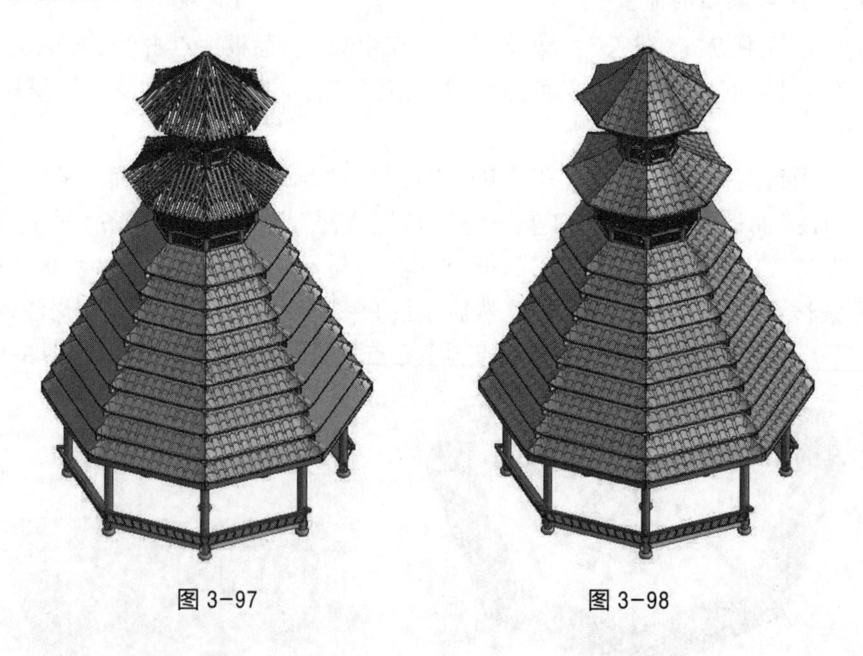

图 3-97　　　　图 3-98

3.8.2　封檐板的建立

（1）在项目浏览器中，在楼层平面选“一层排枋”标高作为工作平面。点击“建筑”主菜单中“构建”面板中的“建筑墙”工具，弹出墙“属性”面板。点击“编辑类型”，出现“类型属性”对话框，点击“复制(D)...”，名称为“封檐板 -20”。定义一种新材质“封檐板云杉”，将材质的“图形”选项卡下“着色”下的“颜色”设为“白色(RGB 255 255 255)”；同时将材质的“外观”选项卡下“常规”下的“颜色”设为“白色(RGB 255 255 255)”，“图像褪色”数值设为 0。

(2) 将界面的上端“连接状态”设置为不允许，然后在 C 与 D 轴线之间的坡屋顶的两顶端布置“封檐板 -20”，并通过“移动”的功能把封檐板的外面一侧移动到与坡屋顶的外边缘对齐。然后把封檐板的两端移动到 C 与 D 轴线之间的内侧，无限接近即可，如图 3-99。

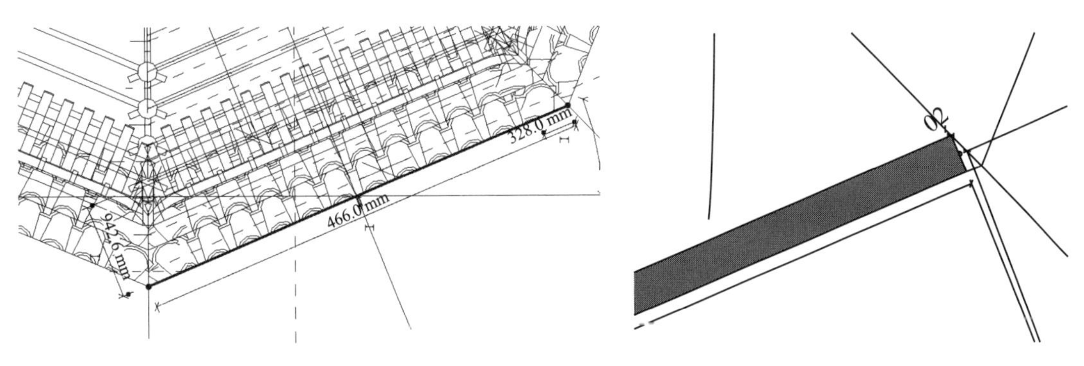

图 3-99

(3) 转换到三维视图，选中“封檐板 -20”，点击界面的上端弹出的“修改墙”面板中“附着顶部 / 底部”功能；然后点击封檐板上的“坡屋面”，“封檐板 -20”的上端就会自动附着到坡屋面的下端，如图 3-100。

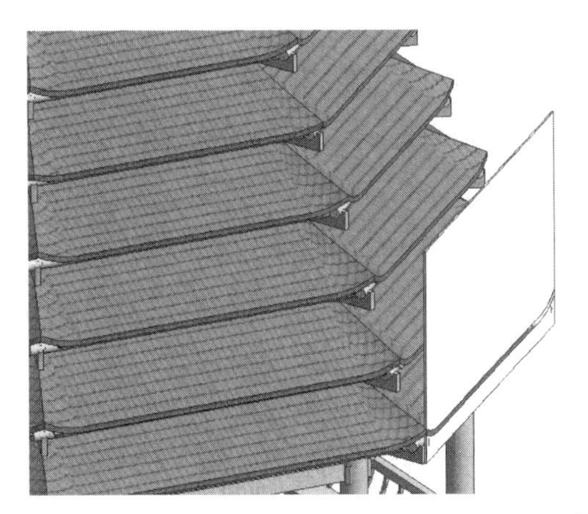
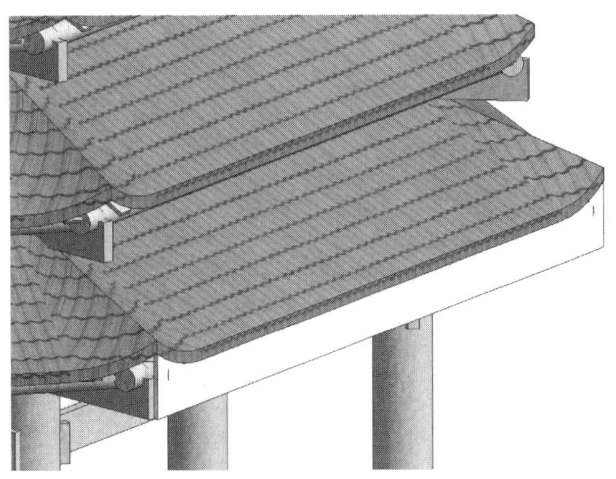

图 3-100

(4) 在项目浏览器中，在楼层平面选“一层排枋”标高作为工作平面。选中“封檐板 -20”，利用“修改 / 墙”选项卡下“修改”面板中的“旋转”工具，以轴线交点中心为基点，按 45° 角方向布置八边形八面中的剩余七个面方向的“封檐板 -20”。建好的模型如图 3-101。

(5) 用建第一层“封檐板 -20”的方法在二层到九层布置“封檐板 -20”。建好的模型如图 3-102。

图 3-101　　　　图 3-102

3.8.3　木书条的建立

（1）在项目浏览器中，在楼层平面选“五层排枋”标高作为工作平面。为了便于建模，将斜屋面进行“类型隐藏”，如图 3-103。

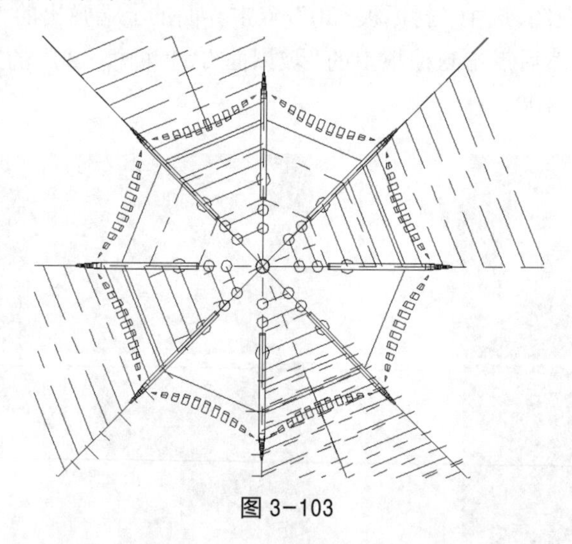

图 3-103

（2）点击“结构”主菜单中“构建”面板中的“梁”工具，选择前面建立的“挂瓦条 20*100”。点击“编辑类型”，复制重命名为“装饰书条一层 30*100”。定义一种新材质“装饰书条杉木一层”，将材质的“图形”选项卡下“着色”下的“颜色”设为“橘色（RGB 255 128 0）”；同时将材质的“外观”选项卡下“常规”下的“颜色”设为“橘色（RGB 255 128 0）”，“图像褪色”数值设为 0。尺寸为 b=100 mm，h=30 mm。

（3）用同样的方法建立“装饰书条二层 30*100”。材质设置为“装饰书条杉木二层”。将材质的“图形”选项卡下“着色”下的“颜色”设为“黄色（RGB 255 255 0）”；同时将材质的“外观”选项卡下“常规”下的“颜色”设为“黄色（RGB 255 255 0）”，“图像褪色”数值设为 0。

（4）用同样的方法建立“装饰书条三层 30*100”。材质设置为“装饰书条杉木三层”。将材质的“图形”选项卡下“着色”下的“颜色”设为“水鸭色（RGB 0 128 128）”；同时将材质的“外观”选项卡下“常规”下的“颜色”设为“水鸭色（RGB 0 128 128）”,“图像褪色”数值设为 0。

（5）依此在斗拱的顶面布置三层装饰书条。其中一层装饰书条的“参照标高”设为“五层排枋”,“起点偏移”和“终点偏移”为 -60 mm；二层装饰书条的“起点偏移”和“终点偏移”为 -30 mm；三层装饰书条的“起点偏移”和“终点偏移”为 0.0。

（6）将建好的三层装饰书条，按 45° 角方向进行镜像，布置八边形八面中的剩余七个面方向。

（7）上一层宝顶的装饰书条与此类似，以“六层排枋”标高为工作标高，如图 3-104。

图 3-104

3.8.4 角封板的建立

（1）在项目浏览器中，在楼层平面选“五层排枋”标高作为工作平面。为了便于建模，将斜屋面进行“类型隐藏”。

（2）点击“建筑”主菜单中“构建”面板中的“建筑墙”工具，选择前面建立的“封檐板”，在装饰书条上面布置。在“属性”面板里，无连接高度：200；横截面选项：倾斜；垂直方向角度：-45°，如图 3-105。

（3）点击建立的角封板，在“修改墙”面板中选择“附着顶部 / 底部”命令，使用镜像命令，将建立的角封板镜像到其他几个面，如图 3-106。

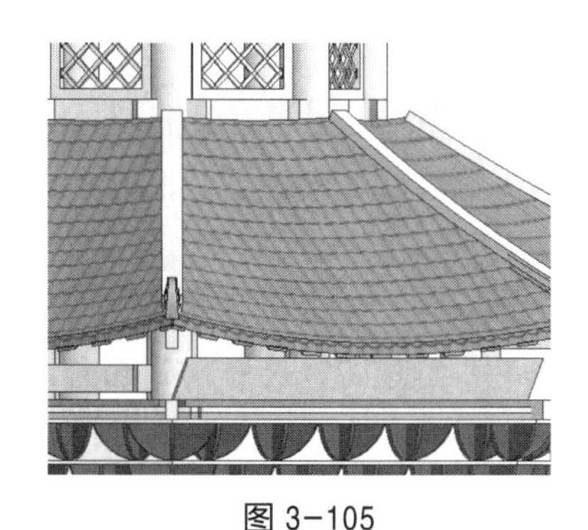

图 3-105

图 3-106

（4）上一层宝顶的角封板与此类似，以“六层排枋”标高为工作标高，如图 3-107。

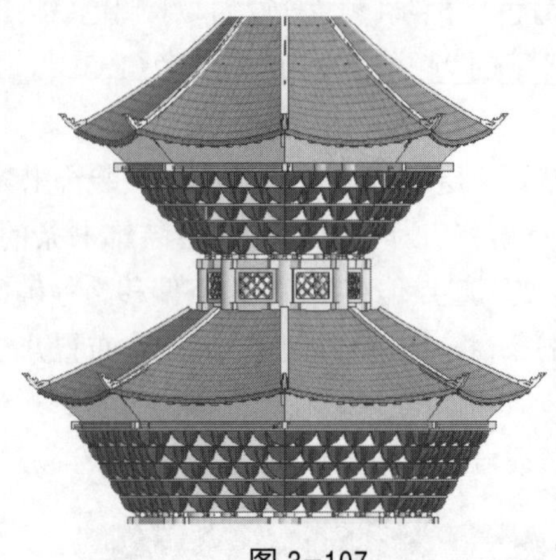

图 3-107

3.9 翘脚及宝顶的建立

3.9.1 翘脚的建立

1. 翘脚族

（1）在鼓楼项目中打开“剖面 1”视图，量取一层坡屋顶的角度以及坡屋顶顶端点到坡屋顶与上出水枋相交的点之间的距离，角度为 22°，距离为 852 mm，如图 3-108。

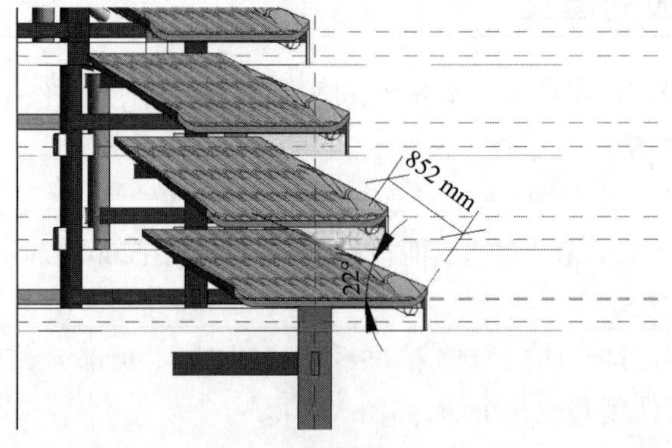

图 3-108

（2）在启动界面的族板块点击“新建 ...”，出现“新族 - 选择样本文件”对话框，选择“公制常规模型”，点击“打开”，进入新建族界面。

（3）在项目浏览器中的视图选项立面中选择“右立面”。选择主菜单“创建”的“形状”面板，选择“拉伸”工具，进入“修改 / 创建拉伸”选项卡。在“绘制”面板中选择“直线”“起点 - 终点 - 半径弧”以及“圆”工具，根据翘脚图案，角度为 22°，长为 852 mm，绘制如图 3-109 所示的轮廓线，长矩形的宽度为 100 mm，厚为 50 mm，点击“完成编辑模式”，如图 3-109。

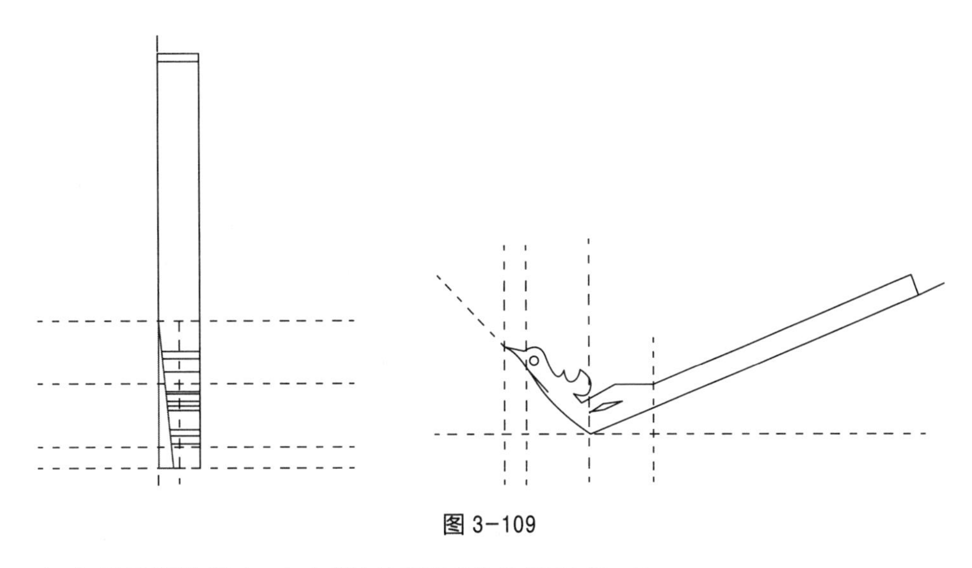

图 3-109

（4）在项目浏览器中，点击楼层平面下的参照标高，点击“创建”主菜单中“形状”面板下的“空心拉伸”工具，在端部带花样的形状利用“直线”工具绘制一个长边为 200 mm、宽边为 35 mm 的三角形。修改“属性”面板下的“拉伸终点”为 500 mm，“拉伸起点”为 -500 mm，点击“完成编辑模式”。然后把空心形状通过“镜像”镜像到另一侧，切掉屋面多余的另一侧，如图 3-110。

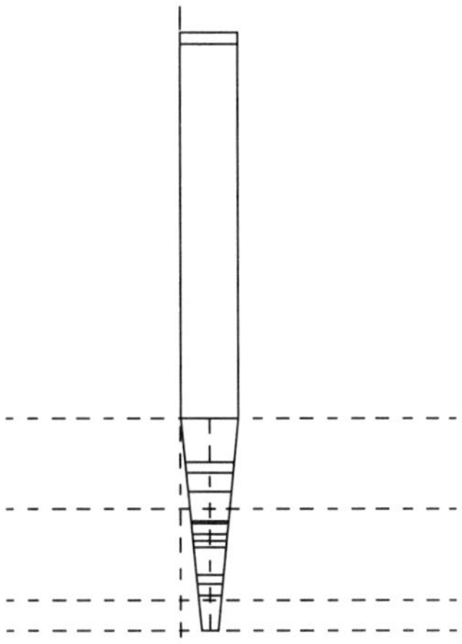

图 3-110

（5）定义材质。在“属性”选项面板里的“材质”选项里点击后面的小方框，弹出“关联族参数”对话框，点击左下角的“新建参数”按钮，弹出“参数属性”对话框，在名称(N)中，输入材质，点击“确定”。

（6）点击软件右上端 Revit 图标(应用程序按钮)，出现“应用程序菜单”，选择菜单中的“保存”项目，弹出另存为对话框，选择要保存的文件夹，命名为“一层翘脚”族，点击“确定”。

2. 布置翘脚族

（1）在项目中点击“插入”主菜单，在“从库中载入”面板中点击“载入”族工具，会跳出“载入”族对话框。找到开始保存的“一层翘脚”族，点击“打开”，将“一层翘脚”族载入项目中。

（2）在项目浏览器中，在楼层平面选“一层排枋”标高作为工作平面。点击“建筑”主菜单中“构建”面板中的“构件”工具，选择“放置构件”，弹出一层翘脚“属性”，定义一种新材质“磷石膏”:“石膏板”材质。然后布置在如图 3-111 所在的位置，使一层翘脚的中心线与 B 轴线对齐重合。

（3）切换到“剖面 1”，点击“一层翘脚”，将“一层翘脚”通过“移动”工具移动到坡屋顶中端点上，使翘脚的下端点与坡屋顶中端点重合，如图 3-111。

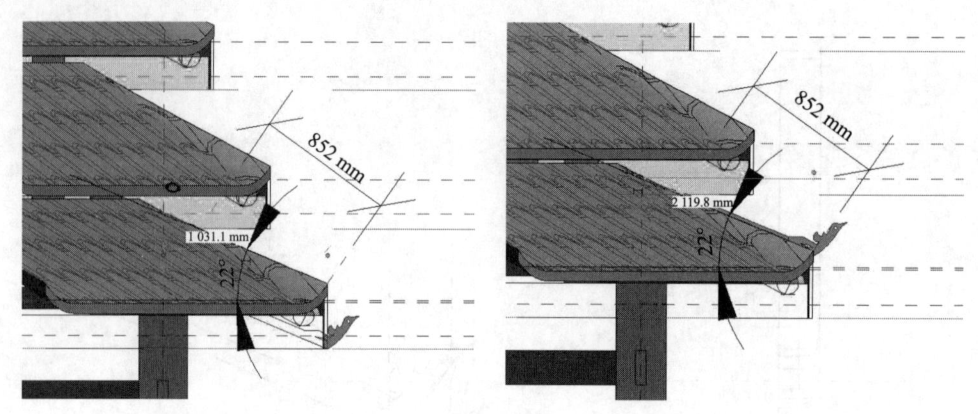

图 3-111

（4）在项目浏览器中，在楼层平面选“一层排枋”标高作为工作平面。选中一层翘脚，利用“修改 / 常规模型”选项卡下“修改”面板中的“旋转”或“阵列”工具，以轴线交点中心为基点，按 45° 角方向布置八边形八面中的剩余七个面方向的“一层翘脚”。建好的模型如图 3-112。

（5）用建第一层“一层翘脚”的方法在其他层创建翘脚。建好的模型如图 3-113。

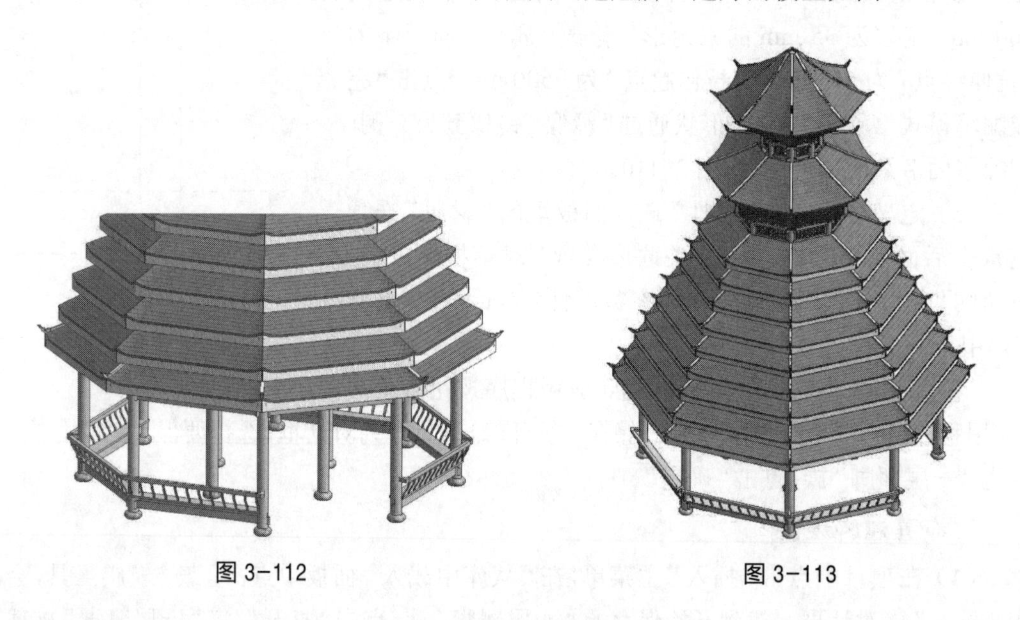

图 3-112　　图 3-113

3.9.2　宝顶的建立

1. 宝顶族

（1）在启动界面的族板块点击“新建 ...”，出现“新族 - 选择样本文件”对话框，选择“公制常规模型”，点击“打开”，进入新建族界面。

（2）在项目浏览器中的视图选项立面中选择“前立面”。选择主菜单“创建”的“形状”面板，选择“旋转”工具，进入“修改 / 创建旋转”选项卡。先在视图中绘制如图 3-114 所示的参照平面；然后在“绘制”面板中选择“直线”和“起点 - 终点 - 半径弧”工具绘制如图

3-114 所示的闭合轮廓线，大弧的半径为 200 mm，小弧的半径为 100 mm；再在“绘制”面板下的“轴线”中选择“直线”工具绘制一条在中线上的旋转轴，点击“完成编辑模式”，如图 3-114。

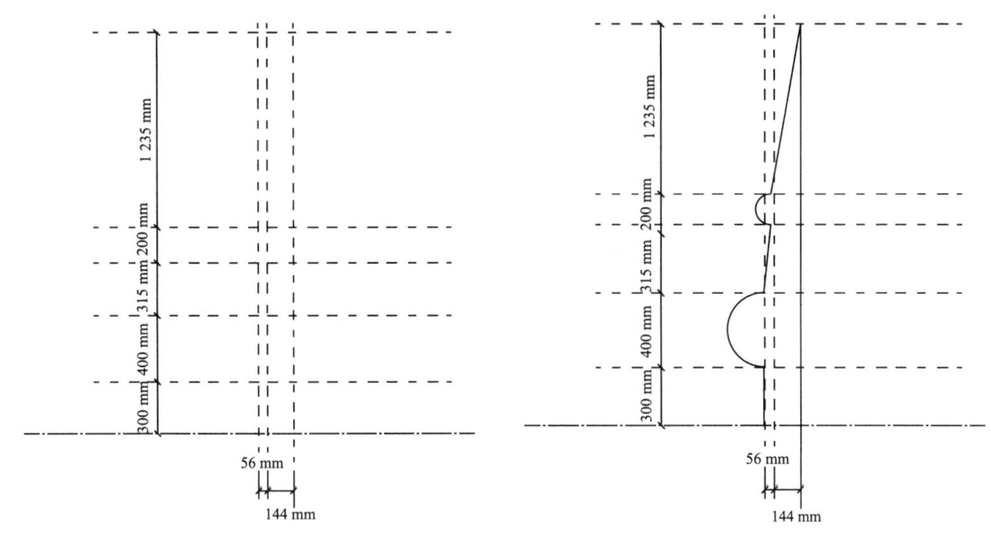

图 3-114

（3）定义材质。选中宝顶，在“属性”选项板里的“材质”选项里点击后面的小方框，弹出“关联族参数”对话框，点击左下角的“新建参数”按钮，弹出“参数属性”对话框，在名称(N)中输入材质，点击“确定”。

（4）点击软件右上端 Revit 图标(应用程序按钮)，出现“应用程序菜单”，选择菜单中的“保存”项目，弹出另存为对话框，选择要保存的文件夹，命名为“宝顶”族，点击“确定”。

2. 布置宝顶族

（1）在项目中点击“插入”主菜单，在“从库中载入”面板中点击“载入”族工具，会跳出“载入”族对话框。找到开始保存的“宝顶”族，点击“打开”，将“宝顶”族载入项目中。

（2）在项目浏览器中，在楼层平面选“顶层”标高作为工作平面。点击“建筑”主菜单中“构建”面板中的“构件”工具，选择“放置构件”，弹出宝顶“属性”，定义一种新材质“铜，铜绿色”“铜，铜绿色”材质，然后布置在正中心点上。建好的模型如图 3-115。

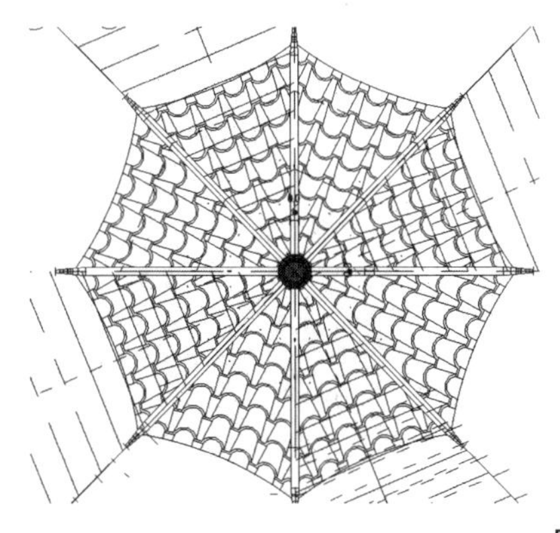

图 3-115

（3）点击软件右上端 Revit 图标(应用程序按钮)，出现“应用程序菜单”，选择菜单中的“保存”项目，弹出另存为对话框，选择要保存的文件夹，命名为“凯里学院从江鼓楼 + 翘脚及宝顶”，点击“确定”。

3.10 场地的建立

（1）在项目浏览器中，在楼层平面选“基脚”标高作为工作平面。

（2）点击“建筑”主菜单中“创建”面板中“楼板”中的“楼板：建筑”，这时在“属性”面板出现导入的“楼板”族。点击“编辑类型”，出现“类型属性”对话框，点击“复制(D)...”，名称为“300 地面”。定义一种新材质“现浇混凝土”，厚度设为 300 mm。

（3）点击“建筑”主菜单中“构建”面板下的“楼板：建筑”工具，再利用“绘制”面板下的“外接多边形”工具绘制一个以中心点为圆形、半径为 5 500 mm 的八边形，点击“完成编辑模型”。完成楼板建模，如图 3-116。

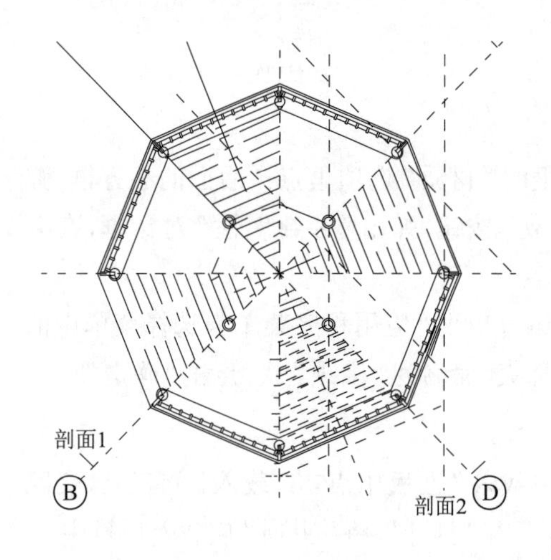

图 3-116

（4）点击“300 地面”的“属性”面板，将“约束”选项卡内参数，“标高”设为“基脚”，“自标高的高度偏移”设为 300 mm。建好的模型如图 3-117。

（5）点击软件右上端 Revit 图标(应用程序按钮)，出现“应用程序菜单”，选择菜单中的“保存”项目，弹出另存为对话框，选择要保存的文件夹，命名为“凯里学院从江鼓楼 + 场地”，点击“确定”。

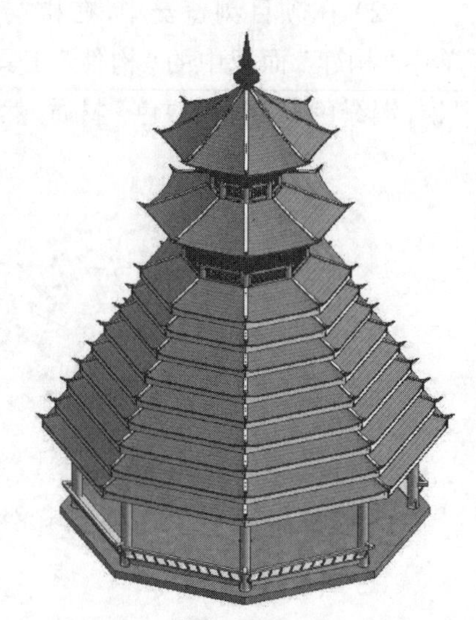

图 3-117

第4章 侗族风雨桥 BIM 建模

本章的风雨桥模型是以黔东南州凯里市万潮镇风雨桥图纸为原型来进行建立的，该图纸来自相关设计院。

4.1 标高和轴线

风雨桥项目的建立和前面吊脚楼、侗族鼓楼的建立方式相同，这里就不再进行说明。

4.1.1 标 高

风雨桥楼层较少，为了后期建模简单，在每个木枋处都设置标高。

（1）在项目浏览器中选择“立面”→“南”，转到南视图。

（2）通过在“建筑（结构）”主菜单中“基准”面板中的“标高”工具，进入“修改 / 放置标高”选项卡，在“绘制”面板中选择标高生成方式为“直线”，设置偏移量 =0。

（3）在本项目中以枋的顶面为标高定义点，柱主要通过柱的高度来进行控制。分别根据不同枋的高度确定“标高”，在绘图区域画出各个标高。为了便于记忆，根据风雨桥构件的名称进行命名，具体见表 4-1 和图 4-1。

表 4-1

标高名称	标高值 /m	标高名称 /m	标高值 /m
基 脚	-0. 150	三层排枋	7. 395
地面层	0. 000	四层排枋	8. 035
一层出水枋	4. 720	四层出水枋	8. 673
二层出水枋	6. 190	屋 顶	9. 623
三层出水枋	6. 751		

屋顶 9.623 m　　9.623 m 屋顶
四层出水枋 8.673 m　　8.673 m 四层出水枋
四层排枋 8.035 m　　8.035 m 四层排枋
三层排枋 7.395 m　　7.395 m 三层排枋
三层出水枋 6.751 m　　6.751 m 三层出水枋
二层出水枋 6.190 m　　6.190 m 二层出水枋
一层出水枋 4.720 m　　4.720 m 一层出水枋
地面层 ±0.000 m　　±0.000 m 地面层
基脚 −0.150 m　　−0.150 m 基脚

图 4-1

4.1.2 轴　线

在创建完标高后，切换到相应的平面视图创建轴线，轴线主要用于指导后面柱子的创建。

（1）在“项目浏览器”中选择“结构平面”的“地面层”作为工作平面。

（2）通过“建筑（结构）”主菜单中“基准”面板中的“轴线”工具，进入“修改 / 放置轴线”选项卡，在“绘制”面板中选择标高生成方式为“直线”，设置偏移量 =0。按照相关尺寸画出风雨桥一层轴线，具体尺寸从左到右依次为 3 400 mm，3 600 mm，3 600 mm，3 600 mm，3 600 mm，3 400 mm，得到①～⑦轴线，从下到上依次为 1 500 mm，7 500 mm，1 500 mm，得到 A ～ D 轴线，如图 4-2。

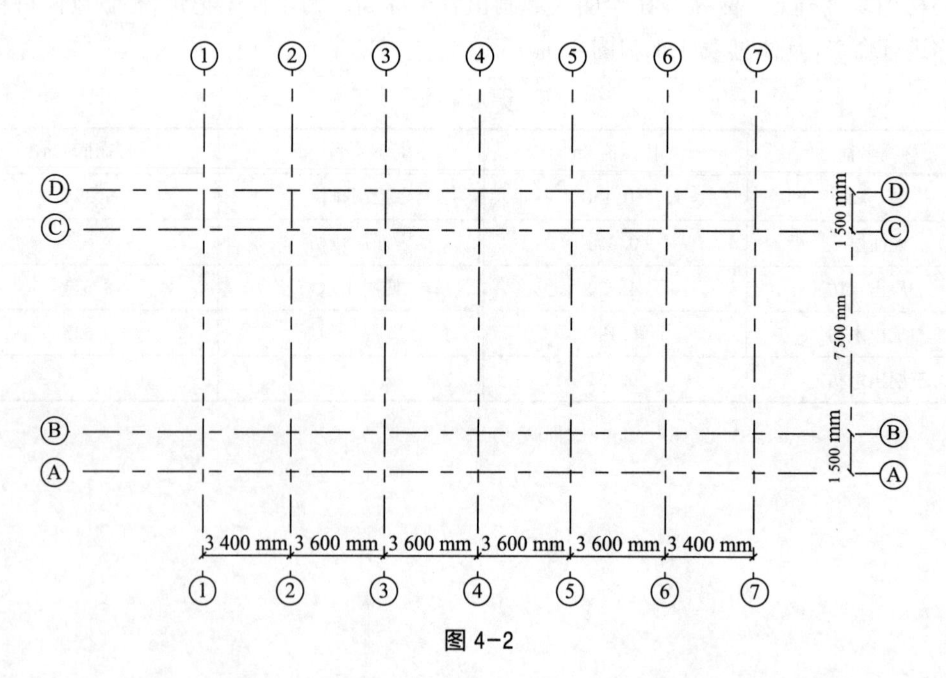

图 4-2

（3）在“绘图区域”中选择轴线，出现轴线的“属性”对话框，通过这个对话框可以对轴线的相关属性，如轴线的符号、线性、名称等，进行调整。

（4）点击软件右上端 Revit 图标（应用程序按钮），出现“应用程序菜单”，选择菜单中的“另存为”项目，弹出另存为对话框，将其保存为“风雨桥标高和轴线”。

4.2 下层一榀木柱和木枋的建立

4.2.1 木　柱

（1）在项目中点击“插入”主菜单，在“从库中载入”面板中点击“载入”族工具，会跳出“载入”族对话框，找到开始保存的“圆木柱”族，点击“打开”，将“圆木柱”族载入项目中。

（2）点击“建筑”主菜单中“创建”面板中“柱”中的“柱：建筑”，这时在“属性”面板出现导入的“圆木柱”族。点击“编辑类型”，出现“类型属性”对话框，点击“复制（D）...”，名称为“木立柱 200”。定义一种新材质“立柱杉木”，“颜色”设为“红色（RGB 255 0 0）”。

（3）在项目浏览器中，在楼层平面选“地面层”标高作为工作平面。选择“木立柱 200”，在 1 轴线与 A，B，C，D 轴线交点分别布置“木立柱 1”“木立柱 2”“木立柱 2”“木立柱 1”共 4 根木立柱，点击木柱“属性”，将“约束”选项卡内参数，按表 4-2 中的数值进行调整。建好的模型如图 4-3。

表 4-2

名　称	底部标高	底部偏移 /mm	顶部标高	顶部偏移 /mm
木立柱 1	地面层	0	一层出水枋	292
木立柱 2	地面层	0	一层出水枋	709

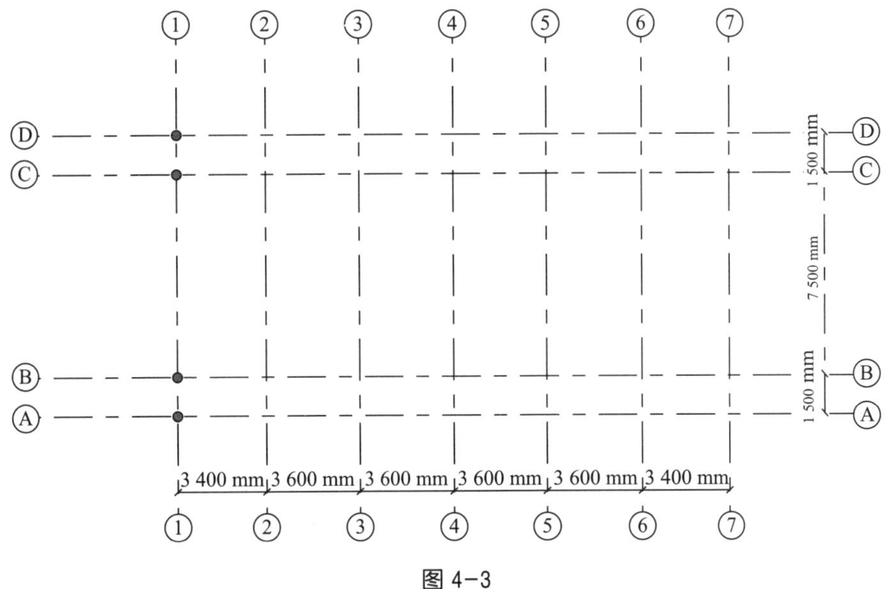

图 4-3

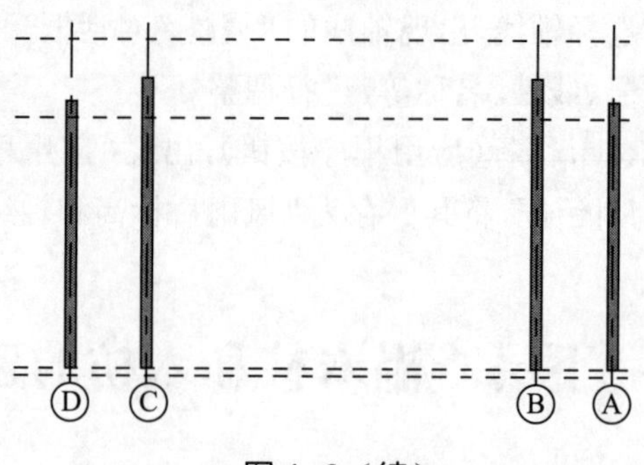

图 4-3（续）

（4）在项目浏览器中，在楼层平面选“一层出水枋”标高作为工作平面。在 B 与 C 轴线之间绘制三条参照平面，间距均为 1 875 mm。在 1 轴线与两侧的两条参照平面的交点布置“立柱 3”，在 1 轴线与中间参照平面的交点布置“立柱 4”，点击木柱“属性”，将“约束”选项卡内参数，按表 4-3 中的数值进行调整。建好的模型如图 4-4。

表 4-3

名　称	底部标高	底部偏移 /mm	顶部标高	顶部偏移 /mm
木立柱 3	一层出水枋	0	二层出水枋	-140
木立柱 4	一层出水枋	0	二层出水枋	381

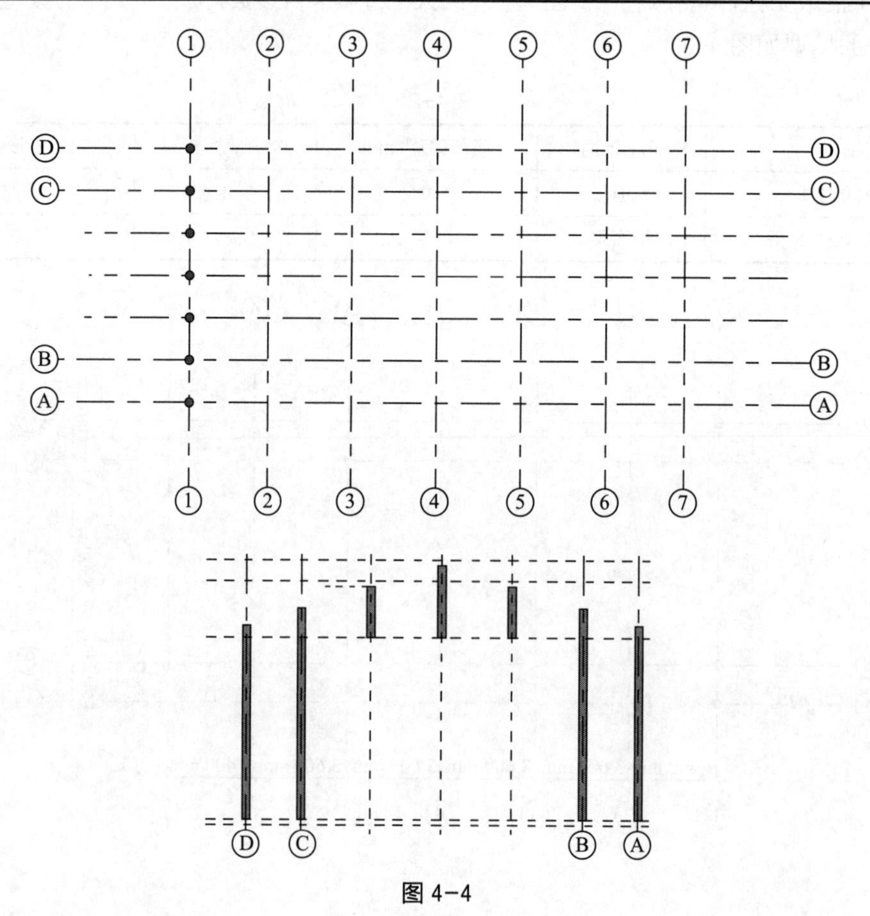

图 4-4

4.2.2 木排枋

（1）在项目中点击“插入”主菜单，在“从库中载入”面板中点击“载入”族工具，会跳出“载入”族对话框，找到之前保存的“木枋”族，点击“打开”，将“木枋”族载入项目中。

（2）点击“结构”主菜单中“结构”面板中的“梁”工具，这时在“属性”面板出现导入的“木枋”族。点击“编辑类型”，出现“类型属性”对话框，点击“复制(D)...”，名称为“木排枋 70*250”。定义一种新材质“排枋云杉”，“颜色”设为“黄色(RGB 255 255 0)”。用同样的方法再创建一个名为“木排枋 70*140”的排枋，只是高度改变，其他条件不变。

（3）在项目浏览器中，在结构平面选“一层出水枋”标高作为工作平面，在 1 轴线与 B，C 轴线交点之间布置“木排枋 70*250”。点击“木排枋 70*250”的“属性”面板，将“约束”选项卡内参数，“参照标高”设为“一层出水枋”，“起点标高偏移”设为 250 mm，“终点标高偏移”设为 250 mm；在结构平面选“一层排枋”标高作为工作平面，在 1 轴线上的两根“木立柱 3”之间布置“木排枋 70*140”，点击“木排枋 70*140”的“属性”面板，将“约束”选项卡内参数，“参照标高”设为“一层出水枋”，“起点标高偏移”设为 980 mm，“终点标高偏移”设为 980 mm。建好的模型如图 4-5。

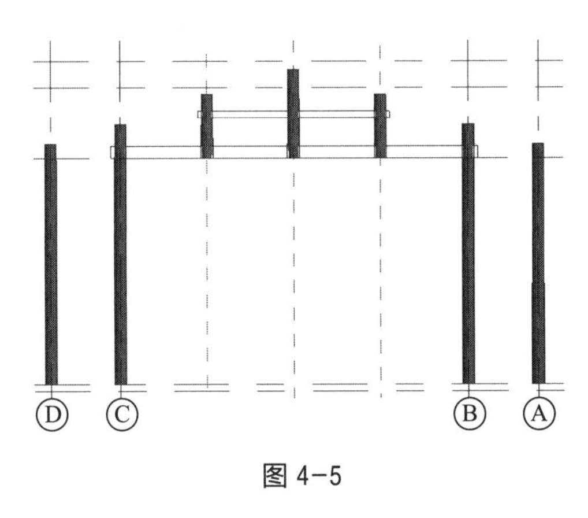

图 4-5

4.2.3 出水枋

（1）在项目中点击“插入”主菜单，在“从库中载入”面板中点击“载入”族工具，会跳出“载入”族对话框。找到之前保存的“出水枋”族，点击“打开”，将“出水枋”族载入项目中。

（2）点击“结构”主菜单中“结构”面板中的“梁”工具，这时在“属性”面板出现导入的“出水枋”族。点击“编辑类型”，出现“类型属性”对话框，点击“复制(D)...”，名称为“出水枋 70*140”。定义一种新材质“出水枋云杉”，“颜色”设为“绿色(RGB 0 255 0)”。

（3）在项目浏览器中，在结构平面选“一层出水枋”标高作为工作平面。在 1 轴线与 A，B 轴线交点之间和 1 轴线与 C，D 轴线交点之间布置“出水枋 70*140”，点击“出水枋 70*140”的“属性”面板，将“约束”选项卡内参数，“参照标高”设为“一层出水枋”，“起点标高偏移”设为 0，“终点标高偏移”设为 0。建好的模型如图 4-6。

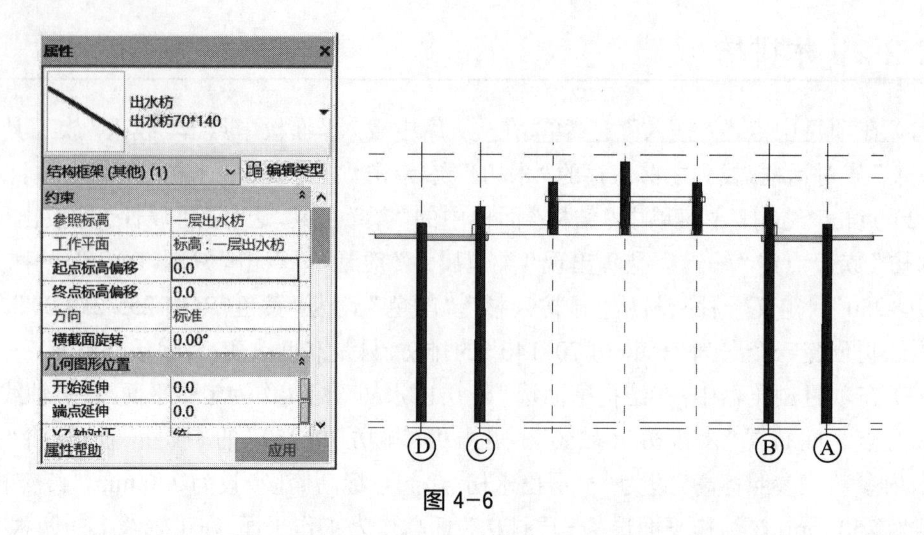

图 4-6

（4）点击软件右上端 Revit 图标（应用程序按钮），出现“应用程序菜单”，选择菜单中的“另存为”项目，弹出另存为对话框，将其保存为“风雨桥下层一榀排架”。

4.3 穿枋的建立

4.3.1 下层排架的组建

（1）点击“视图”主菜单下的“三维视图”，框选所有对象。点击主菜单“修改 / 选择多个”下“选择”面板下的“过滤器”工具，弹出“过滤器”对话框。选中其中的“柱”和“结构框架（其他）”选项，点击“确定”。

（2）在项目浏览器中，在楼层平面分别选“一层出水枋”标高作为工作平面。将刚才选中的模型构件利用“修建”面板下的“复制”工具，在“修改 / 模型组”选中“多个”，以 1 轴线和 A 轴线的交点为基准点，分别将模型复制到 1 ～ 7 轴线，如图 4-7。

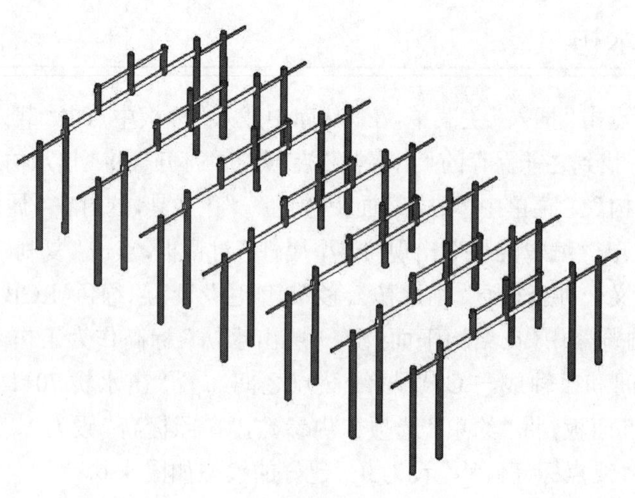

图 4-7

（3）对下层排架进行调整：

① 调整 3，4，5 轴线上的所有“木立柱 3”和“木立柱 4”的高度，相关尺寸见表 4-4，并把 4 轴线上的“木立柱 4”删掉。

表 4-4

名　称	底部标高	底部偏移 /mm	顶部标高	顶部偏移 /mm
木立柱 3（3 和 5 轴线）	一层出水枋	0	二层出水枋	275
木立柱 4（3 和 5 轴线）	一层出水枋	0	三层出水枋	324

② 调整 3，5 轴线上的“木排枋 70*140”的高度。相关标高：二层出水枋，标高偏移 140 mm；并把 4 轴线上的“木排枋 70*140”删掉。建好的模型如图 4-8。

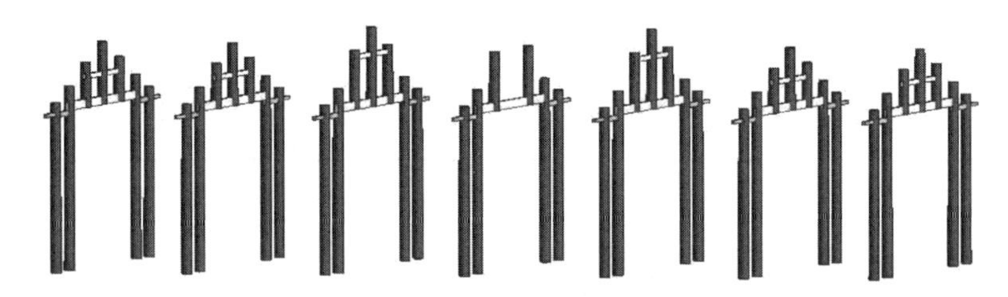

图 4-8

4.3.2 下层穿枋的建立

（1）点击“结构”主菜单中“结构”面板中的“梁”工具，这时在“属性”面板出现导入的“木枋”族。点击“编辑类型”，出现“类型属性”对话框，点击“复制(D)...”，名称为“木穿枋 70*140”。定义一种新材质“穿枋云杉”，“颜色”设为“黄色(RGB 255 255 0）”。

（2）在项目浏览器中，在结构平面选“一层出水枋”标高作为工作平面。在 1 和 7 轴线上的“木立柱 1”两圆心点之间布置“木穿枋 70*140”，点击“木穿枋 70*140”的“属性”面板，将“约束”选项卡内参数，“参照标高”设为“一层出水枋”，“起点标高偏移”设为 0，“终点标高偏移”设为 0。建好的模型如图 4-9。

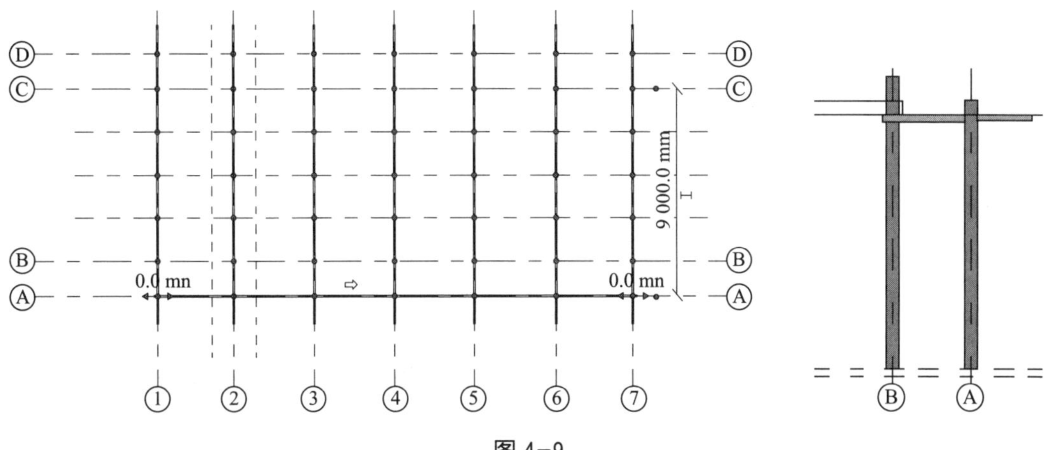

图 4-9

（3）按照前面在“一层出水枋”标高布置“木穿枋 70*140”的方法，分别在其他层布置“木穿枋 70*140”。具体位置及相关参数见表 4-5，建立的模型如图 4-10。

表 4-5

位　置	参照标高	起点标高偏移 /mm	终点标高偏移 /mm
1 和 7 轴线上的“木立柱 2”两圆心点之间布置	一层出水枋	0	0
1 和 7 轴线上的“木立柱 3”两圆心点之间布置	一层出水枋	390	390
1 和 7 轴线上的“木立柱 4”两圆心点之间布置	一层出水枋	1 120	1 120
1 和 7 轴线上的“木立柱 3”两圆心点之间布置	二层出水枋	-140	-140
1 和 7 轴线上的“木立柱 4”两圆心点之间布置	二层出水枋	381	381

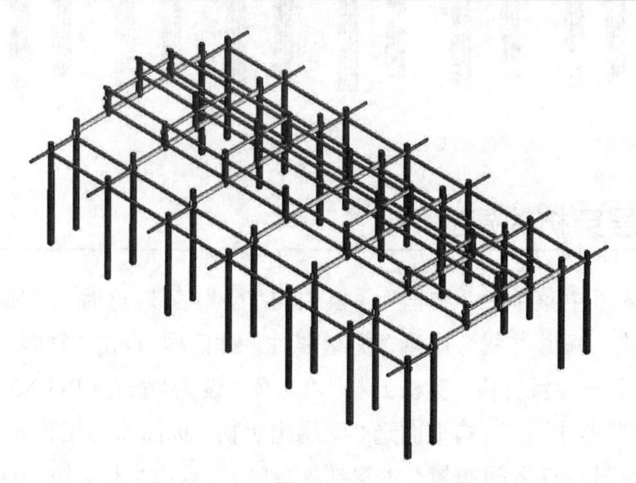

图 4-10

（4）点击软件右上端 Revit 图标（应用程序按钮），出现“应用程序菜单”，选择菜单中的“另存为”项目，弹出另存为对话框，将其保存为“风雨桥下层整体框架”。

4.4 侧屋顶框架的建立

4.4.1 柱

1. 立柱

（1）立柱的材料和尺寸与前面的立柱一致，命名为“木立柱 5”。在项目浏览器中，在楼层平面选“一层出水枋”标高作为工作平面。以 2 轴线和水平中心参照平面为参照线，如图 4-11 所示绘制 4 条参照平面，间距均为 1 000 mm。

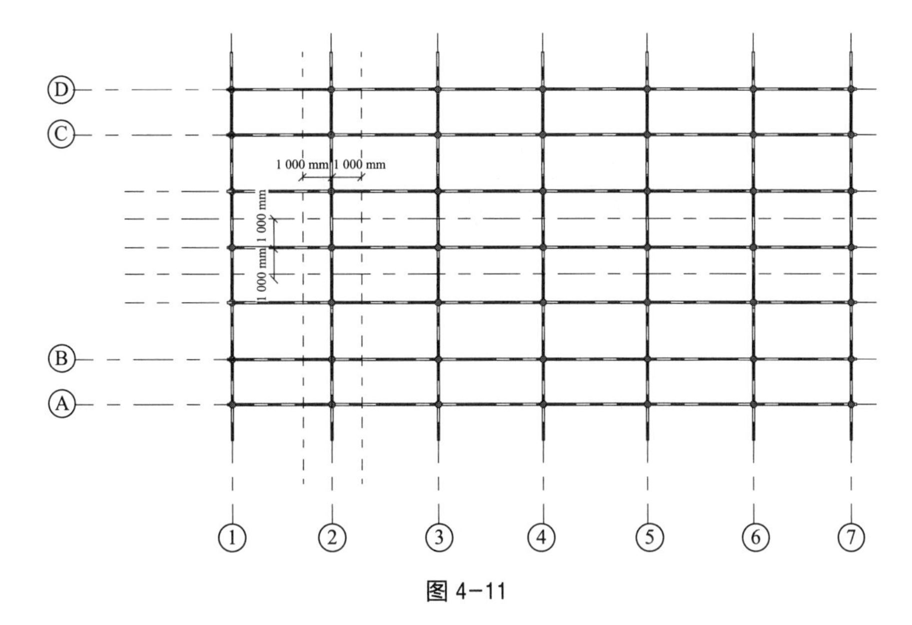

图 4-11

（2）在这 4 条参照平面的 4 个交点布置 4 根“木立柱 5”。点击木柱“属性”面板，将“约束”选项卡内参数，“底部标高”设为“一层出水枋”，“底部偏移”设为 460 mm，“顶部标高”设为“二层出水枋”，“顶部偏移”设为 360 mm。建好的模型如图 4-12。

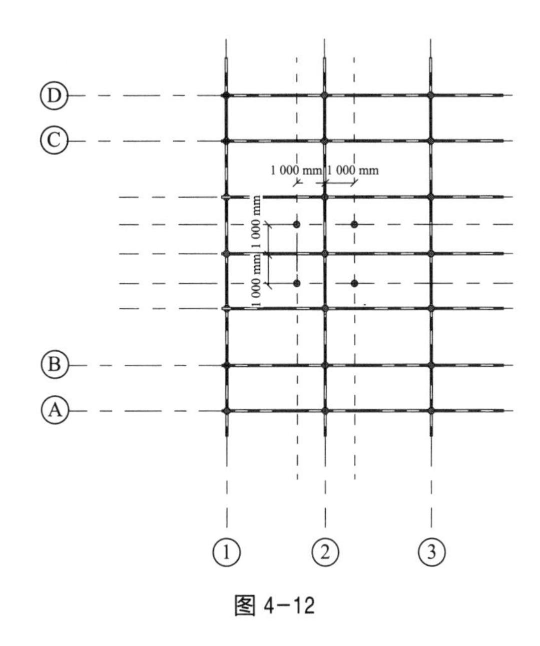

图 4-12

2. 中柱

（1）中柱的材料尺寸与前面立柱 5 的一致，命名为“中柱”。

（2）让中柱替换掉之前布置在 2 轴线上的“木立柱 4”。点击中柱“属性”面板，将“约束”选项卡内参数，“底部标高”设为“一层出水枋”，“底部偏移”设为 0，“顶部标高”设为“四层出水枋”，“顶部偏移”设为 58 mm。建好的模型如图 4-13。

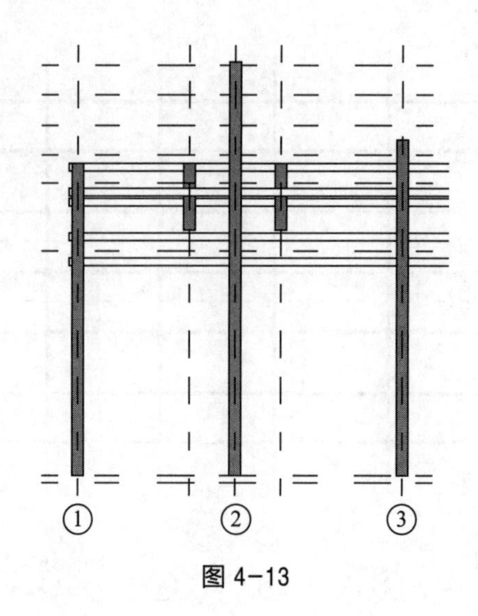

图 4-13

3. 童柱 1,2

（1）在项目中点击“插入”主菜单，在“从库中载入”面板中点击“载入”族工具，会跳出“载入”族对话框。找到之前保存的“圆木柱”族，点击“打开”，将“圆木柱”族载入项目中。

（2）点击“建筑”主菜单中“创建”面板中“柱”中的“柱：建筑”，这时在“属性”面板出现导入的“圆木柱”族。点击“编辑类型”，出现“类型属性”对话框，点击“复制(D) ...”，名称为“童柱 1”。定义一种新材质“童柱杉木”，“颜色”设为“蓝色(RGB 0 0 255)”。

（3）在项目浏览器中，在楼层平面选“二层出水枋”标高作为工作平面。以 2 轴线和水平中心参照平面为参照线，如图 4-14 所示绘制 4 条参照平面，间距均为 600 mm。

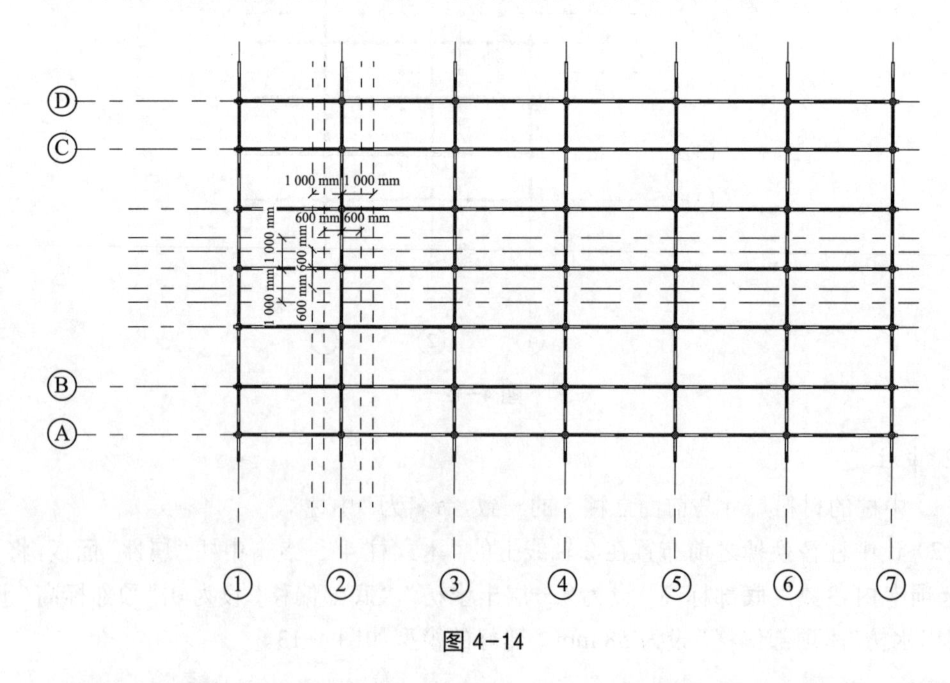

图 4-14

（4）在这 4 条参照平面的交点布置 4 根“童柱 1”。点击童柱“属性”面板，将“约束”

选项卡内参数,“底部标高”设为“二层出水枋”,“底部偏移”设为 -140 mm,“顶部标高”设为“三层排枋”,“顶部偏移”设为 -64 mm。建好的模型如图 4-15。

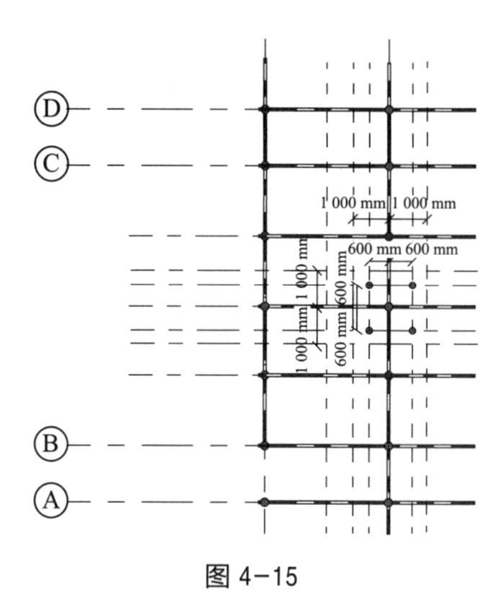

图 4-15

（5）用同样的方法布置“童柱 2”。平面布置位置、材料及尺寸均不变,只是高度改变。点击“童柱 2”的“属性”面板,将“约束”选项卡内参数,“底部标高”设为“四层排枋”,“底部偏移”设为 -404 mm,“顶部标高”设为“四层出水枋”,“顶部偏移”设为 -387 mm。建好的模型如图 4-16。

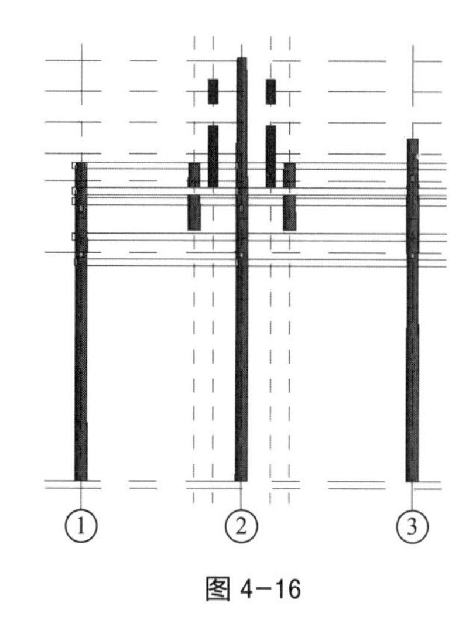

图 4-16

4. 瓜柱 1

（1）点击“建筑”主菜单中“创建”面板中“柱”中的“柱:建筑”,这时在“属性”面板出现导入的“圆木柱”族。点击“编辑类型”,出现“类型属性”对话框,点击“复制(D)...”,名称为“瓜柱 1”。定义一种新材质“瓜柱杉木”,“颜色”设为“粉红色(RGB 255 0 255)”。

（2）在项目浏览器中,在楼层平面选“四层排枋”标高作为工作平面。以 2 轴线和水平中心参照平面为参照线,如图 4-17 所示绘制 4 条参照平面,间距均为 300 mm。

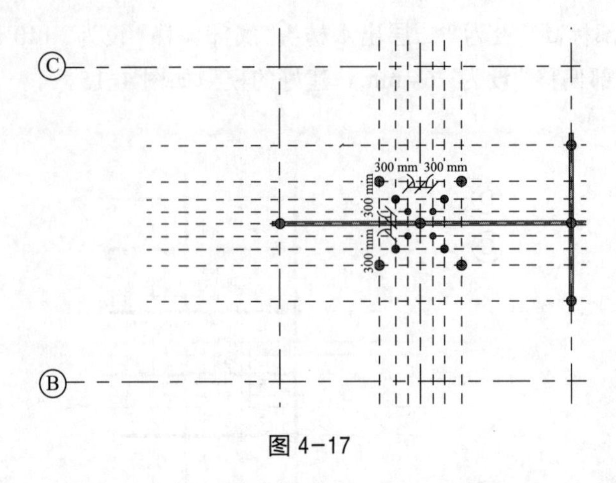

图 4-17

（3）在这 4 条参照平面的交点布置 4 根“瓜柱 1”。点击瓜柱“属性”面板，将“约束”选项卡内参数，“底部标高”设为“四层排枋”，“底部偏移”设为 -404 mm，“顶部标高”设为“四层出水枋”，“顶部偏移”设为 -100 mm。建好的模型如图 4-18。

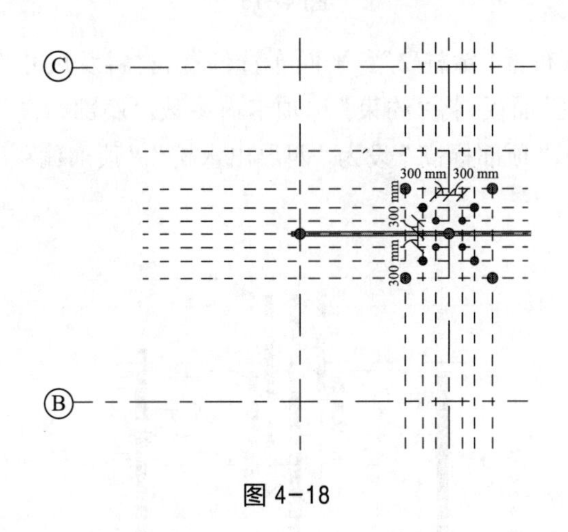

图 4-18

4.4.2 抬　梁

（1）点击“结构”主菜单中“结构”面板中的“梁”工具，这时在“属性”面板出现导入的“木枋”族。点击“编辑类型”，出现“类型属性”对话框，点击“复制(D)...”，名称为“木抬梁 300*70”。定义一种新材质“抬梁云杉”，“颜色”设为“浅蓝色(RGB 0 128 255)”。

（2）在项目浏览器中，在结构平面选“一层出水枋”标高作为工作平面，分别在间距为 1 000 mm 的参照平面与由外到内的第一条水平参照平面的两交点之间布置“木抬梁 300*70”，点击“木抬梁 300*70”的“属性”面板，将“约束”选项卡内参数，“参照标高”设为“一层出水枋”，“起点标高偏移”设为 460 mm，“终点标高偏移”设为 460 mm；在结构平面选“二层出水枋”标高作为工作平面，分别布置在间距为 600 mm 的参照平面与由外到内的第二条水平参照平面的两交点之间，点击“木抬梁 300*70”的“属性”面板，将“约束”选项卡内参数，“参照标高”设为“二层出水枋”，“起点标高偏移”设为 -140 mm。“终点标高偏移”

设为 -140 mm。建好的模型如图 4-19。

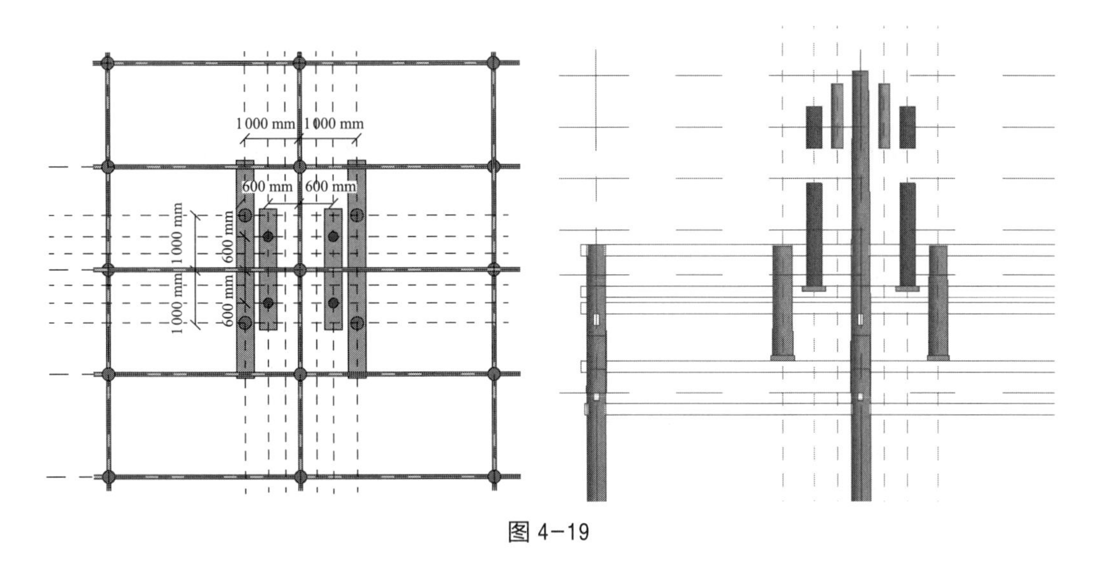

图 4-19

4.4.3 木　枋

1. 穿枋

选择前面定义好的“木穿枋 70*140”。在项目浏览器中，在结构平面选“二层出水枋”标高作为工作平面，分别在 4 根“木立柱 5”圆心与圆心之间布置“穿枋 70*140”。点击“穿枋 70*140”的“属性”面板，将“约束”选项卡内参数，“参照标高”设为“二层出水枋”，“起点标高偏移”设为 -210 mm，“终点标高偏移”设为 -210 mm。建好的模型如图 4-20。

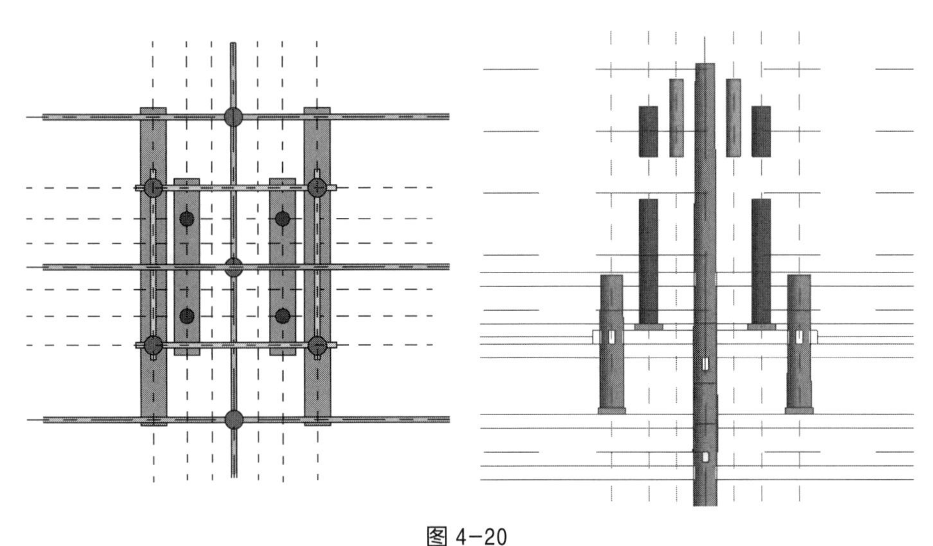

图 4-20

2. 童枋

（1）点击“结构”主菜单中“结构”面板中的“梁”工具，这时在“属性”面板出现导入的“木枋”族。点击“编辑类型”，出现“类型属性”对话框，点击“复制(D) ...”，名称为“木童枋 70*140”。定义一种新材质“童枋云杉”,“颜色”设为“青色(RGB 0 255 255)”。

(2)在项目浏览器中,在结构平面选“三层出水枋”标高作为工作平面,分别在 4 根“童柱 1”圆心与圆心之间布置“木童枋 70*140”,点击“木童枋 70*140”的“属性”面板,将“约束”选项卡内参数,“参照标高”设为“三层出水枋”,“起点标高偏移”设为 140 mm,“终点标高偏移”设为 140;在结构平面选“三层排枋”标高作为工作平面,分别在 4 根“童柱 1”圆心与圆心之间布置“木童枋 70*140”,点击“木童枋 70*140”的“属性”面板,将“约束”选项卡内参数,“参照标高”设为“三层排枋”,“起点标高偏移”设为 -64 mm,“终点标高偏移”设为 -64 mm。建好的模型如图 4-21。

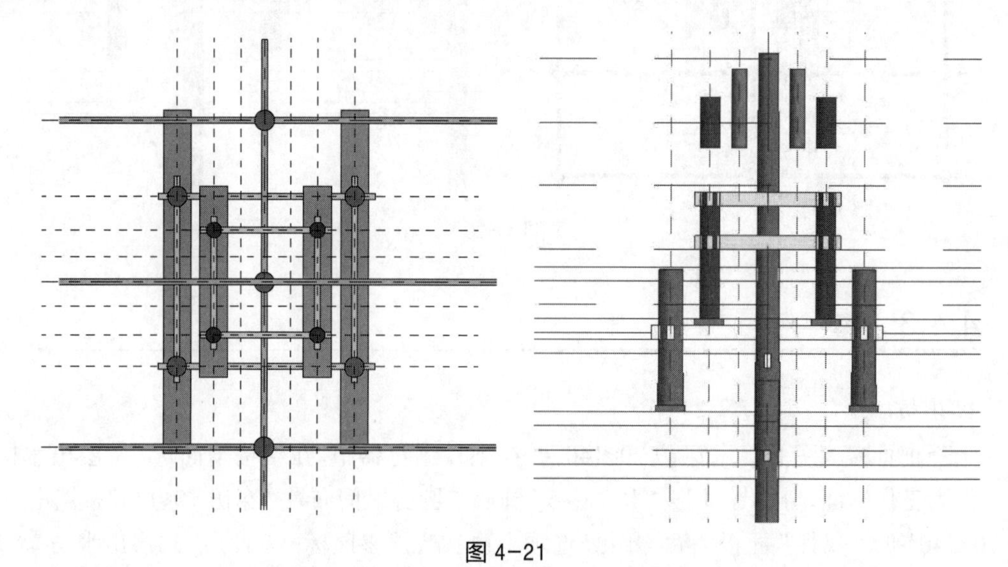

图 4-21

(3)在项目浏览器中,在结构平面选“四层排枋”标高作为工作平面。分别在“童柱 2”圆心与“中柱”圆心之间布置“木童枋 70*140”。点击“木童枋 70*140”的“属性”面板,将“约束”选项卡内参数,“参照标高”设为“四层排枋”,“起点标高偏移”设为 153 mm,“终点标高偏移”设为 153 mm。建好的模型如图 4-22。

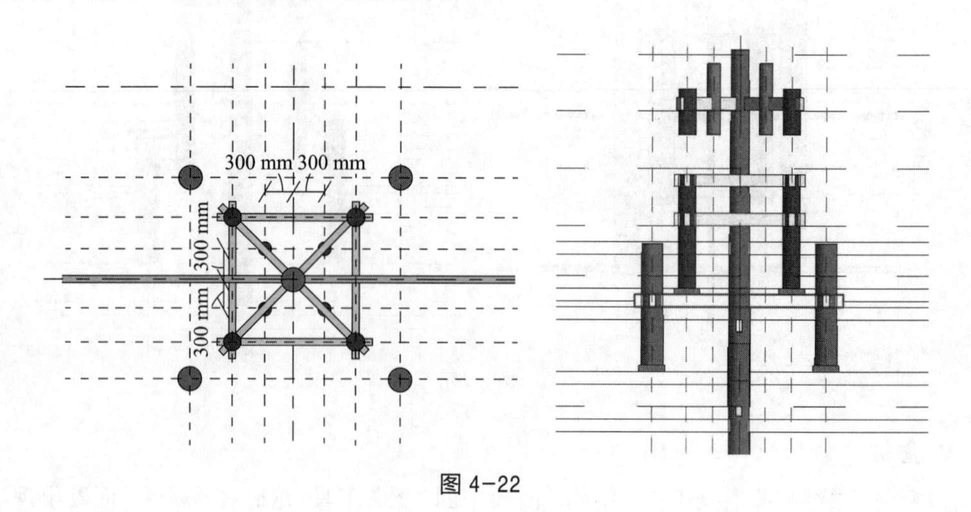

图 4-22

3. 出水枋

（1）点击“结构”主菜单中“结构”面板中的“梁”工具，这时在“属性”面板出现导入的“木枋”族。点击“编辑类型”，出现“类型属性”对话框，点击“复制(D)...”，名称为“斜出水枋 70*140”。定义一种新材质“出水枋云杉”，“颜色”设为“绿色(RGB 0 255 0)”。定义另一个斜出水枋为“斜出水枋(2) 70*140”，该斜出水枋的悬挑长度与“斜出水枋 70*140”的不同，“斜出水枋 70*140”的悬挑长度为 1 414 mm，“斜出水枋(2) 70*140”的悬挑长度为 1 131 mm。

（2）在项目浏览器中，在结构平面选“二层出水枋”标高作为工作平面，分别在“中柱”圆心与“木立柱 5”圆心之间布置“斜出水枋 70*140”，点击“斜出水枋 70*140”的“属性”面板，将“约束”选项卡内参数，“参照标高”设为“二层出水枋”，“起点标高偏移”设为 0，“终点标高偏移”设为 0；在结构平面选“三层排枋”标高作为工作平面，分别在“中柱”圆心与“童柱 2”圆心之间布置“斜出水枋(2) 70*140”，点击“斜出水枋(2) 70*140”的“属性”面板，将“约束”选项卡内参数，“参照标高”设为“三层排枋”，“起点标高偏移”设为 376 mm，“终点标高偏移”设为 376 mm。建好的模型如图 4-23。

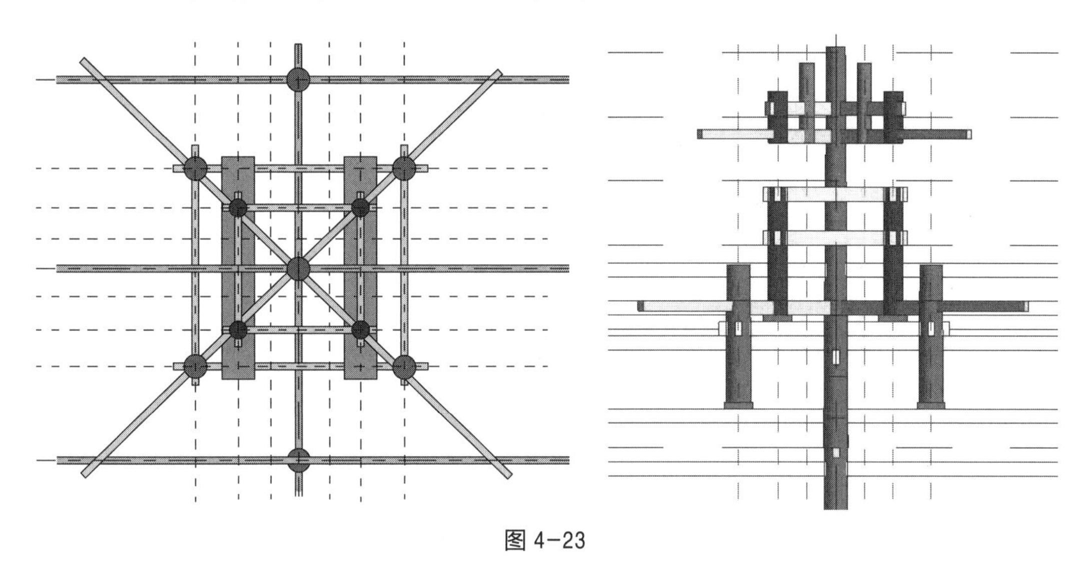

图 4-23

4.4.4 另一边侧顶的建立

（1）另一边的侧顶在 6 轴线上。一是用在 2 轴线上创建侧顶的方法在 6 轴线上建同样的侧顶，数据大小都不变；二是在三维模型中选中 2 轴线上侧顶的相关构件，然后在项目浏览器中，在楼层平面选“一层出水枋”，通过“修改”面板下的“镜像”工具，以 4 轴线为“拾取轴”将 2 轴线上的侧顶镜像到 6 轴线上。建好的模型如图 4-24。

（2）点击软件右上端 Revit 图标(应用程序按钮)，出现“应用程序菜单”，选择菜单中的“另存为”项目，弹出另存为对话框，将其保存为“风雨桥侧顶框架”。

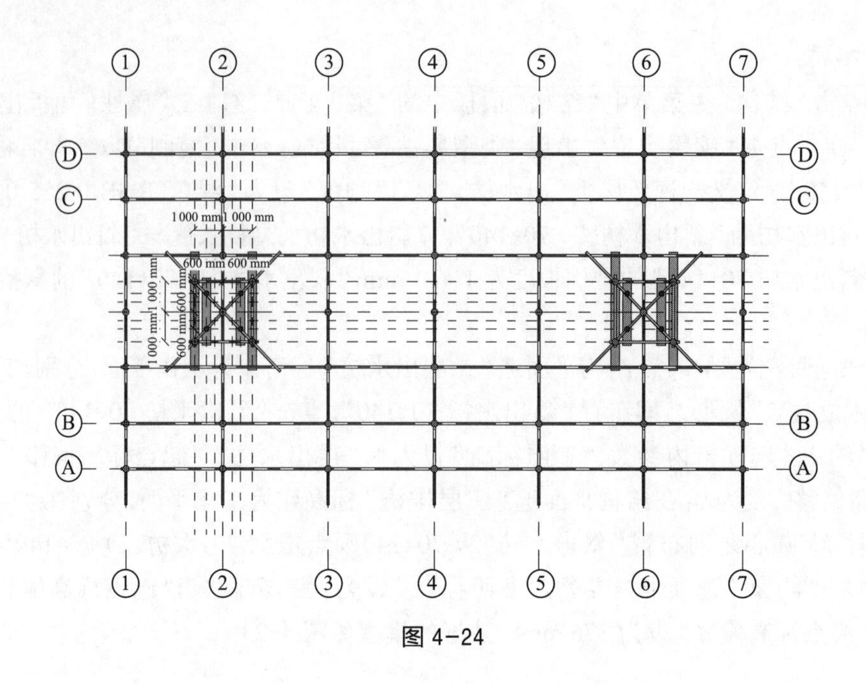

图 4-24

4.5 中顶框架的建立

4.5.1 柱

1. 立柱

(1) 在项目浏览器中，在楼层平面选"一层出水枋"标高作为工作平面。以 4 轴线和水平中心参照平面为参照线，如图 4-25 所示绘制 4 条参照平面，垂直方向间距为 1 500 mm，水平方向间距为 1 000 mm。

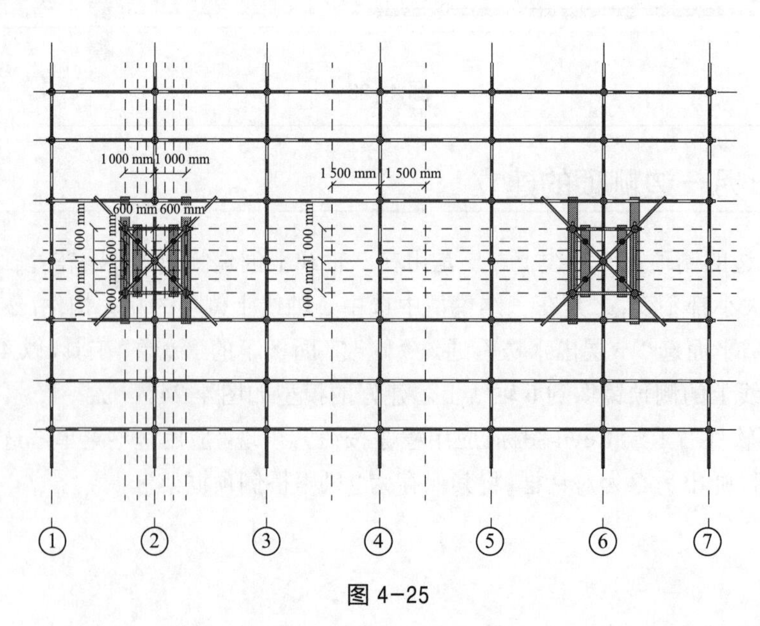

图 4-25

（2）在这4条参照平面的4个交点以及两条垂直方向的参照平面与水平中心参照平面相交的两个交点布置前面定义好的“木立柱5”，共6根。点击木柱“属性”面板，将“约束”选项卡内参数，“底部标高”设为“一层出水枋”，“底部偏移”设为460 mm，“顶部标高”设为“二层出水枋”，“顶部偏移”设为360 mm。建好的模型如图4-26。

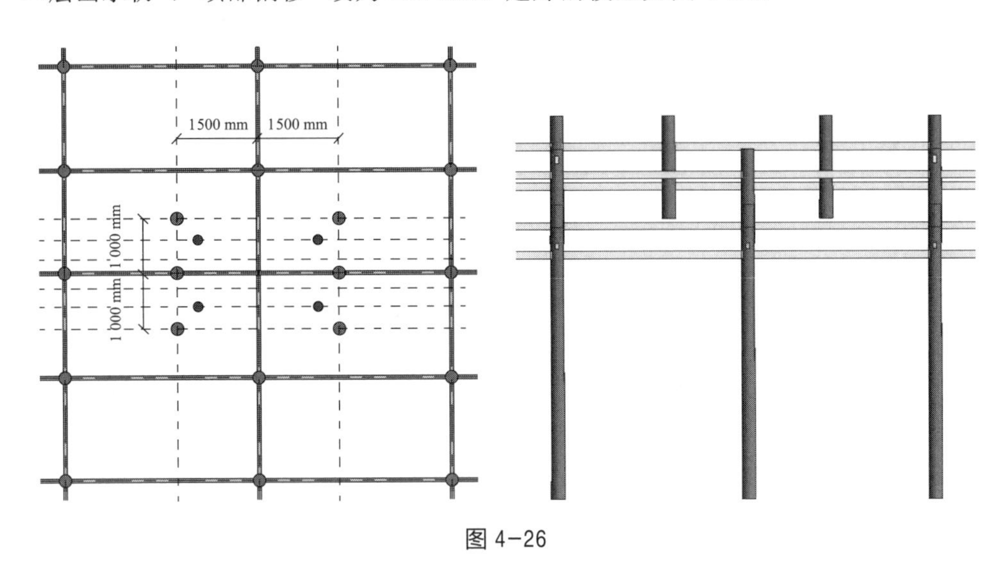

图4-26

2. 童柱

（1）在项目浏览器中，在楼层平面选“二层出水枋”标高作为工作平面。以4轴线和水平中心参照平面为参照线，如图4-27所示绘制4条参照平面，垂直方向间距为1 100 mm，水平方向间距为600 mm。

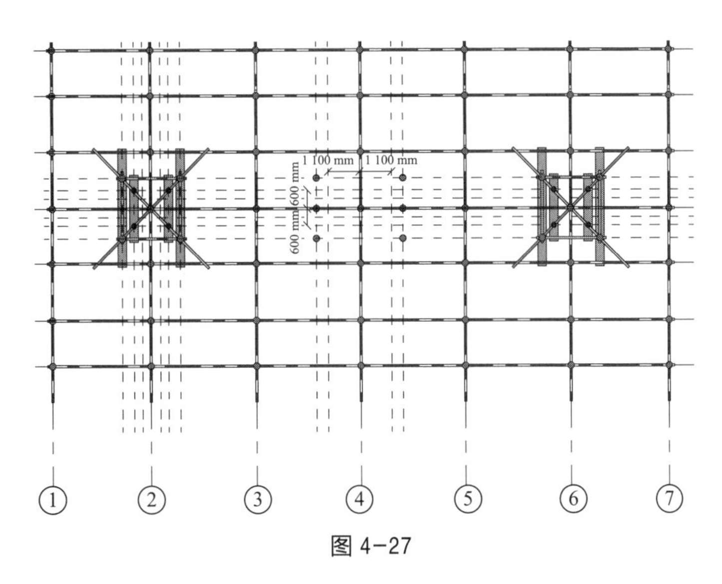

图4-27

（2）在这4条参照平面的交点布置前面定义好的“童柱1”，共4根。点击童柱“属性”面板，将“约束”选项卡内参数，“底部标高”设为“二层出水枋”，“底部偏移”设为291 mm，“顶部标高”设为“四层排枋”，“顶部偏移”设为0。建好的模型如图4-28。

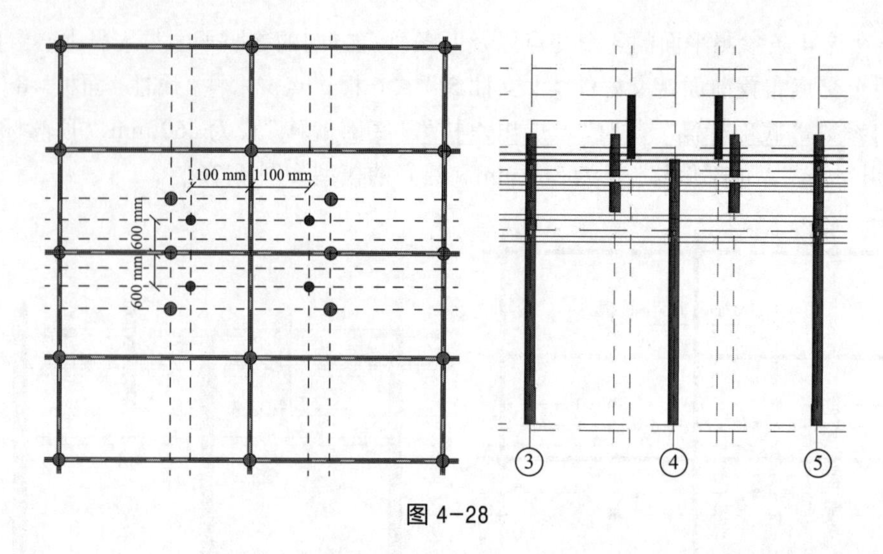

图 4-28

（3）用同样的方法布置前面定义好的“童柱 2”，平面布置位置与“童柱 1”位置相同，只是高度改变。点击“童柱 2”的“属性”面板，将“约束”选项卡内参数，“底部标高”设为“四层出水枋”，“底部偏移”设为 -140 mm，“顶部标高”设为“屋顶”，“顶部偏移”设为 -513 mm。建好的模型如图 4-29。

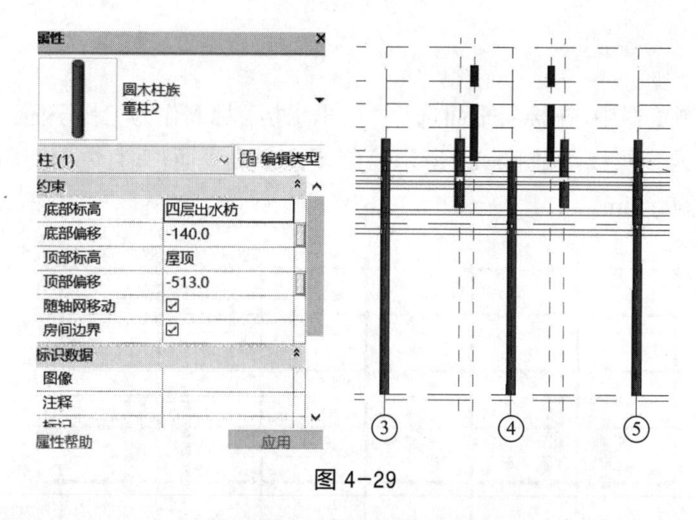

图 4-29

（4）在项目浏览器中，在楼层平面选“二层出水枋”标高作为工作平面。以 4 轴线和水平中心参照平面为参照线，如图 4-30 所示绘制 4 条参照平面，垂直方向间距为 750 mm，水平方向间距为 250 mm。

（5）以“童柱 1”通过复制、重命名等，得到“童柱 3”和“童柱 4”，材质及尺寸不变。

（6）在这 4 条参照平面的交点布置“童柱 3”，共 4 根，点击“童柱 3”的“属性”面板，将“约束”选项卡内参数，“底部标高”设为“二层出水枋”，“底部偏移”设为 291 mm，“顶部标高”设为“屋顶”，“顶部偏移”设为 -279 mm；在两条垂直方向的参照平面与水平中心参照平面相交的两个交点布置“童柱 4”，共 2 根，点击“童柱 4”的“属性”面板，将“约束”选项卡内参数，“底部标高”设为“二层出水枋”，“底部偏移”设为 291 mm，“顶部标高”设为“屋顶”，“顶部偏移”设为 0。建好的模型如图 4-31。

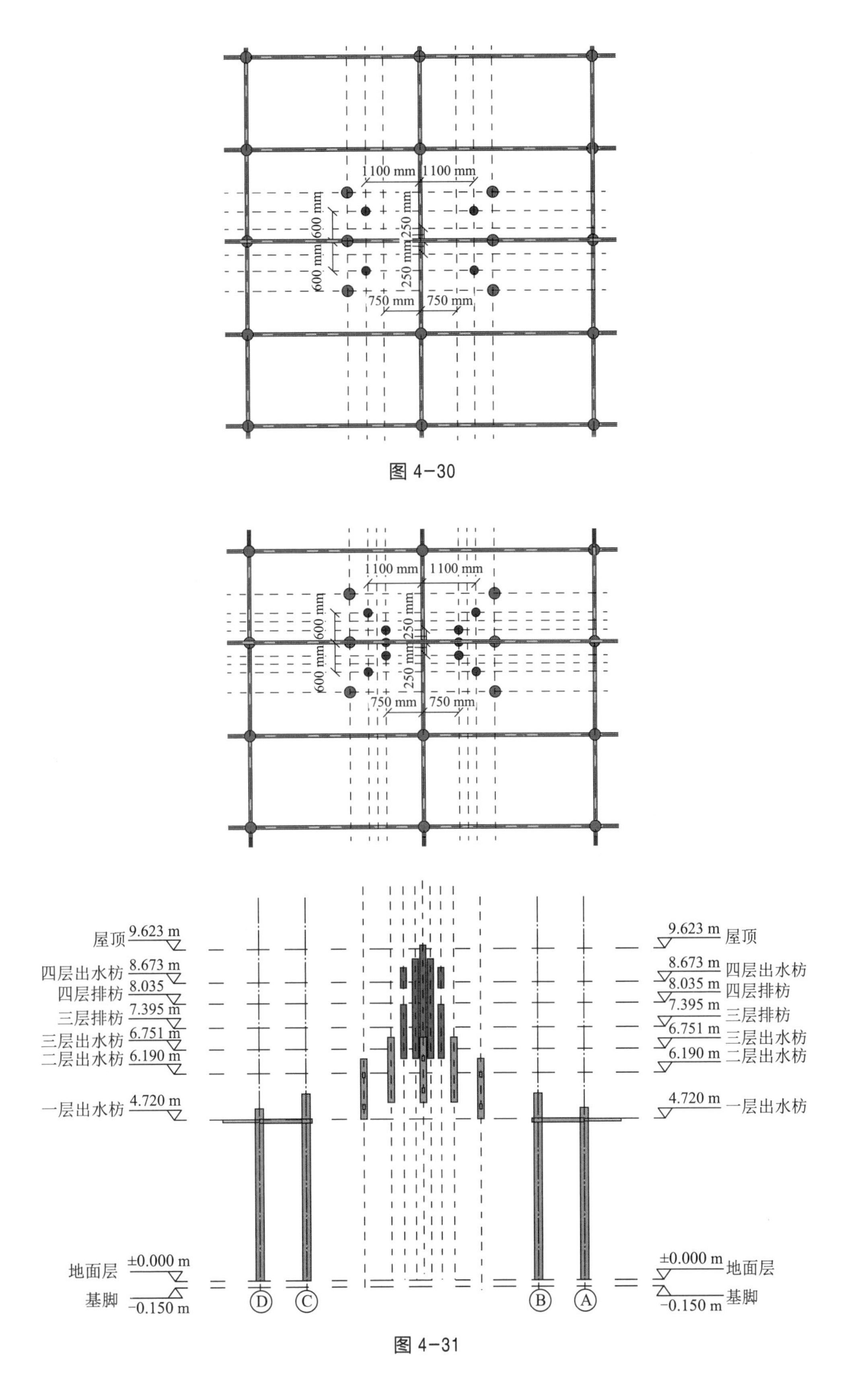
1100 mm
1100 mm
600 mm
600 mm
250 mm
250 mm
750 mm
750 mm
屋顶 9.623 m
四层出水枋 8.673 m
四层排枋 8.035 m
三层排枋 7.395 m
三层出水枋 6.751 m
二层出水枋 6.190 m
一层出水枋 4.720 m
地面层 ±0.000 m
基脚 -0.150 m
D
C
B
A

图 4-30

图 4-31

3. 瓜柱

（1）在项目浏览器中，在楼层平面选“四层出水枋”标高作为工作平面。以 4 轴线和水平中心参照平面为参照线，如图 4-32 所示绘制 4 条参照平面，垂直方向间距为 925 mm，水平方向间距为 425 mm。

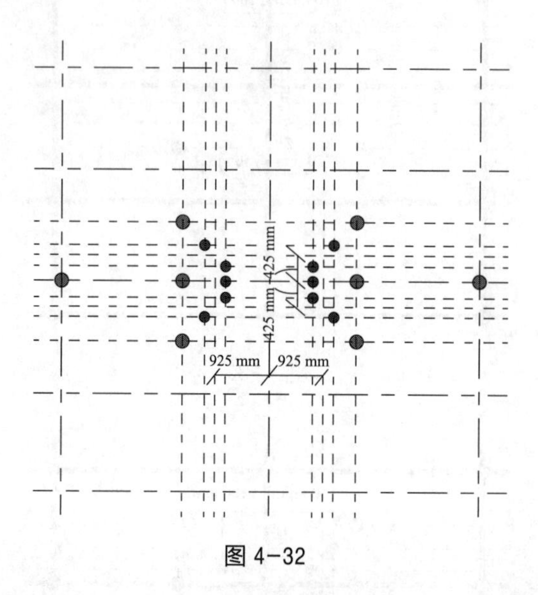

图 4-32

（2）在 4 条参照平面的交点布置前面定义好的“瓜柱 1”，共 4 根。点击瓜柱“属性”面板，将“约束”选项卡内参数，“底部标高”设为“四层出水枋”，“底部偏移”设为 -140 mm，“顶部标高”设为“屋顶”，“顶部偏移”设为 -396 mm。建好的模型如图 4-33。

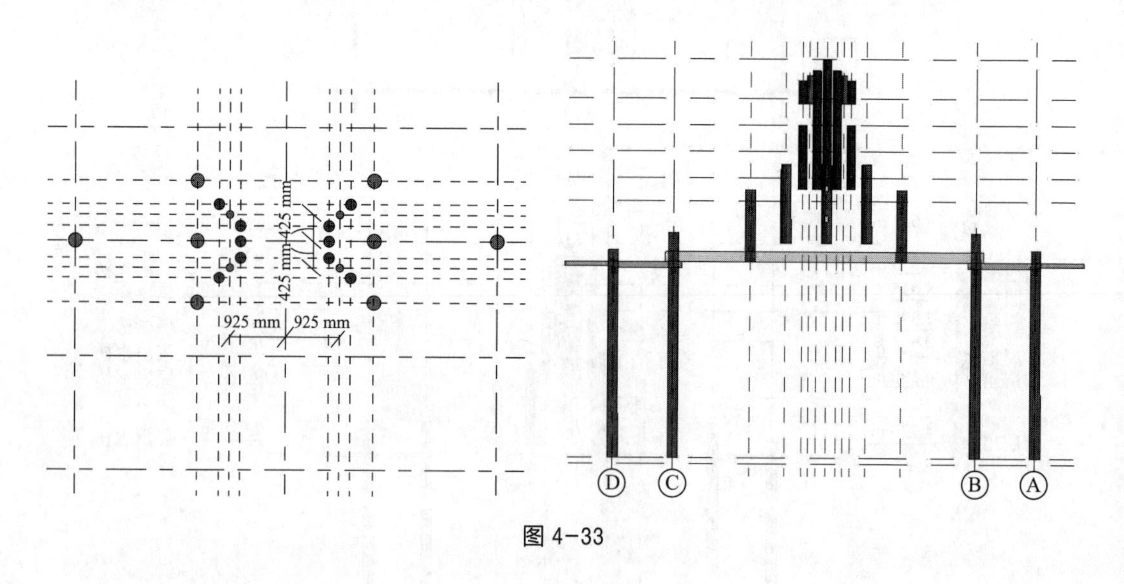

图 4-33

4.5.2 抬　梁

在项目浏览器中，在结构平面选“一层出水枋”标高作为工作平面。分别在间距为 1 500 mm的参照平面与由外到内的第一条水平参照平面的两交点之间布置前面定义好的“木抬梁 30*70”。点击“木抬梁 30*70”的“属性”面板，将“约束”选项卡内参数，“参照标高”设为“一层出水枋”，“起点标高偏移”设为 460 mm，“终点标高偏移”设为 460 mm。建好的模型如图 4-34。

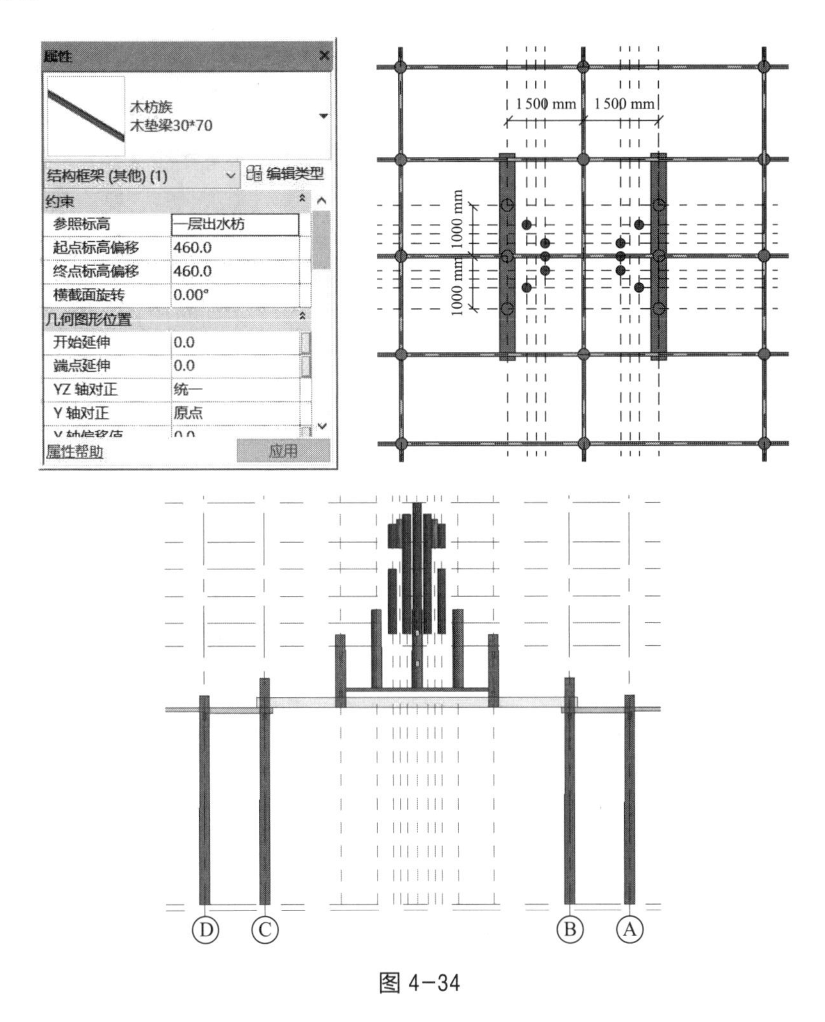

图 4-34

4.5.3 木　枋

1. 穿枋

（1）在项目浏览器中，在结构平面选“一层出水枋”标高作为工作平面。分别在如图 4-35 所示的 2 根“木立柱 5”与 2 根“木立柱 3”所围成的菱形边上布置前面定义好的“穿枋 70*140”，共 4 根。点击“穿枋 70*140”的“属性”面板，将“约束”选项卡内参数，“参照标高”设为“一层出水枋”，“起点标高偏移”设为 600 mm，“终点标高偏移”设为 600 mm。建好的模型如图 4-35。

（2）在项目浏览器中，在结构平面选“二层出水枋”标高作为工作平面。分别在如图 4-36 所示的 4 根“木立柱 5”圆心与圆心之间布置“穿枋 70*140”，共 4 根。点击“穿枋 70*140”的“属性”面板，将“约束”选项卡内参数，“参照标高”设为“二层出水枋”，“起点标高偏移”设为 241 mm，“终点标高偏移”设为 241 mm。建好的模型如图 4-36。

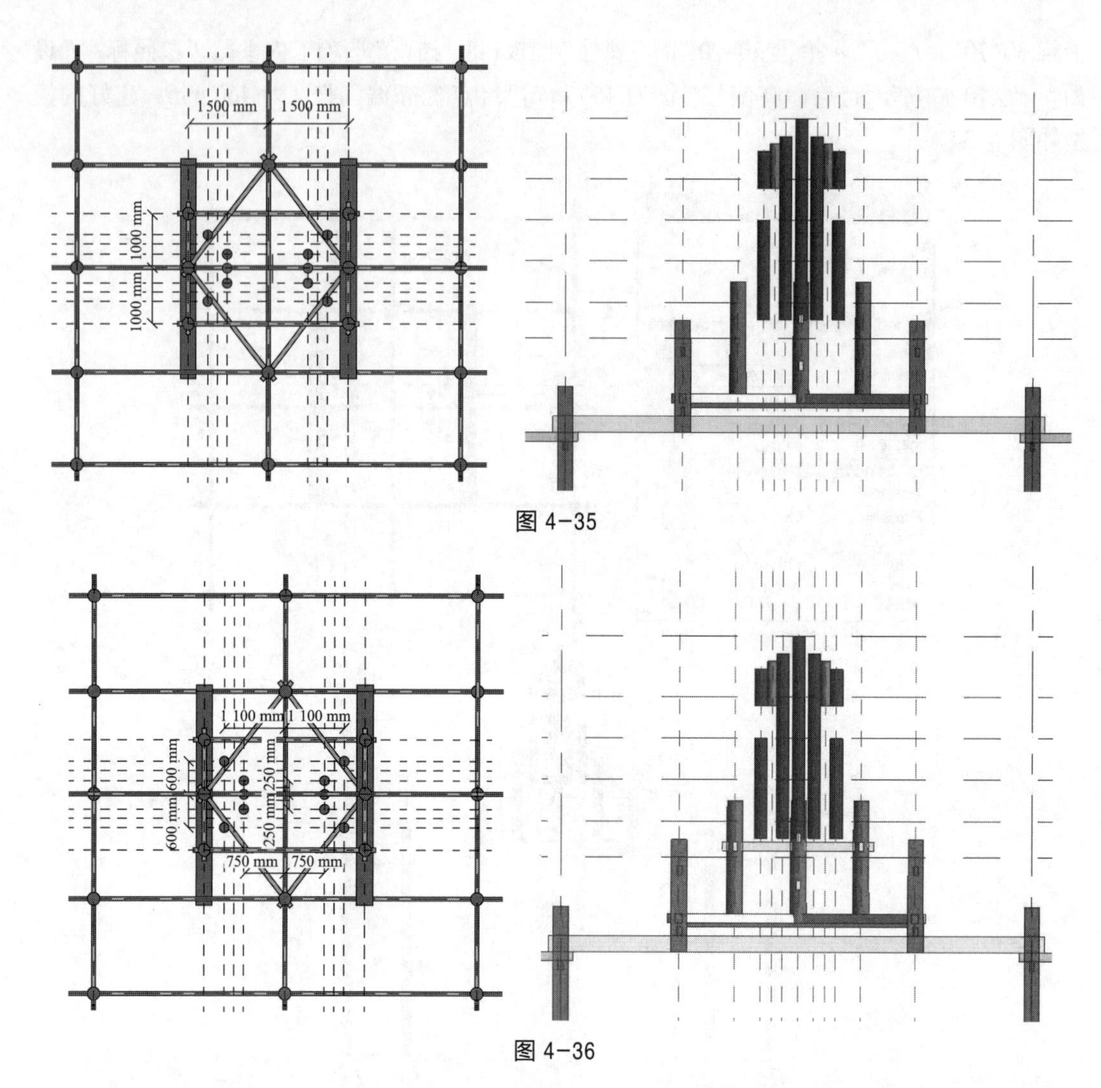

图 4-35

图 4-36

（3）在项目浏览器中，在结构平面选“三层出水枋”标高作为工作平面。在 3 与 5 轴线上的“木立柱 4”圆心之间布置“穿枋 70*140”，共 1 根。点击“穿枋 70*140”的“属性”面板，将“约束”选项卡内参数，“参照标高”设为“三层出水枋”，“起点标高偏移”设为 324 mm，“终点标高偏移”设为 324 mm。建好的模型如图 4-37。

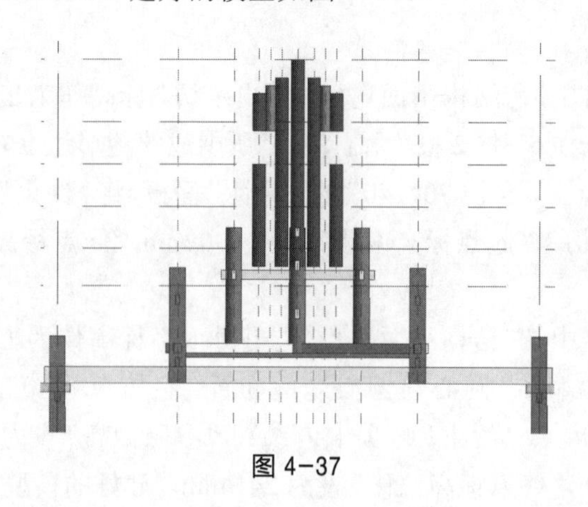

图 4-37

2. 童枋

童枋的布置方法与前面布置童枋的一样，分别在 3 与 5 轴线之间的童柱对应的高度布置前面定义好的“木童枋 70*140”。具体位置及相关参数见表 4-6，建好的模型如图 4-38。（只限制在 3 与 5 轴线之间的童柱）

表 4-6

位　置	参照标高	起点标高偏移 /mm	终点标高偏移 /mm
童柱 3 与童柱 3 圆心之间（垂直方向）	三层出水枋	140	140
童柱 1 与童柱 1 圆心之间	三层排枋	0	0
童柱 1 与童柱 1 圆心之间	四层排枋	0	0
童柱 3 与童柱 2 圆心之间	四层出水枋	335	335
童柱 3 与童柱 3 圆心之间（垂直方向）	四层出水枋	569	569
童柱 4 与童柱 4 圆心之间	四层出水枋	948	948

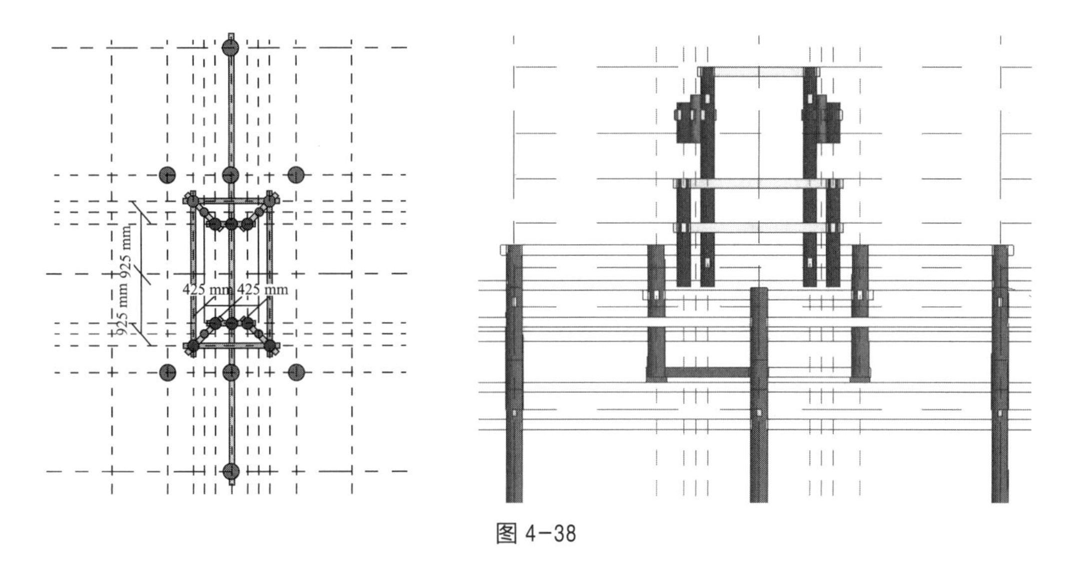

图 4-38

3. 出水枋

（1）以前面定义好的“出水枋 70*140”通过复制、重命名等，得到“出水枋(2)70*140”，材质不变，悬挑长度为 1 000 mm。

（2）在项目浏览器中，在结构平面选“二层出水枋”标高作为工作平面。在“木立柱 4”圆心与“木立柱 3”圆心之间布置“出水枋(2) 70*140”，并把在“木立柱 4”上的枋的“造型操纵柄”拖动到“木立柱 3”上。点击“出水枋(2) 70*140”的“属性”面板，将“约束”选项卡内参数，“参照标高”设为“二层出水枋”，“起点标高偏移”设为 0，“终点标高偏移”设为 0。建好的模型如图 4-39。

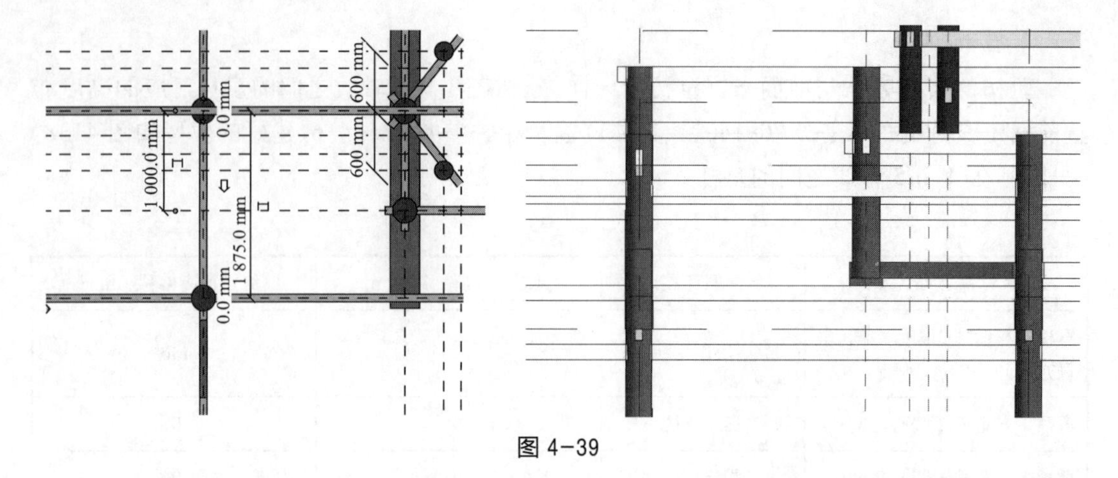

图 4-39

（3）选中“出水枋（2）70*140”，点击“修改”面板下的“复制”工具，在“修改 / 结构框架”选中“多个”，以 A 轴线和 3 轴线的交点为基准点，分别将“出水枋（2）70*140”复制到 4 与 5 轴线上；然后选中这三根“出水枋（2）70*140”，点击“修改”面板下的“镜像”工具，以水平中心参照平面为“拾取轴”将“出水枋（2）70*140”镜像到另一侧。建好的模型如图 4-40。

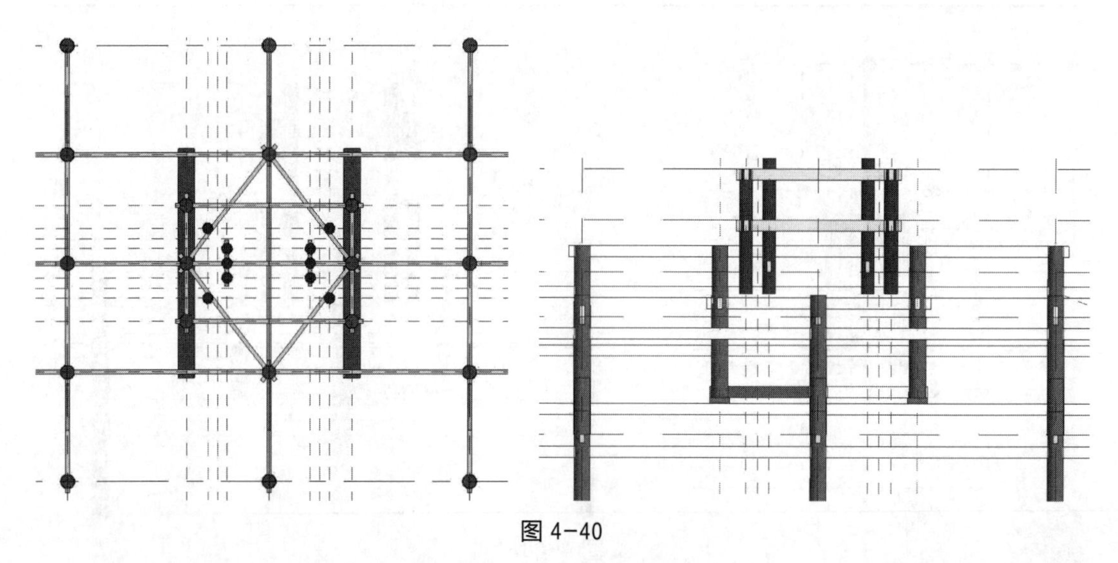

图 4-40

（4）在项目浏览器中，在结构平面选“三层出水枋”标高作为工作平面，分别在“童柱 3”圆心与“木立柱 5”圆心之间布置前面定义好的“斜出水枋 70*140”，点击“斜出水枋 70*140”的“属性”面板，将“约束”选项卡内参数，“参照标高”设为“三层出水枋”，“起点标高偏移”设为 0，“终点标高偏移”设为 0；在结构平面选“四层出水枋”标高作为工作平面，分别在“童柱 3”圆心与“童柱 2”圆心之间布置前面定义好的“斜出水枋（2） 70*140”，点击“斜出水枋（2） 70*140”的“属性”面板，将“约束”选项卡内参数，“参照标高”设为“四层出水枋”，“起点标高偏移”设为 0，“终点标高偏移”设为 0。建好的模型如图 4-41。

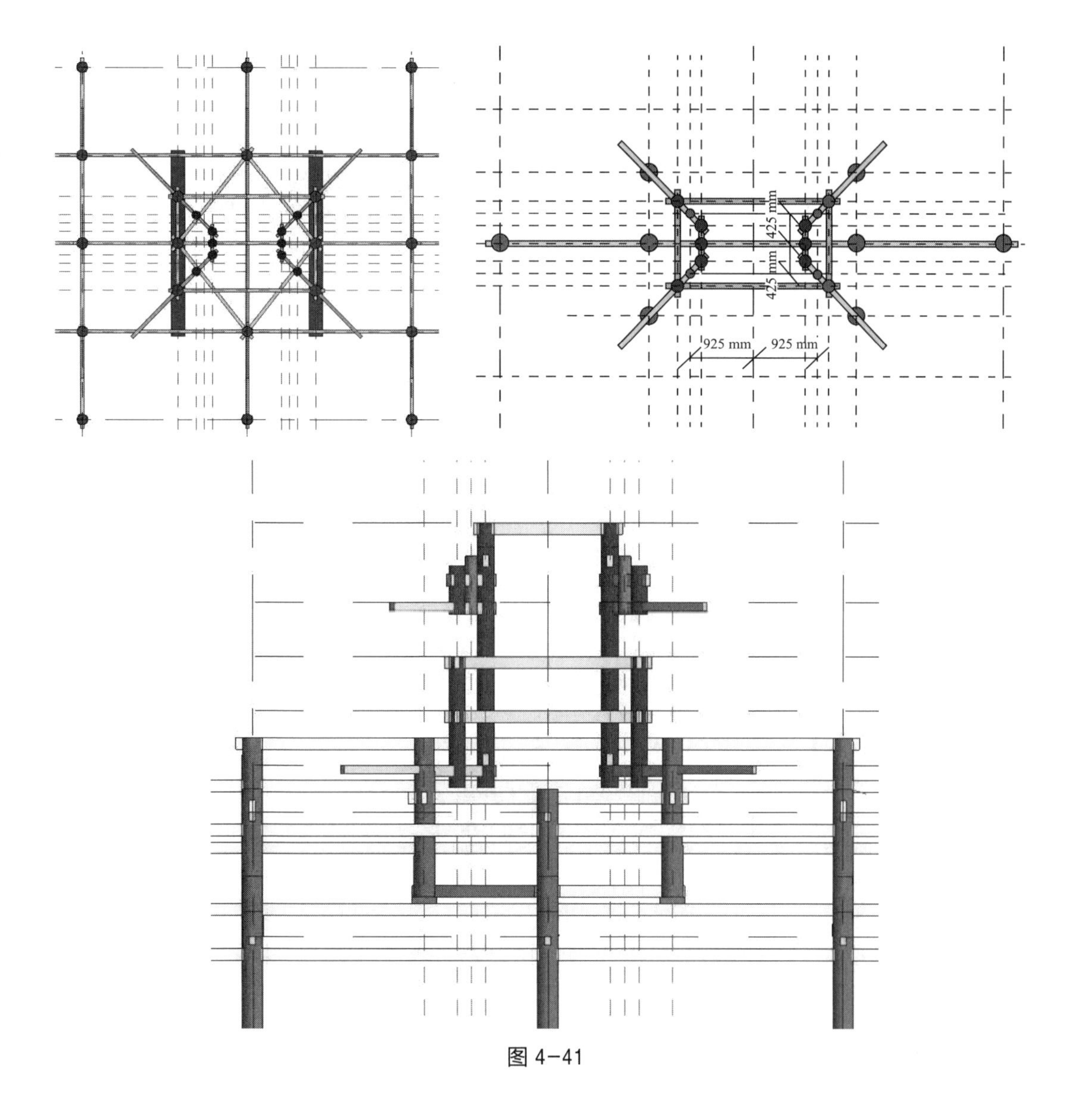

图 4-41

4.5.4 木　板

（1）在项目浏览器中，在楼层平面选“二层出水枋”标高作为工作平面。

（2）点击“建筑”主菜单中“创建”面板中“楼板”中的“楼板：建筑”，这时在“属性”面板出现导入的“楼板”族。点击“编辑类型”，出现“类型属性”对话框，点击“复制（D）...”，名称为“木楼板 50”。定义一种新材质“楼板云杉”，将材质的“图形”选项卡下“着色”下的“颜色”设为“黑紫色（RGB 64 0 64）”，厚度设为 50 mm。

（3）选择“修改 / 创建楼层边界”主菜单下“绘制”面板下的“直线”和“拾取线”工具。先用“直线”“画穿枋 70*140”外侧的线段，再用“拾取线”拾取木立柱 5 的内边缘，再通过“绘制”面板下的“修剪”工具切掉多余部分，连成一条闭合的回路，点击“完成编辑模型”。完成的楼板建模如图 4-42。

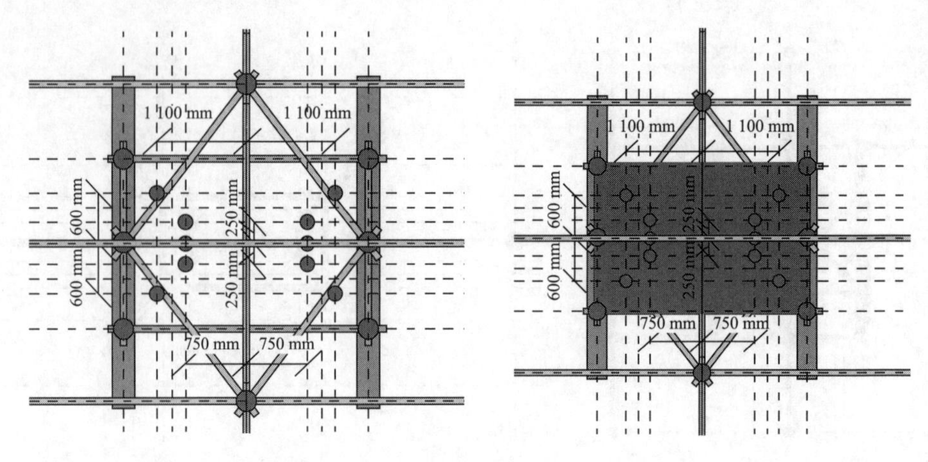

图 4-42

（4）点击“木楼板 50”的“属性”面板，将“约束”选项卡内参数，“标高”设为“二层出水枋”，“自标高的高度偏移”设为 291 mm。建好的模型如图 4-43。

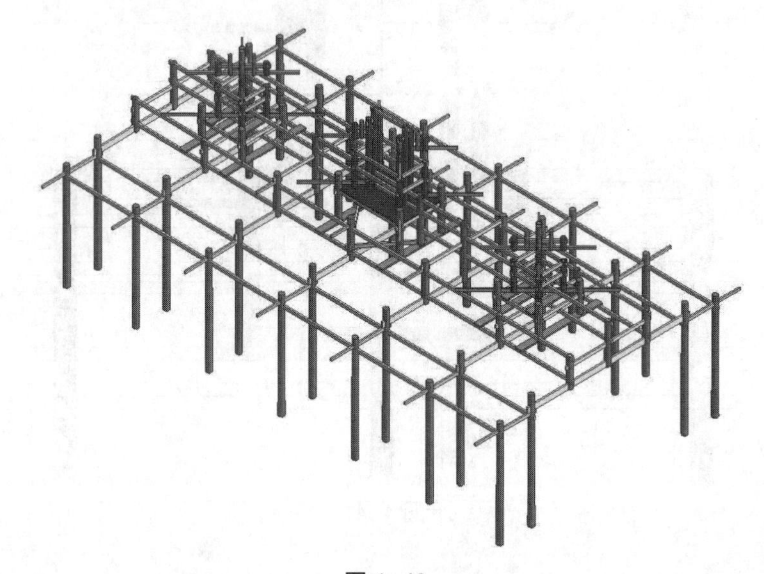

图 4-43

（5）点击软件右上端 Revit 图标（应用程序按钮），出现“应用程序菜单”，选择菜单中的“另存为”项目，弹出另存为对话框，将其保存为“风雨桥中顶框架”。

4.6 装饰构件的建立

4.6.1 斗拱的建立

1. “1 200*1 200 斗拱”

一个底层尺寸为 1 200 mm×1 200 mm 的正方形斗拱，其建模和前面鼓楼斗拱相同，如

图 4-44。

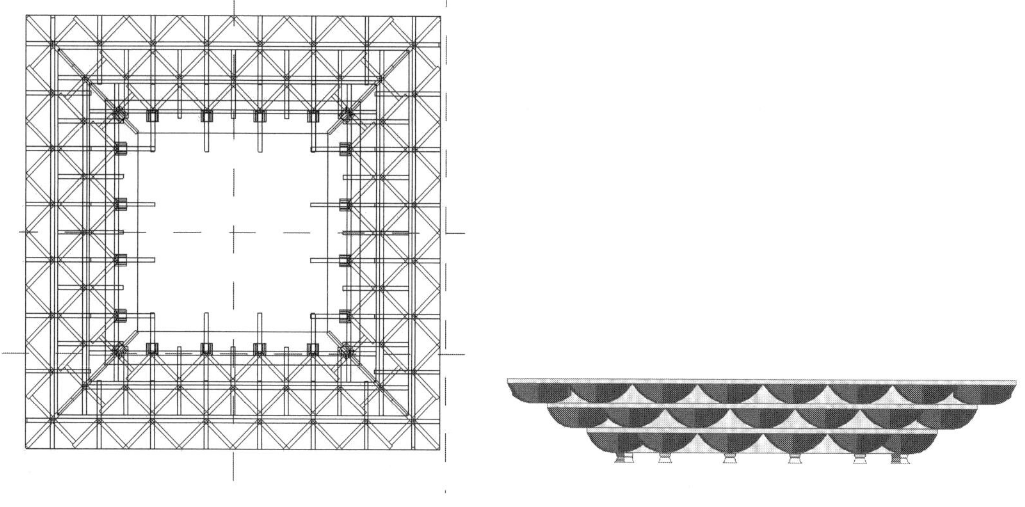

图 4-44

2. "1 200*2 200 斗拱"

底层尺寸为 1 200 mm×2 200 mm 的矩形斗拱，如图 4-45。

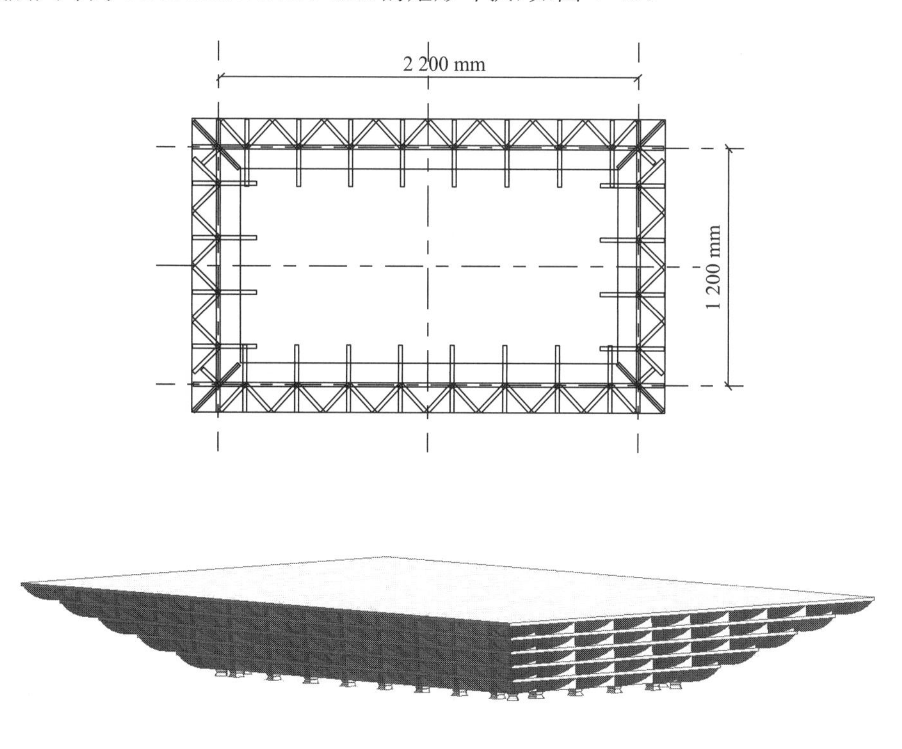

图 4-45

3. 斗拱杯脚

风雨桥斗拱杯脚跟鼓楼的差不多，高 40 mm，具体尺寸和建好的模型如图 4-46。

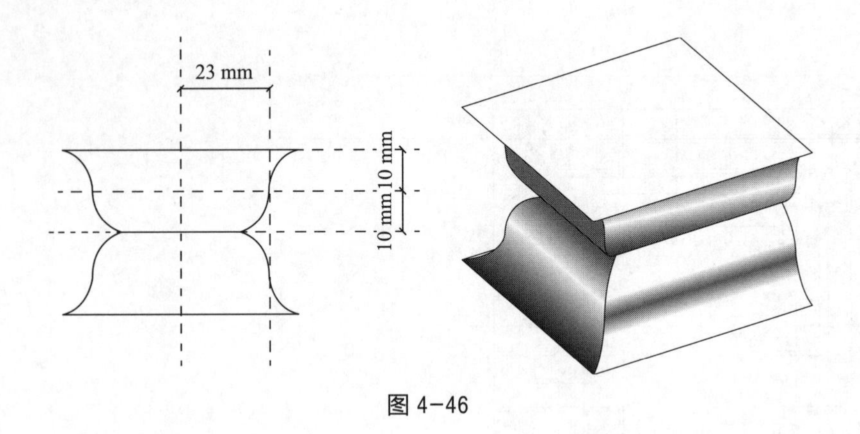

图 4-46

4.6.2 风窗的建立

（1）首先确定风窗的尺寸，尺寸通过鼓楼模型中量取风窗所在的位置得到。通过量取得到：风窗 1 的高为 300 mm，长为 1 000 mm；风窗 2 的高为 500 mm，长为 2 000 mm；风窗 3 的高为 500 mm，长为 1 000 mm。

（2）根据鼓楼风窗的创建方法创建风雨桥的风窗。风窗的厚度、中间分隔条的间距以及材质不变，只是窗框大小改变。根据窗框尺寸创建风窗 1、风窗 2、风窗 3，并分别保存为“风窗 1”族、“风窗 2”族、“风窗 3”族。建好的模型如图 4-47。

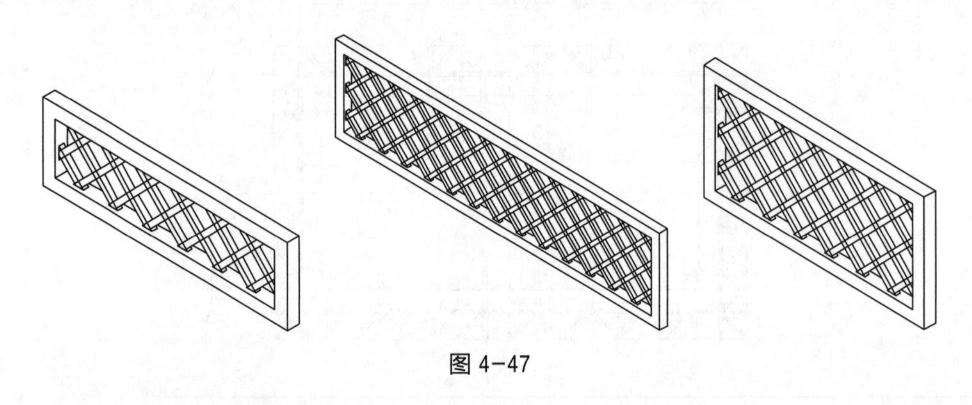

图 4-47

4.6.3 构件布置

1. 斗拱的布置

（1）在项目中点击“插入”主菜单，在“从库中载入”面板中点击“载入”族工具，会跳出“载入”族对话框。找到开始保存的“斗拱 1”族，点击“打开”，将“斗拱 1”族载入项目中。

（2）在项目浏览器中，在楼层平面选“三层排枋”标高作为工作平面。点击“建筑”主菜单中“构建”面板中的“构件”工具，选择“放置构件”，将“斗拱 1”的中心点放置到“侧顶”的中柱圆心点上，如图 4-48。

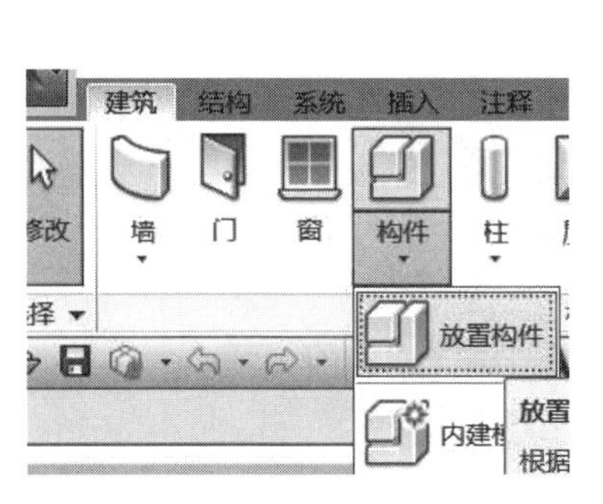

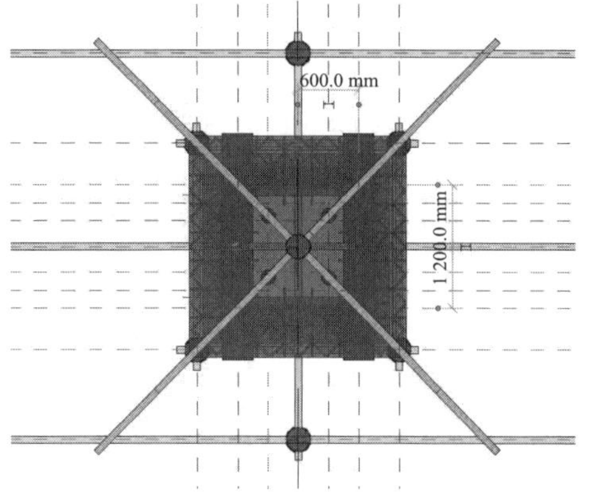

图 4-48

（3）点击“斗拱 1”，弹出“属性”对话框，修改“属性”面板下的“约束”选项卡内参数，“标高”设为“三层排枋”，“偏移量”设为 -24 mm。建好的模型如图 4-49。

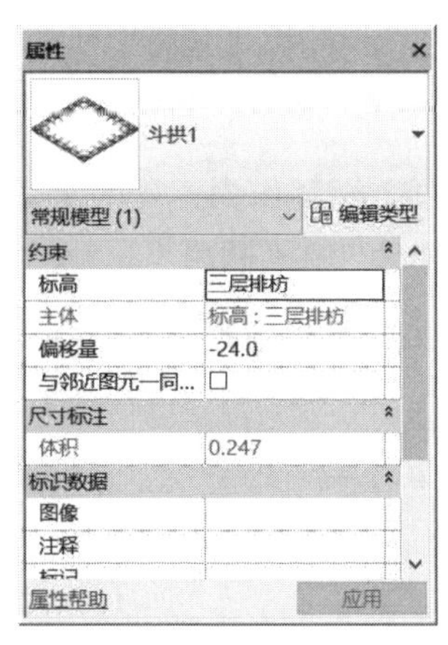

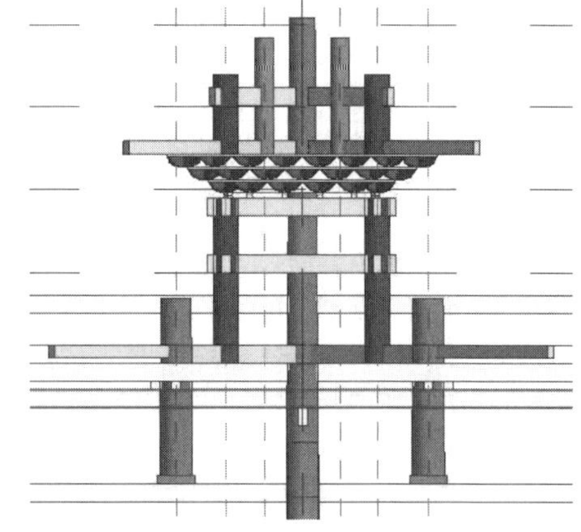

图 4-49

（4）“斗拱 2”布置方法跟“斗拱 1”布置方法一样。楼层平面选“四层排枋”标高作为工作平面。布置在“中顶”的中心点位置上，点击修改“属性”面板下的“约束”选项卡内参数，“标高”设为“五层排枋”，“偏移量”设为 40 mm。建好的模型如图 4-50。

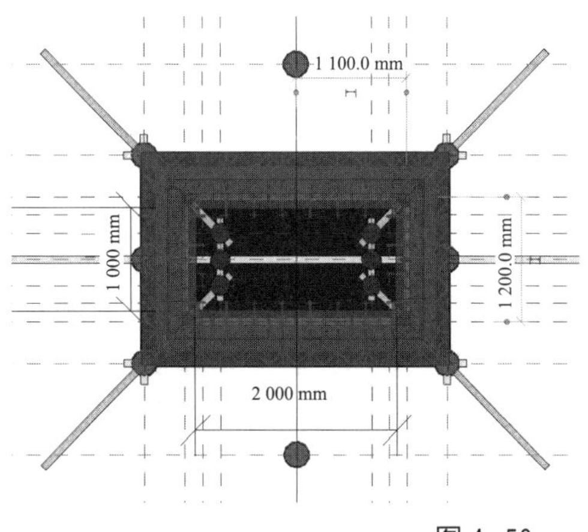

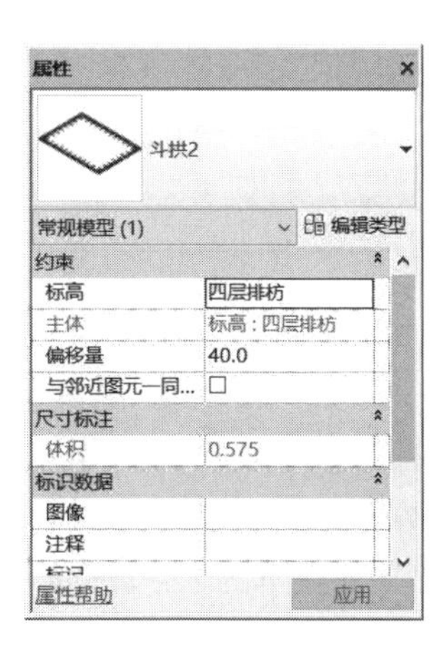

图 4-50

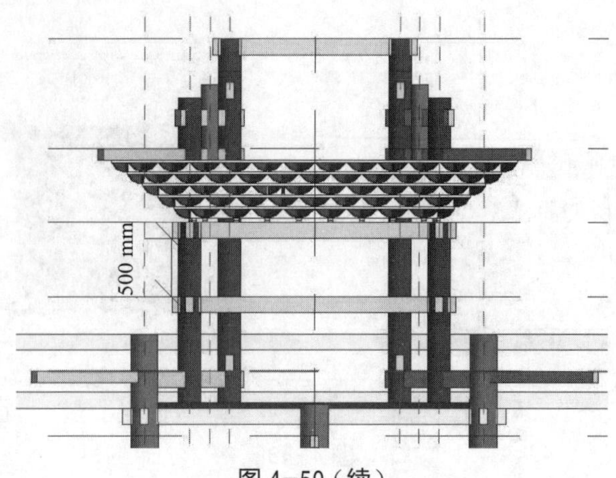

图 4-50（续）

2. 风窗的布置

（1）在项目中点击“插入”主菜单，在“从库中载入”面板中点击“载入”族工具，会跳出“载入”族对话框。找到开始保存的“风窗 1”族，点击“打开”，将“风窗 1”族载入项目中。

（2）在项目浏览器中，在楼层平面选“三层出水枋”标高作为工作平面。点击“建筑”主菜单中“构建”面板中的“构件”工具，选择“放置构件”，在“侧顶”上“童柱 1”与“童柱 1”之间放置“风窗 1”。为了更清晰地布置风窗，可以在布置风窗前把斗拱隐藏，如图 4-51。

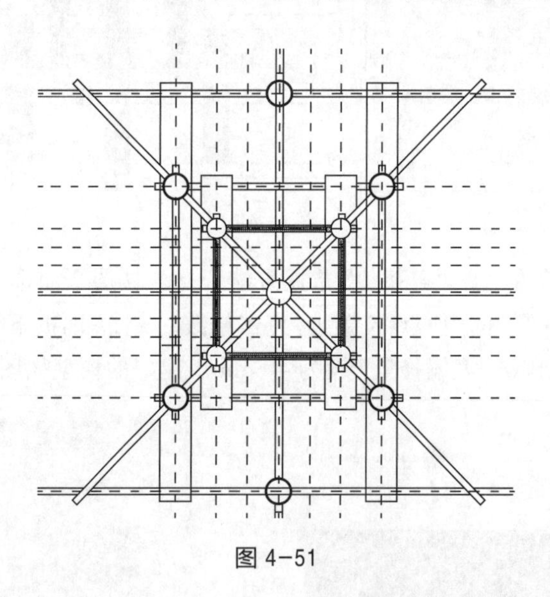

图 4-51

（3）点击“风窗 1”编辑类型，出现“类型属性”对话框，点击“材质和装饰”下“材质→〈按类别〉”，弹出“材质浏览器”对话框。点击左下面“打开 / 关闭资源浏览器”按钮，打开“资源浏览器”对话框，“查找”“云杉”材质，通过复制、重命名等，定义一种新材质“风窗云杉”，将材质“图形”选项卡下“着色”下的“颜色”设为“红褐色（RGB 128 0 0）”，并修改“属性”面板下的“约束”选项卡内参数，“标高”设为“三层出水枋”，“偏移量”设为 140 mm。建好的模型如图 4-52。

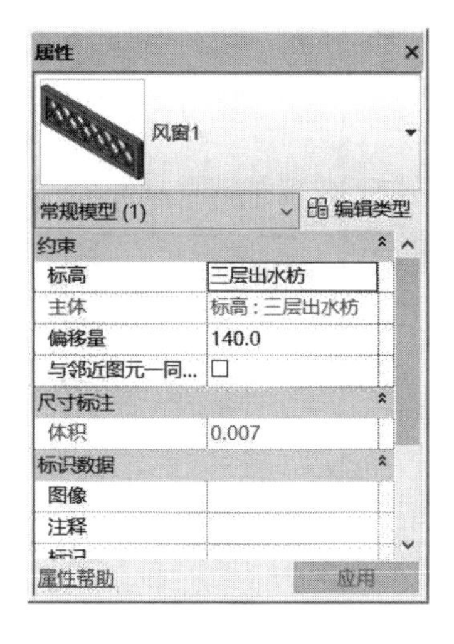

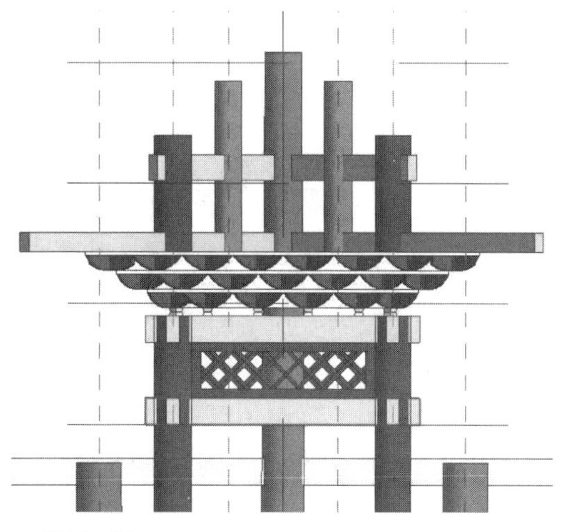

图 4-52

（4）“风窗 2”“风窗 3”布置方法跟“风窗 1”布置方法一样。楼层平面选“三层排枋”标高作为工作平面。在“中顶”上“童柱 1”与“童柱 1”的长边之间放置“风窗 2”，点击修改“属性”面板下的“约束”选项卡内参数，“标高”设为“三层排枋”，“偏移量”设为 0；在“中顶”上“童柱 1”与“童柱 1”的短边之间放置“风窗 3”，点击修改“属性”面板下的“约束”选项卡内参数，“标高”设为“三层排枋”，“偏移量”设为 0，建好的模型如图 4-53。

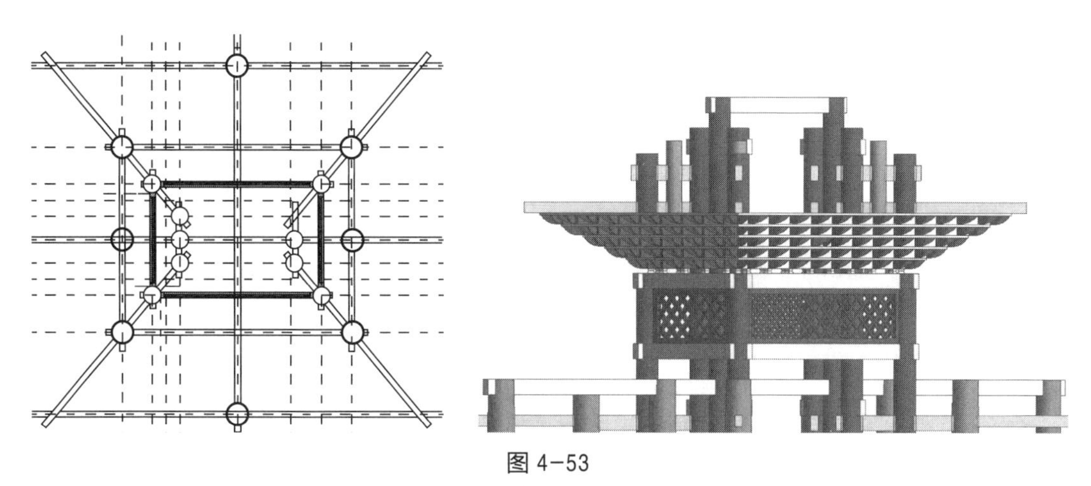

图 4-53

3. 美人靠的布置

（1）在项目中点击“插入”主菜单，在“从库中载入”面板中点击“载入”族工具，会跳出“载入”族对话框。找到在“吊脚楼”部分创建的“美人靠”族，点击“打开”，将“美人靠”族载入项目中。

（2）点击“结构”主菜单中“结构”面板中的“梁”工具，这时在“属性”面板出现导入的“美人靠”。定义一种新材质“美人靠云杉”，“颜色”设为深褐色“（RGB 128 64 0）”。

（3）在项目浏览器中，在结构平面选“地面层”标高作为工作平面。在 A 轴线与 1 和 2 轴线的两交点之间布置美人靠，如图 4-54。

（4）点击美人靠的“属性”面板，将“约束”选项卡内参数，“参照标高”设为“地面层”，

“起点标高偏移”设为 1 200 mm,“终点标高偏移”设为 1 200 mm。建好的模型如图 4-55。

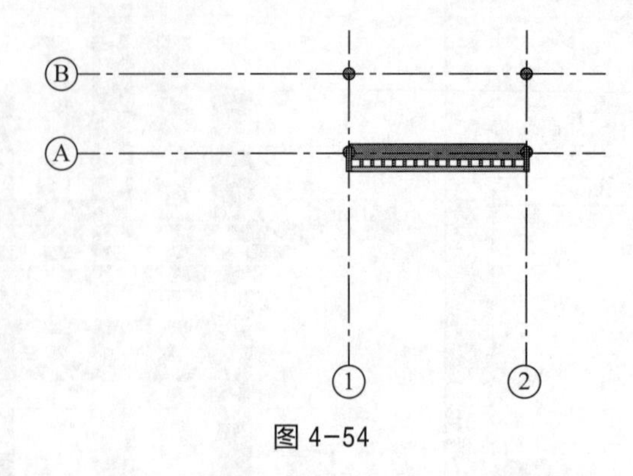

图 4-54

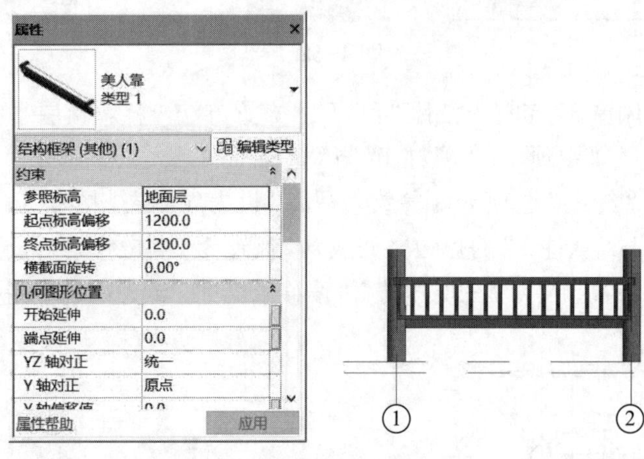

图 4-55

（5）然后用同样的方法在 A 和 D 轴线上的其他位置布置美人靠。点击美人靠的“属性”面板,将“约束”选项卡内参数,“参照标高”设为“地面层”,“起点标高偏移”设为 1 200 mm,“终点标高偏移”设为 1 200 mm。建好的模型如图 4-56。

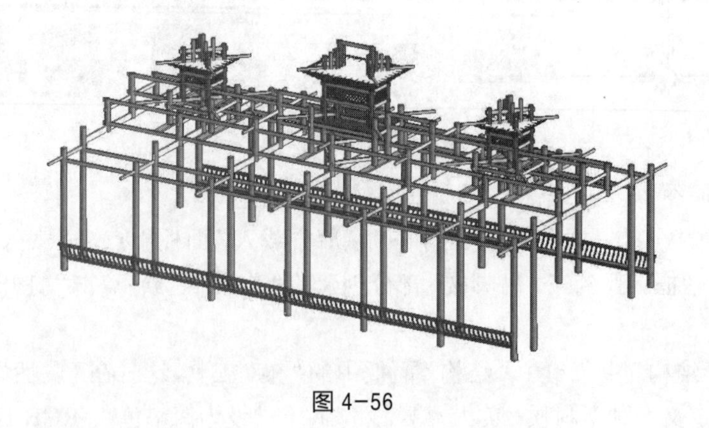

图 4-56

4. 柱基石的布置

（1）在项目中点击“插入”主菜单,在“从库中载入”面板中点击“载入”族工具,会跳出“载入”族对话框。找到在“鼓楼”部分创建的“柱基石”族,点击“打开”,将“柱基石”

族载入项目中。

（2）在项目浏览器中，在结构平面选“地面层”标高作为工作平面。点击“建筑”主菜单中“构件”面板中的“柱”下的“柱：建筑”工具，这时在“属性”面板出现导入的“柱基石”。将柱基石布置到每根“木立柱 1”和每根“木立柱 2”的底部中心，柱基石的底部与柱的底部重合。分别点击每根“柱基石”的“属性”面板，将“约束”选项卡内参数，“底部标高”设为“地面层”，“底部偏移”设为 0，“顶部标高”设为“一层出水枋”，“顶部偏移”设为 0。建好的模型如图 4-57 和图 4-58。

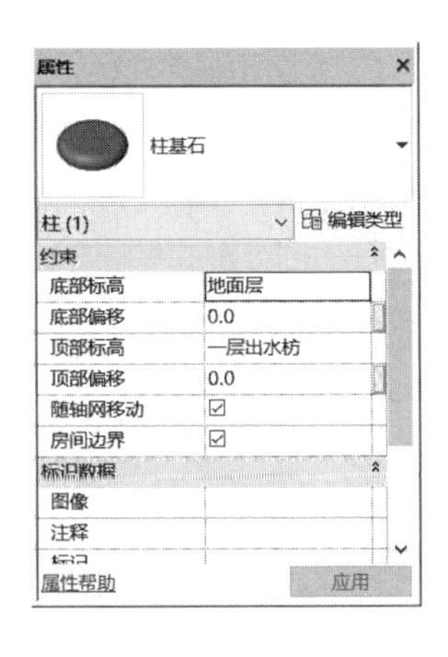

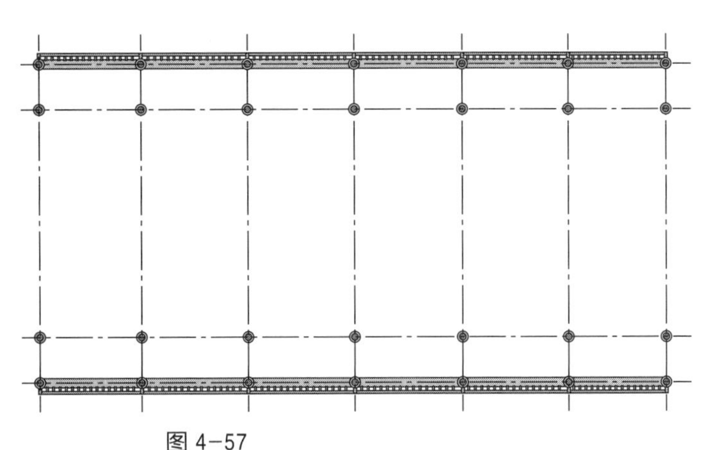

图 4-57

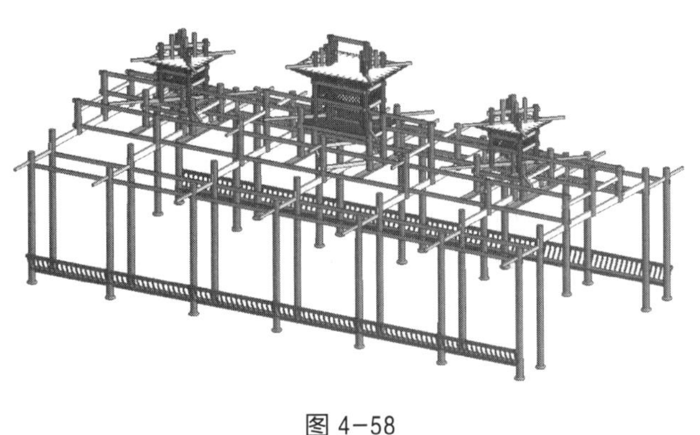

图 4-58

5. **保存项目**

点击软件右上端 Revit 图标（应用程序按钮），出现“应用程序菜单”，选择菜单中的“另存为”项目，弹出另存为对话框，将其保存为“风雨桥构件”。

4.7 檩条及挂瓦条的建立

4.7.1 檩条的建立

（1）在项目中点击“插入”主菜单，在“从库中载入”面板中点击“载入”族工具，会跳出“载入”族对话框。找到在“鼓楼”部分创建的“圆木檩条”族，点击“打开”，将“圆木檩条”族载入项目中。

（2）点击“结构”主菜单中“结构”面板中的“梁”工具，这时在“属性”面板出现导入的“圆木檩条”。点击“编辑类型”，出现“类型属性”对话框，点击“复制（D）...”，名称为“圆木檩－有悬挑”。定义一种新材质“檩条云杉”，“颜色”设为“橙色（RGB 255 128 0）”。在“圆木檩－有悬挑”的基础上复制命名为一个“圆木檩－无悬挑”，材质不变。

（3）布置圆木檩－有悬挑：

① 点击“圆木檩－有悬挑”的“属性”面板，将“约束”选项卡内参数，“参照标高”设为“一层出水枋”，“起点标高偏移”设为 70 mm，“终点标高偏移”设为 70 mm。

② 在项目浏览器中，在结构平面选“一层出水枋”标高作为工作平面。在 1 与 7 轴线之间，并距两侧出水枋端头 150 mm 的距离布置“圆木檩－有悬挑”，如图 4-59。

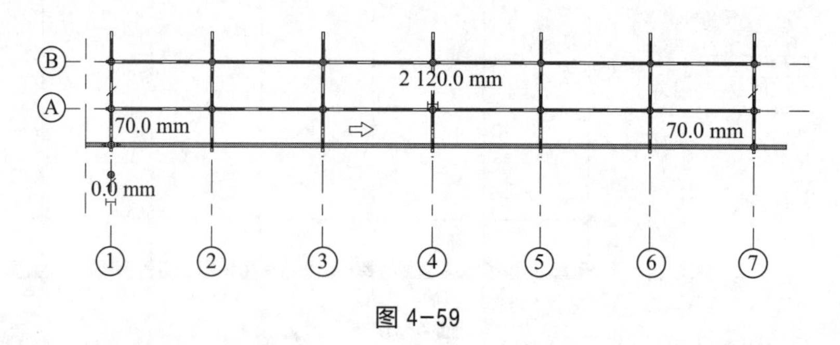

图 4-59

③ 在项目浏览器中的视图选项立面中选择“西立面”。选中上面创建的“圆木檩－有悬挑”，点击“修改”面板下的“复制”工具，在“修改 / 结构框架”中选中“多个”。以“圆木檩－有悬挑”中心点为基准点，分别将“圆木檩－有悬挑”复制到“木立柱 1 和木立柱 2”的顶端，如图 4-60。

④ 在项目浏览器中，在结构平面选“二层出水枋”标高作为工作平面。在 3 与 5 轴线之间，并距中间出水枋端头 150 mm 的距离布置“圆木檩－有悬挑”，如图 4-61。

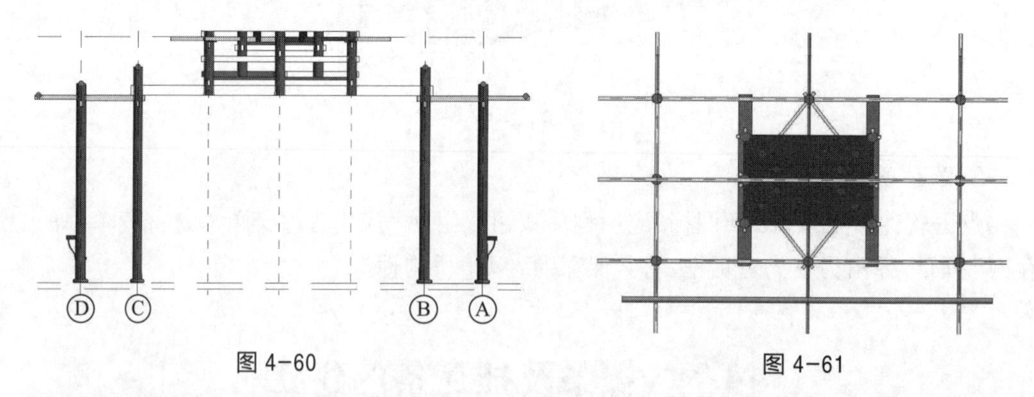

图 4-60　　图 4-61

⑤ 点击“圆木檩－有悬挑”的“属性”面板，将“约束”选项卡内参数，“参照标高”设为“二层出水枋”，“起点标高偏移”设为 70 mm，“终点标高偏移”设为 70 mm。

⑥ 在项目浏览器中的视图选项立面中选择“剖面 1”。选中上面创建的“圆木檩－有悬挑”，点击“修改”面板下的“复制”工具，在“修改 / 结构框架”中选中“多个”。以“圆木檩－有悬挑”中心点为基准点，分别将“圆木檩－有悬挑”复制到“木立柱 3”的顶端，如图 4-62。

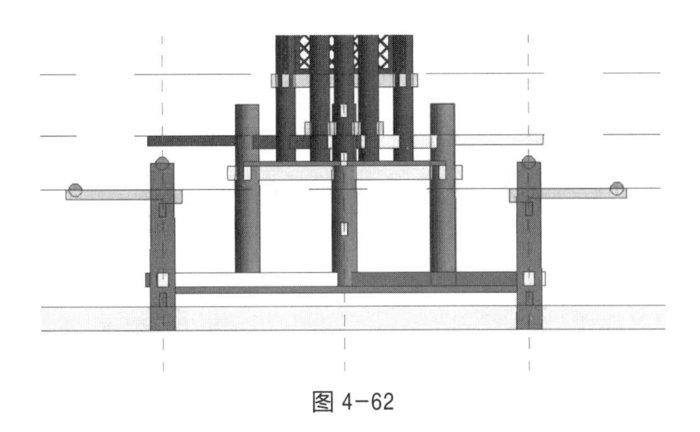

图 4-62

⑦ 选中柱端木穿枋，将这些木穿枋两端的端点延长，使其与“圆木檩－有悬挑”的端点在同一条直线上。建好的模型如图 4-63。

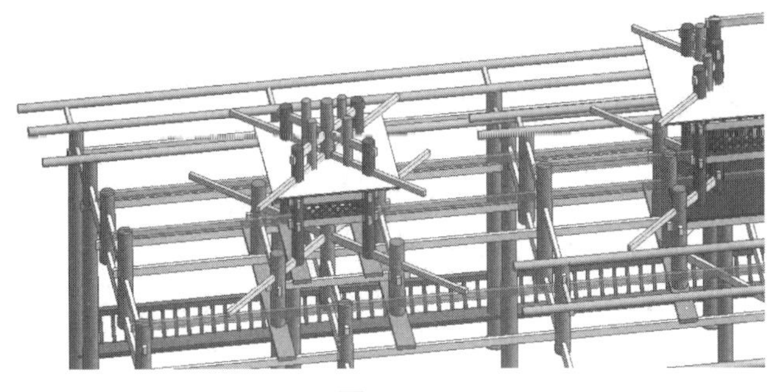

图 4-63

（4）布置圆木檩－无悬挑：

① 在项目浏览器中，在结构平面选“二层出水枋”标高作为工作平面。在“侧顶”上的“斜出水枋 70*140”与“斜出水枋 70*140”端点之间，并距“斜出水枋 70*140”端头 150 mm 的距离布置“圆木檩－无悬挑”，并点击“圆木檩－无悬挑”的“属性”面板，将“约束”选项卡内参数，“参照标高”设为“二层出水枋”，“起点标高偏移”设为 70 mm，“终点标高偏移”设为 70 mm。建好的模型如图 4-64。

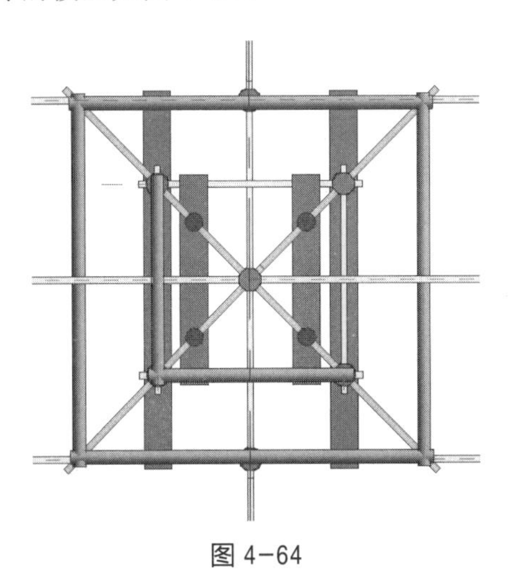

图 4-64

② 在项目浏览器中，在结构平面选“二层出水枋”标高作为工作平面。在“侧顶”上的“木柱 5”与“木柱 5”端点之间布置“圆木檩 - 无悬挑”，使檩条中心与柱端点在一个水平面上，并点击“圆木檩 - 无悬挑”的“属性”面板，将“约束”选项卡内参数，“参照标高”设为“二层出水枋”，“起点标高偏移”设为 70 mm，“终点标高偏移”设为 70 mm。建好的模型如图 4-65。

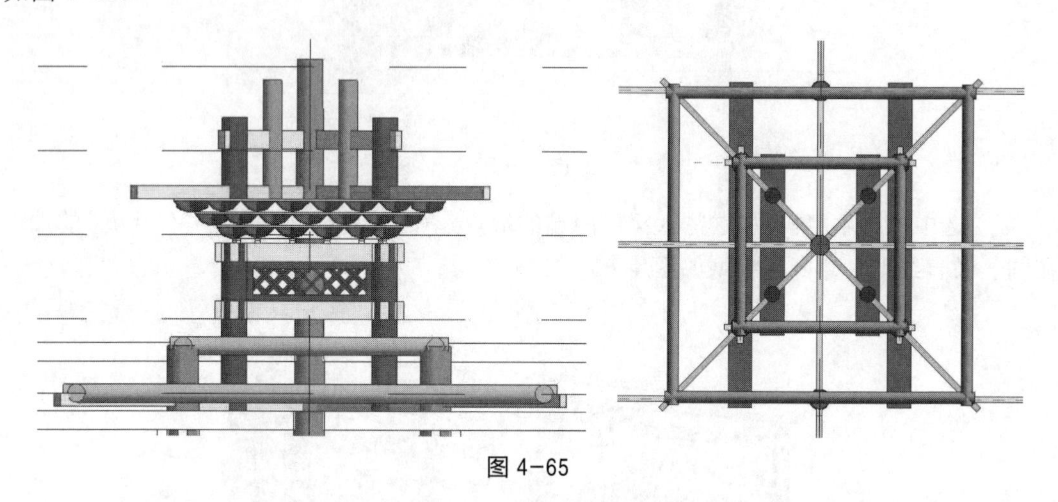

图 4-65

③ 用同样的方法，在“侧顶”上的其他斜出水枋端点和其他柱顶端点布置“圆木檩 - 无悬挑”。具体位置及相关参数见表 4-7，建好的模型如图 4-66。

表 4-7

位　置	参照标高	起点标高偏移 /mm	终点标高偏移 /mm
斜出水枋（2）70*140	三层排枋	446	446
童柱 2	四层排枋	323	323
瓜柱 1	四层排枋	610	610

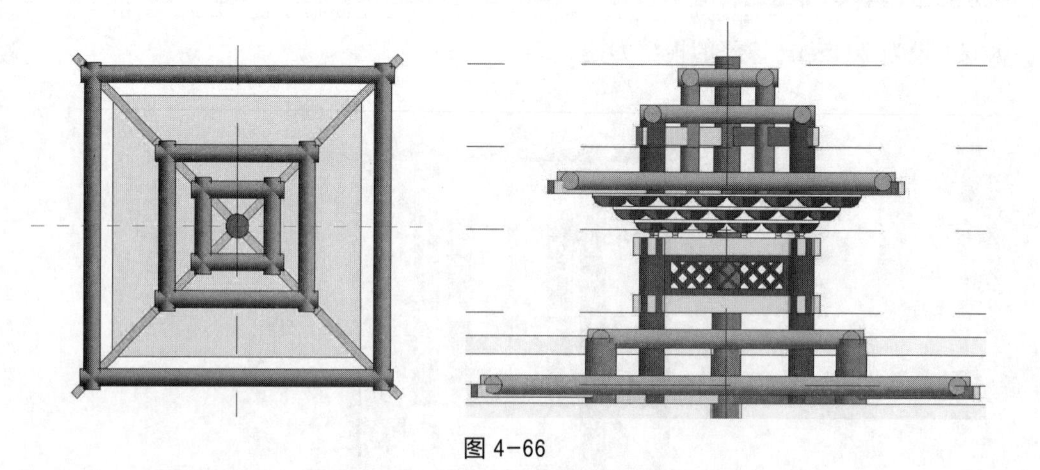

图 4-66

④同理，用在“侧顶”上布置“圆木檩 - 无悬挑”的方法，在“中顶”上布置“圆木檩 - 无悬挑”。具体位置及相关参数见表 4-8，建好的模型如图 4-67。

表 4-8

位　置	参照标高	起点标高偏移 /mm	终点标高偏移 /mm
斜出水枋 70*140	三层出水枋	70	70
木柱 5	三层出水枋	394	394
斜出水枋(2) 70*140	四层出水枋	70	70
童柱 2	四层出水枋	505	505
瓜柱 1	四层出水枋	630	630
童柱 3	四层出水枋	739	739

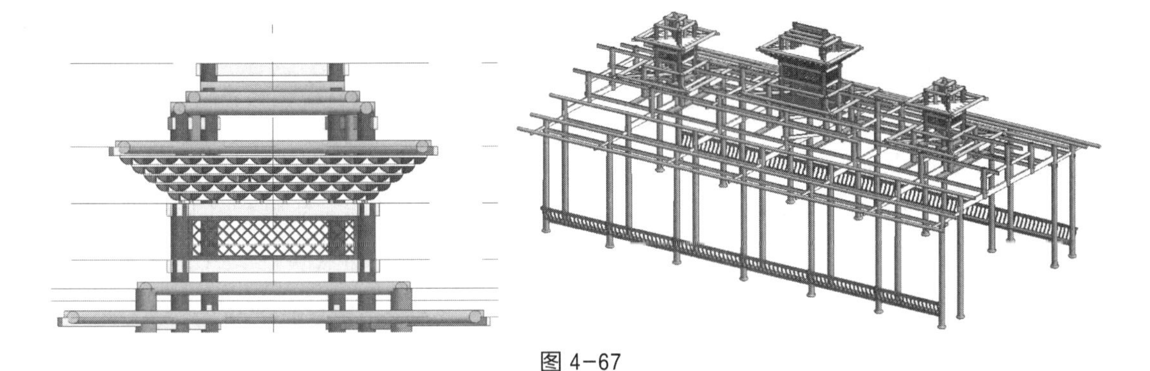

图 4-67

（5）布置倾斜方向圆木檩 - 无悬挑：

① 在项目浏览器中，在结构平面选“二层出水枋”标高作为工作平面。在“侧顶”上的“斜出水枋 70*140”的端点与“木柱 5”顶端点之间的斜方向布置“圆木檩 - 无悬挑”，并点击“圆木檩 - 无悬挑”的“属性”面板，将“约束”选项卡内参数，“参照标高”设为“二层出水枋”，“起点标高偏移”设为 425 mm，“终点标高偏移”设为 65 mm，同时使在“木柱 5”顶端点的檩条端点延伸到“童柱 1”边缘。建好的模型如图 4-68。

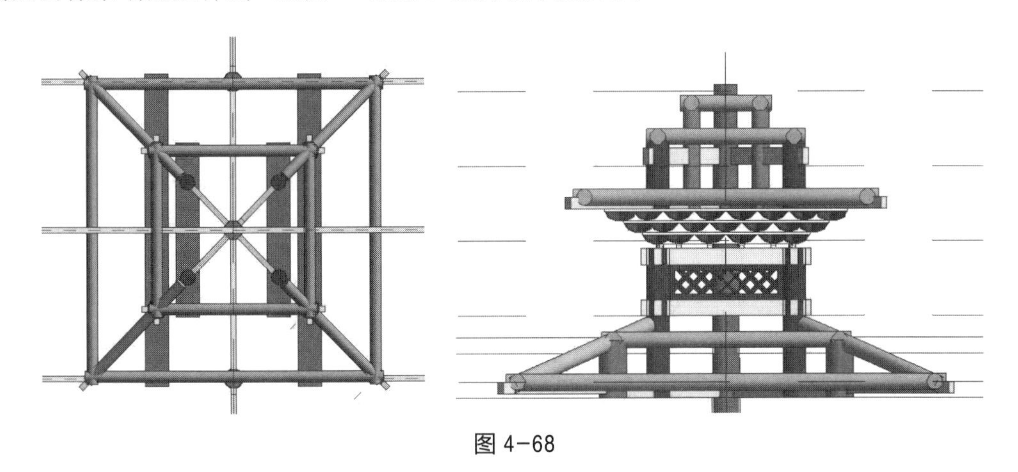

图 4-68

② 用同样的方法，在“侧顶”和“中顶”上的斜出水枋处布置倾斜方向的“圆木檩 - 无悬挑”。建好的模型如图 4-69。

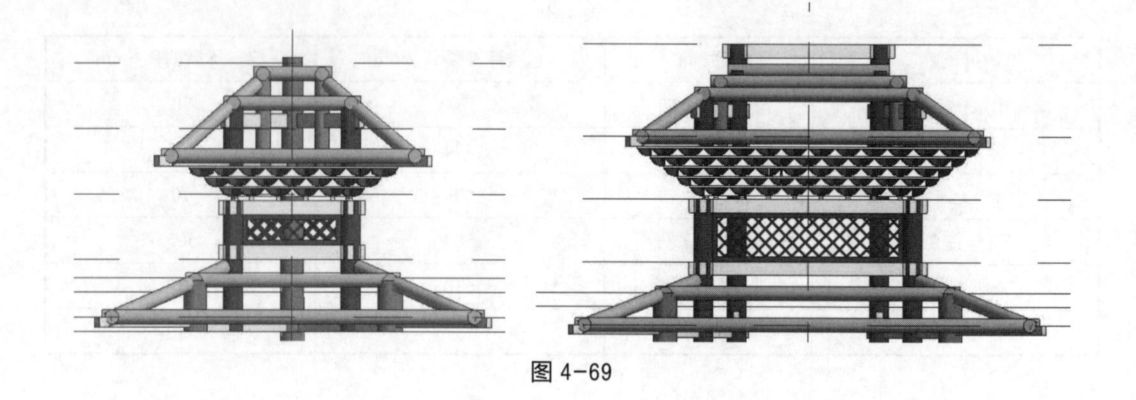

图 4-69

4.7.2 挂瓦条的建立

1. 设置参照平面

在项目浏览器中的视图选项立面中选择“西立面”。在“修改 / 放置参照平面”主菜单下，利用“绘制”面板下的“直线”工具，在“圆木檩 - 无悬挑”切点画斜参照平面，以及在“木穿枋 70*140”外端点与“圆木檩 - 无悬挑”切点画斜参照平面，如图 4-70。

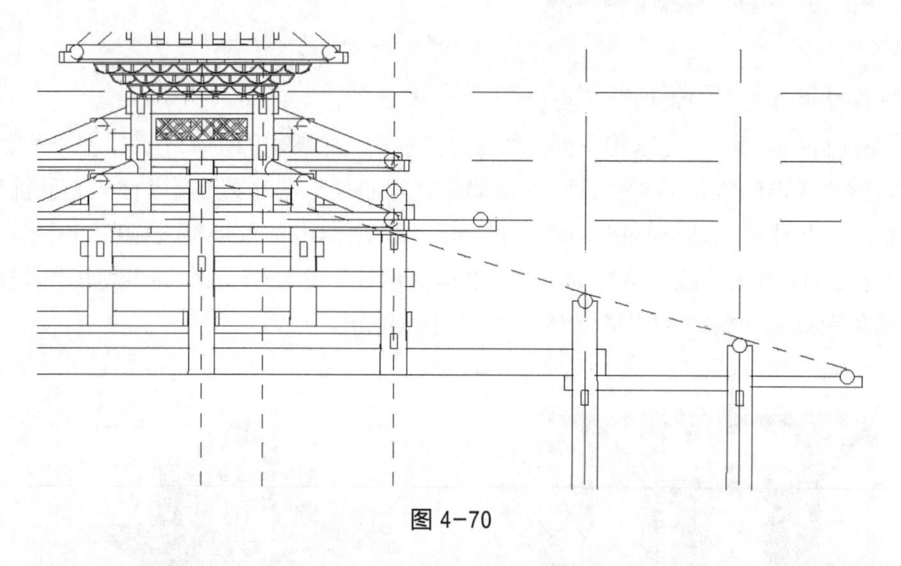

图 4-70

2. 布置挂瓦条

（1）在项目中点击“插入”主菜单，在“从库中载入”面板中点击“载入”族工具，会跳出“载入”族对话框。找到在“吊脚楼”部分创建的“挂瓦条”族，点击“打开”，将“挂瓦条”族载入项目中。

（2）点击“结构”主菜单中“结构”面板中的“梁”工具，这时在“属性”面板出现导入的“挂瓦条”族。点击“编辑类型”，出现“类型属性”对话框，点击“复制(D)...”，名称为“挂瓦条 20*100”，其中 b=100 mm，b_1=50 mm，h=20 mm。定义一种新材质“挂瓦条云杉”，“颜色”设为“浅蓝色(RGB 0 128 255）”。

（3）在项目浏览器中，在结构平面选“一层出水枋”标高作为工作平面。点击“结构”

主菜单中“结构”面板中的“梁”工具，在“属性”面板找到“挂瓦条 20*100”，在 1 轴线上的“圆木檩 - 无悬挑”与“圆木檩 - 无悬挑”垂直距离之间布置“挂瓦条 20*100”，如图 4-71。

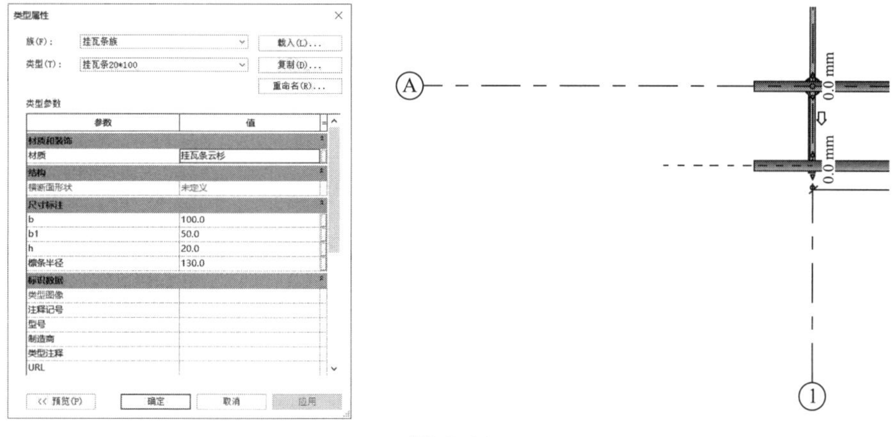

图 4-71

（4）在项目浏览器中的视图选项立面中选择“西立面”。通过“修改 / 结构框架”选项卡中“修改”面板下的“移动”工具，将“挂瓦条 20*100”从原位置移动到檩条上端点，使挂瓦条的下边缘与檩条的上边缘重合；然后再通过“修改 / 结构框架”选项卡中“修改”面板下的“旋转”工具，以挂瓦条的下边缘线与斜参照平面的交点为基点，把挂瓦条旋转到斜参照平面上，使挂瓦条的下边缘线与斜参照平面重合，得到斜挂瓦条，如图 4-72。

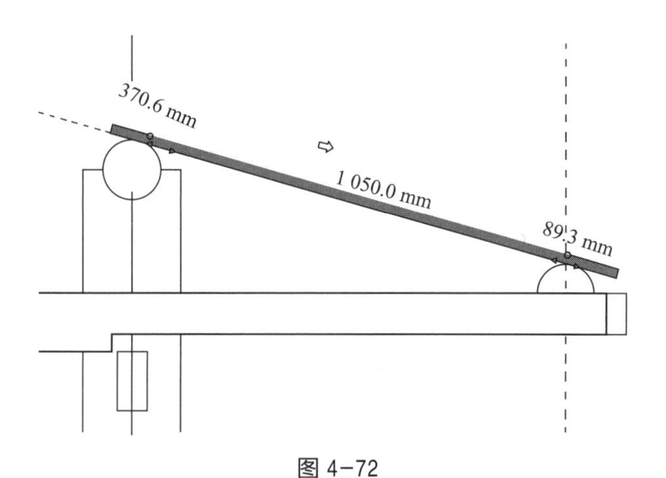

图 4-72

（5）用同样的方法，在 1 轴线上其他的“圆木檩 - 无悬挑”与“圆木檩 - 无悬挑”垂直距离之间以及“木穿枋 70*140”与“圆木檩 - 无悬挑”垂直距离之间布置“挂瓦条 20*100”。建好的模型如图 4-73。

（6）在项目浏览器中，在结构平面选“一层出水枋”标高作为工作平面，全部选中刚才布置好的“挂瓦条 20*100”。通过“修改”面板下的“移动”工具，将“挂瓦条 20*100”移动到檩条一端的末端；再通过“修改”面板下的“复制”工具，以 220 mm 的间距把“挂瓦条 20*100”分别复制到檩条另一端的末端。建好的模型如图 4-74。

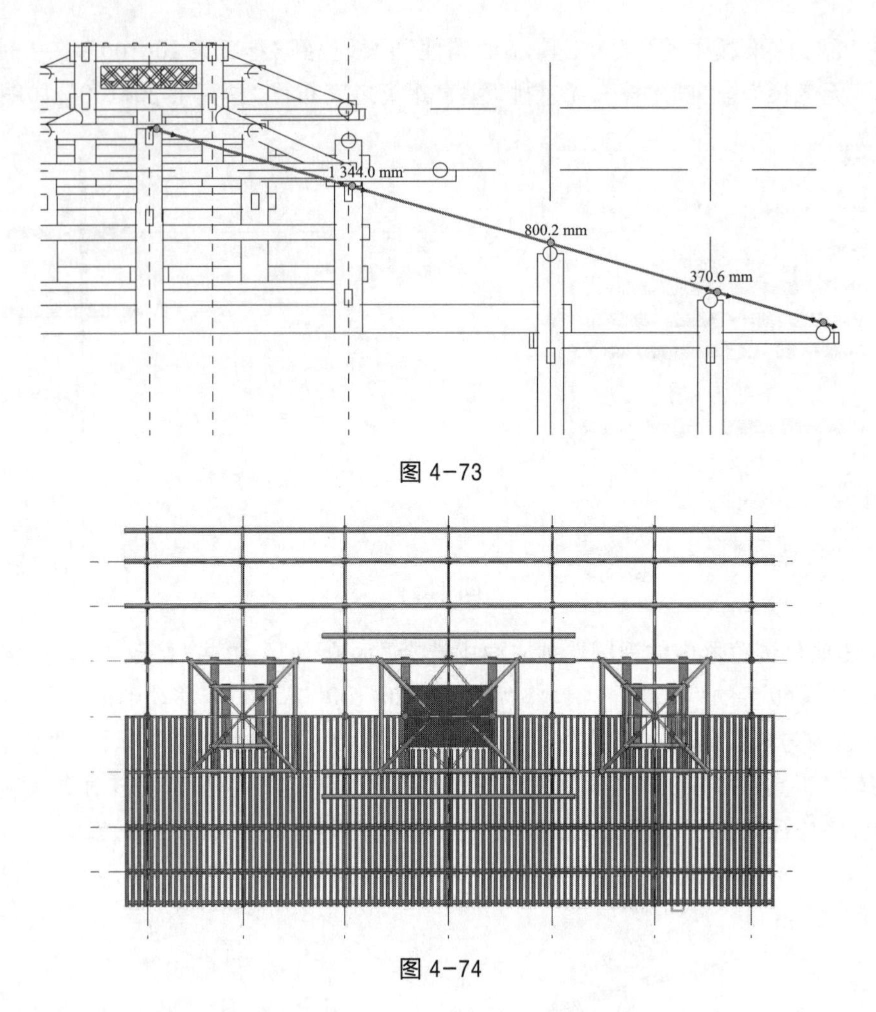

图 4-73

图 4-74

（7）在项目浏览器中，在结构平面选“一层出水枋”标高作为工作平面。将挂瓦条与“侧顶”和“中顶”相交的地方进行调整，把挂瓦条多余的部分切掉。调整好后，选中全部挂瓦条，通过“修改”面板下的“镜像 - 拾取轴”工具，以水平中心参照平面为拾取轴，将挂瓦条镜像到另一侧。建好的模型如图 4-75。

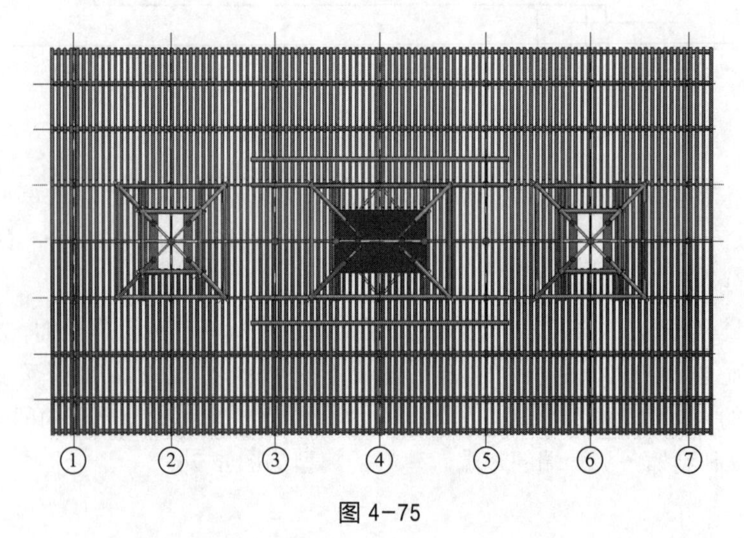

图 4-75

（8）同理，用同样的方法，在其他的“圆木檩 - 无悬挑”与“圆木檩 - 无悬挑”垂直距离之间以及“木穿枋 70*140”与“圆木檩 - 无悬挑”垂直距离之间布置“挂瓦条 20*100”。建好的模型如图 4-76 和图 4-77。

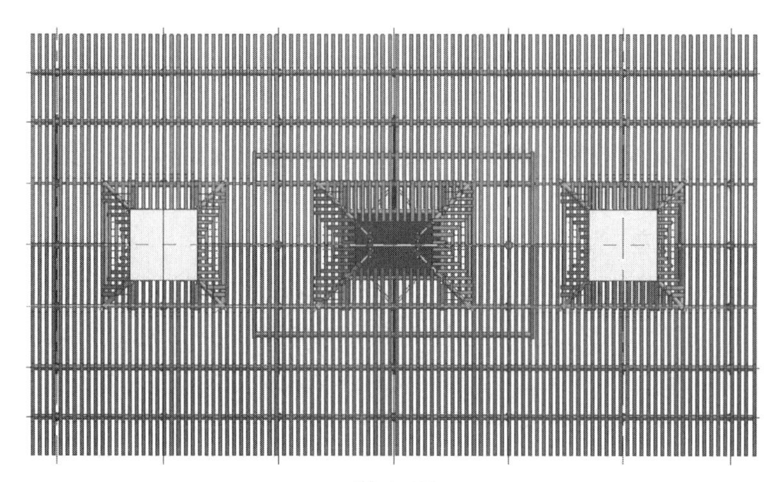

图 4-76

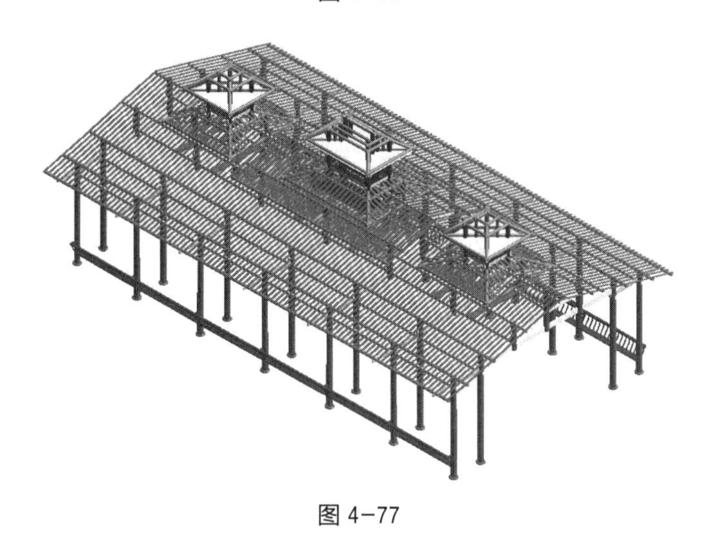

图 4-77

（9）点击软件右上端 Revit 图标（应用程序按钮），出现“应用程序菜单”，选择菜单中的“另存为”项目，弹出另存为对话框，将其保存为“风雨桥檩条及挂瓦条”。

4.8 瓦屋面及封檐板的建立

4.8.1 瓦屋面的建立

1. 一层屋面

（1）在项目浏览器中，在楼层平面选“一层出水枋”标高作为工作平面。点击“建筑”主菜单中“构建”面板中“屋顶”中的“迹线屋顶”，进入绘制界面。这时在“属性”面板出现对屋顶编辑对话框。点击“编辑类型”,出现“类型属性”对话框,点击“复制(D)...”,命名为“瓦屋面”。点击“构造”下的“结构”,弹出“材质浏览器”对话框,再点击左下面“打开 / 关闭资源浏览器”按钮,打开“资源浏览器”对话框,“查找”“屋顶材料 - 瓦”材质,并修改瓦的厚度为 50 mm。

(2)点击“绘制”面板下的“直线”工具,沿前后左右方向屋顶外边线绘制一个大矩形框,“侧顶”与“中顶”上的小矩形框为所在“木柱 5”的外边缘形成的;然后点击前后方向的外侧两条直线,出现“定义坡度”并打上钩,点击“完成编辑模式”。然后点击刚才绘制的屋面,弹出“属性”面板,修改“属性”面板下的“底部标高”为“一层出水枋”,“自标高的底部偏移”为 55. 6 mm,“角度”为 15. 8°。建好的模型如图 4-78。

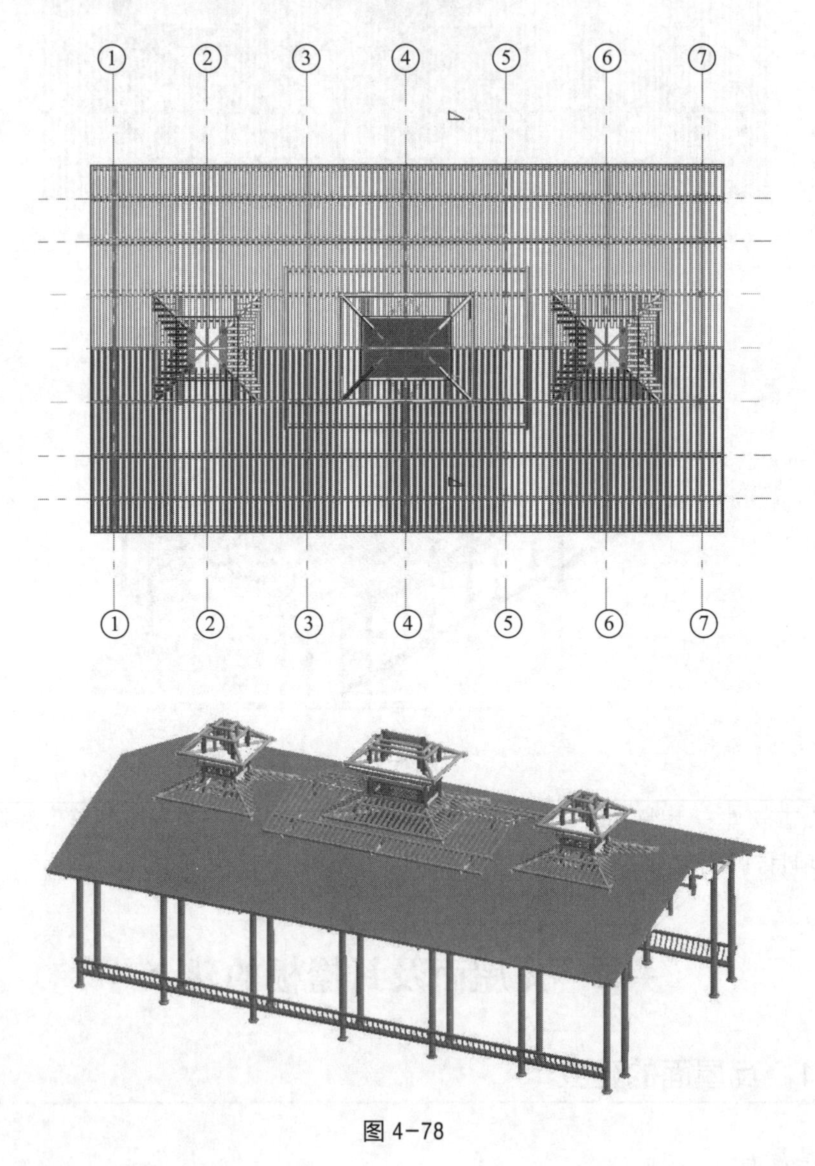

图 4-78

2. 二层屋面

用同样的方法绘制中间的二层屋面。绘制如图 4-79 所示檩条与出水枋外边缘所围成

的一个大矩形框、“中顶”上“木柱 5”所围成的一个小矩形框，然后点击前后方向的外侧两条直线，出现“定义坡度”并打上钩，点击“完成编辑模式”。然后点击刚才绘制的屋面，弹出“属性”面板，修改“属性”面板下的“底部标高”为“二层出水枋”，“自标高的底部偏移”为 40.5 mm，“角度”为 17°。建好的模型如图 4-79。

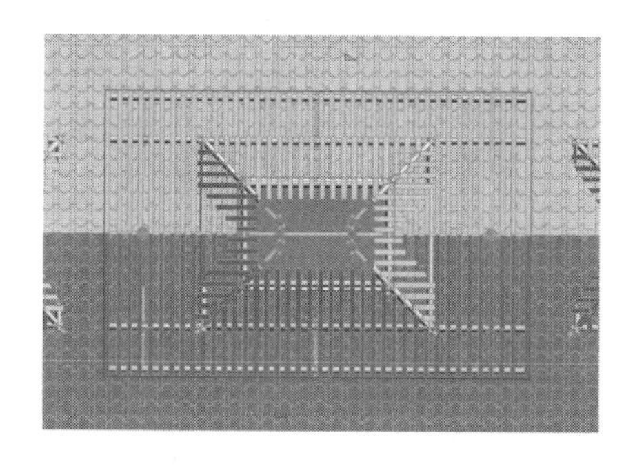

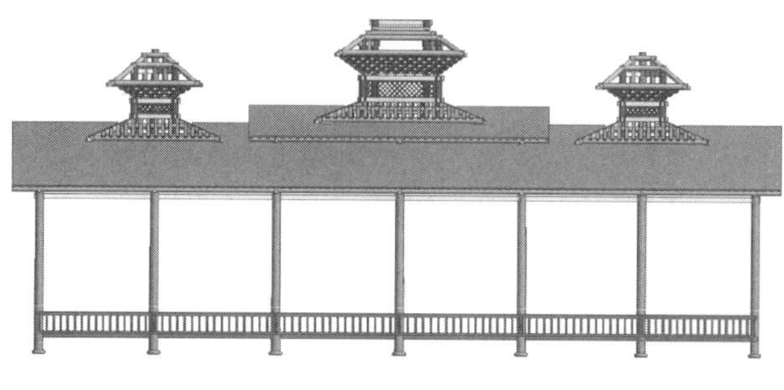

图 4-79

3. 瓦屋面族

（1）在启动界面的族板块点击“新建...”，出现“新族 选择样本文件”对话框，选择“公制常规模型”，点击“打开”，进入新建族界面。

（2）在“参照标高”平面如图 4-80 所示绘制角度为 45.00° 的两条斜参照平面和分别距水平中心参照平面为 700 mm（水平中心线到木柱 5 外边缘的垂直距离）、2 000 mm（水平中心线到斜出水枋端点的垂直距离）的两条参照平面。再在 4 个交点处绘制 4 条垂直参照平面，如图 4-80。

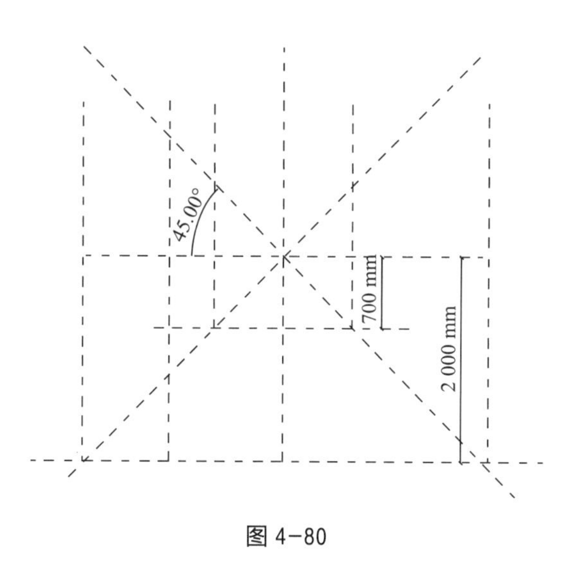

图 4-80

（3）切换到“前立面”。在最外两侧分别绘制距外侧参照平面 100 mm，距内侧参照平面 850 mm 的垂直参照平面；再点击“创建”主菜单中“形状”面板下的“放样”工具，点击“绘制路径”，利用“直线”和“起点－终点－半径弧”工具绘制如图 4-81 的曲线。在利用“起点－终点－半径弧”工具时，外端在刚绘制好的垂直参照平面上并与水平参照平面形成 25.00° 角，绘制完成后点击“完成编辑模式”。然后点击“编辑轮廓”，弹出“转到视图”，点击“左立面”，进入编辑模式。先在左侧绘制一条距“红点”1 300 mm（1 300 mm 为最初绘制的两条水平参照平面之间的距离）的垂直参照平面，利用“直线”工具绘制角度 22. 96°（22. 96° 为瓦屋面的角度，也就是挂瓦条的倾斜度）、厚 50 mm 的轮廓，然后以轮廓的中点把轮廓移动到“红点”位置，点击“完成编辑模式”。

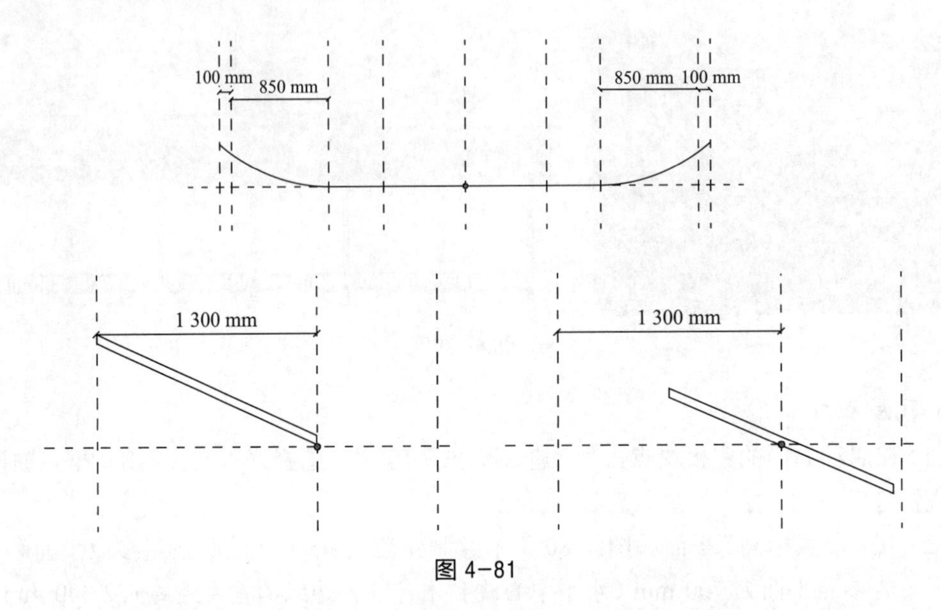

图 4-81

（4）在“参照标高”平面将绘制好的模型移动到两水平参照平面之间，如图 4-82。

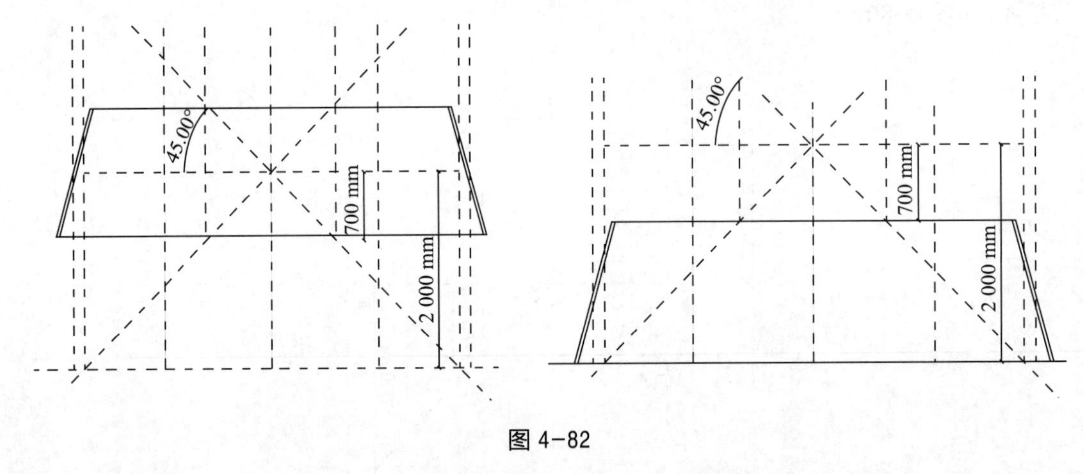

图 4-82

（5）点击“创建”主菜单中“形状”面板下的“空心拉伸”工具，利用“直线”工具沿斜参照平面一侧多余的屋面绘制闭合的回线，修改“属性”面板下的“拉伸终点”为 2 000 mm，“拉伸起点”为 -1 000 mm，点击“完成编辑模式”。然后把空心形状通过“镜像”镜像到另一侧，切掉屋面多余的另一侧，如图 4-83。

（6）点击软件右上端 Revit 图标（应用程序按钮），出现“应用程序菜单”，选择菜单中的“另存为”项目，弹出另存为对话框，将其保存为“侧顶一层屋面”族。

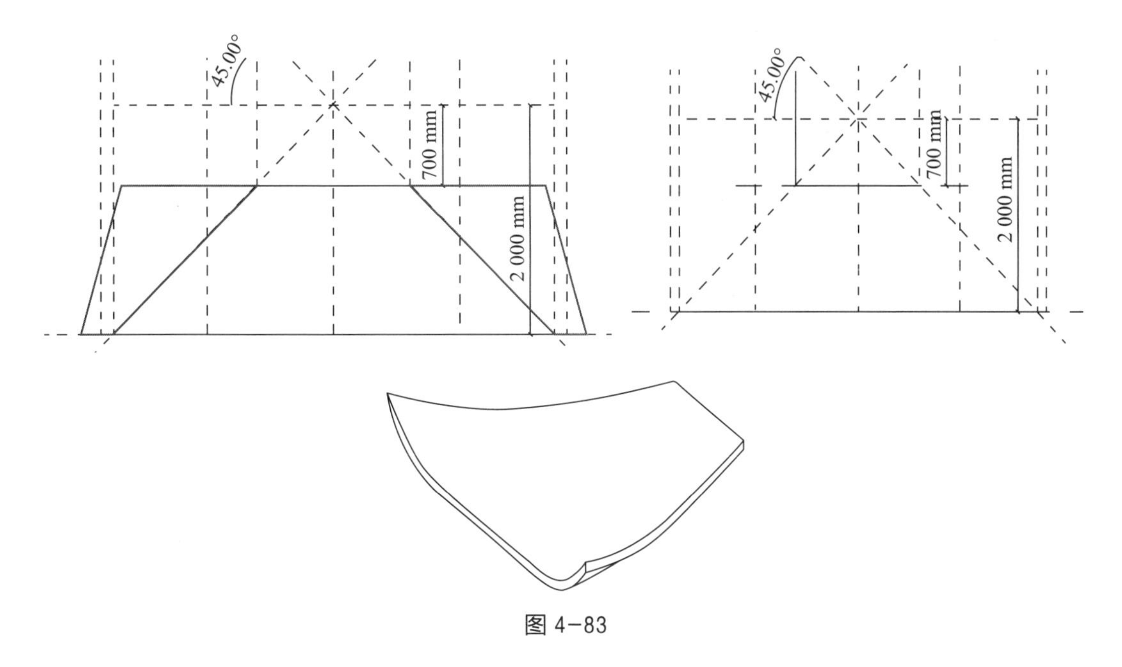

图 4-83

4. **布置瓦屋面**

(1) 在项目中点击"插入"主菜单,在"从库中载入"面板中点击"载入"族工具,会跳出"载入"族对话框。找到开始保存的"侧顶一层屋面"族,点击"打开",将"侧顶一层屋面"族载入项目中。

(2) 在项目浏览器中,在楼层平面选"二层出水枋"标高作为工作平面。点击"建筑"主菜单中"构建"面板中的"构件"工具,选择"放置构件";然后鼠标移动到"侧顶"中心点位置(中柱圆圆心点),按鼠标左键确定,如图 4-84。

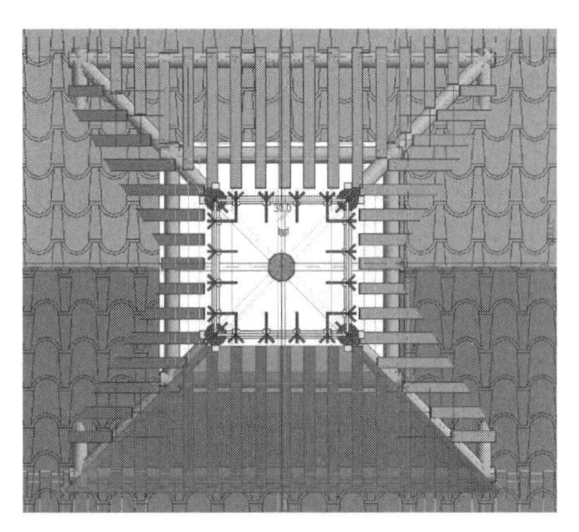

图 4-84

(3) 切换到三维视图,在"建筑"主菜单中"构建"面板点击"构建"面板下的"屋顶"中的"面屋顶"工具,弹出屋顶"属性"面板。点击"编辑类型",出现"类型属性"对话框,选择之前定义好的瓦屋面类型。

(4) 屋顶材质设置好后,移动鼠标到刚才放置好的屋顶族,拾取屋顶族上表面作为屋顶的面层。然后点击"多重选择"面板下的"创建屋顶"工具,形成面屋顶,并把导入的"侧顶一层屋面”族删除掉。建好的模型如图 4-85。

图 4-85

（5）切换到“西立面”。点击刚才的“瓦屋面”，将“瓦屋面”通过“移动”工具移动到“挂瓦条”上面，使屋面的下边缘与挂瓦条的上边缘对齐重合，如图 4-86。

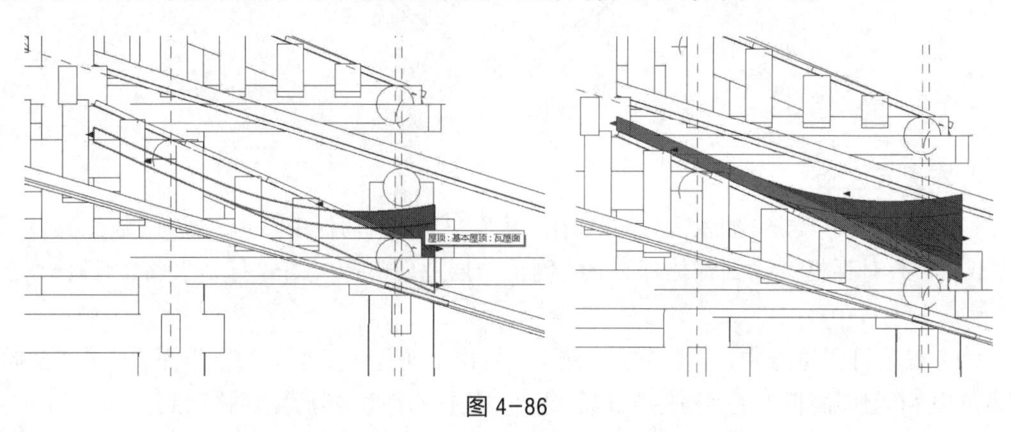

图 4-86

（6）在项目浏览器中，在楼层平面选“二层出水枋”标高作为工作平面。选中“瓦屋面”，利用“修改 / 屋顶”选项卡下“修改”面板中的“旋转”或“阵列”工具，以“侧顶”中柱圆心为基点，按 90° 角方向布置四边形四面中的剩余 3 个面方向的“瓦屋面”。建好的模型如图 4-87。

图 4-87

5. 其他屋面

用同样的方法创建“侧顶”二层屋面以及“中顶”上的其他屋面。相关尺寸及角度可在

风雨桥的模型中量取得到。建好的模型如图 4-88。

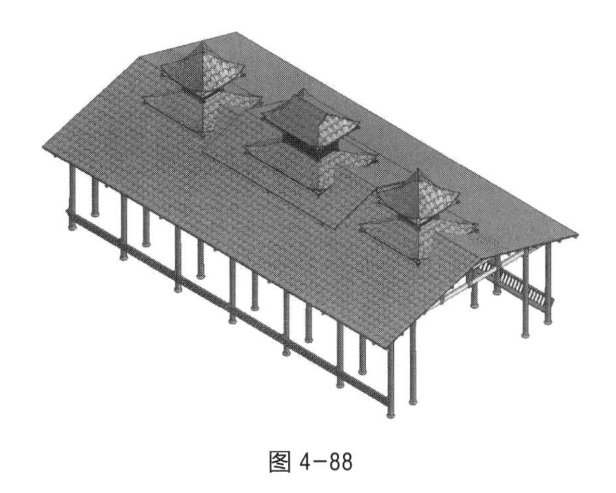

图 4-88

4.8.2 封檐板的建立

（1）在项目浏览器中，在楼层平面选“一层出水枋”标高作为工作平面。点击“建筑”主菜单中“构建”面板中的“建筑墙”工具，弹出墙“属性”面板。点击“编辑类型”，出现“类型属性”对话框，点击“复制(D)...”，名称为“封檐板 -20”。定义一种新材质“封檐板云杉”，将材质的“图形”选项卡下“着色”下的“颜色”设为“白色(RGB 255 255 255)”；同时将材质的“外观”选项卡下“常规”下的“颜色”设为“白色(RGB 255 255 255)”，“图像褪色”数值设为 0，厚度设为 20 mm。

（2）在屋面的外侧布置“封檐板 -20”，并通过“移动”的功能把封檐板的外面一侧移动到与瓦屋面的外边缘对齐，保证封檐板的高度为 160 mm，并且使封檐板的底部边缘与出水枋底部边缘对齐。

（3）用同样的方法在其他屋面的外侧布置“封檐板 -20”。在遇到有翘脚部分屋面，可根据在“鼓楼”部分创建封檐板的方法创建，即利用“修改墙”面板中“附着顶部 / 底部”的功能自动附着到瓦屋面的下端。建好的模型如图 4-89。

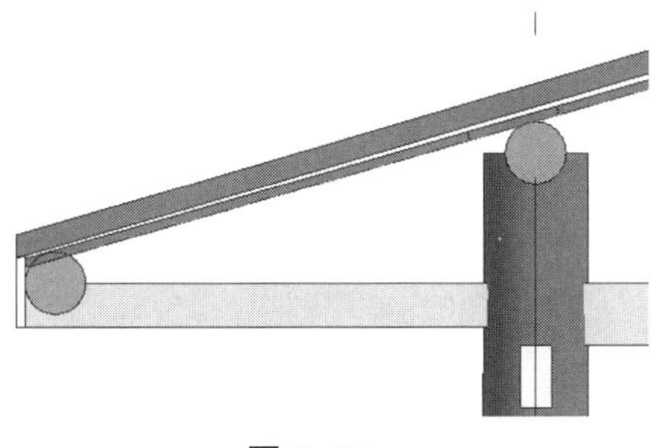

图 4-89

（4）点击软件右上端 Revit 图标(应用程序按钮)，出现“应用程序菜单”，选择菜单中的“另存为”项目，弹出另存为对话框，选择要保存的文件夹，命名为“风雨桥 + 瓦屋面及封檐板”，点击“确定”。

4.9 宝顶及屋脊的建立

4.9.1 宝顶的建立

（1）在项目中点击“插入”主菜单，在“从库中载入”面板中点击“载入”族工具，会跳出“载入”族对话框。找到在“鼓楼”部分创建的“宝顶”族，点击“打开”，将“宝顶”族载入项目中。

（2）在项目浏览器中，在楼层平面选“顶层”标高作为工作平面。点击“建筑”主菜单中“构建”面板中的“构件”工具，选择“放置构件”，弹出宝顶“属性”面板，点击“编辑类型”，出现“类型属性”对话框，定义一种新材质“铜，铜绿色”。然后布置在“侧顶”中柱圆心端点上。建好的模型如图 4-90。

图 4-90

4.9.2 屋脊的建立

1. 屋脊族

（1）在启动界面的族板块点击“新建...”，出现“新族-选择样本文件”对话框，选择“公制常规模型”，点击“打开”，进入新建族界面。

（2）在项目浏览器中的视图选项立面中选择“前立面”。选择主菜单“创建”的“形状”面板，选择“拉伸”工具，进入“修改 / 创建拉伸”选项卡，在“绘制”面板中选择“直线”和“起点 - 终点 - 半径弧”以及“圆”工具，根据屋脊图案，绘制如图 4-91 所示的轮廓线，点击“完成编辑模式”，厚度为 100 mm。

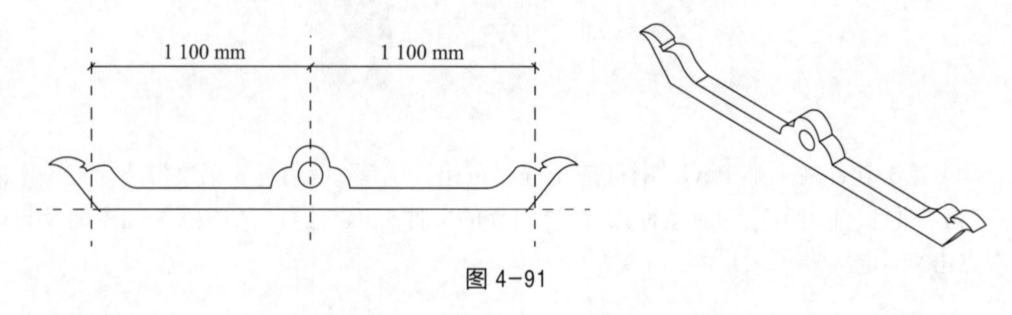

图 4-91

（3）定义材质。在“属性”选项板里的“材质”选项里点击后面的小方框，弹出“关联族参数”对话框，点击左下角的“新建参数”按钮，弹出“参数属性”对话框，在名称(N)中，输入材质，点击“确定”。

（4）点击软件右上端Revit图标（应用程序按钮），出现“应用程序菜单”。选择菜单中的“另存为”项目，弹出另存为对话框，选择要保存的文件夹，命名为“屋脊”族，点击“确定”。

2. 布置屋脊族

（1）在项目中点击“插入”主菜单，在“从库中载入”面板中点击“载入”族工具，会跳出“载入”族对话框。找到开始保存的“屋脊”族，点击“打开”，将“屋脊”族载入项目中。

（2）在项目浏览器中，在楼层平面选“屋顶”标高作为工作平面。点击“建筑”主菜单中“构建”面板中的“构件”工具，选择“放置构件”，弹出屋脊“属性”面板，“查找”“石膏板”材质，定义一种新材质“磷石膏”，然后布置在“中顶”正中间。

（3）点击刚才绘制的屋脊，弹出“属性”面板，修改“属性”下的“标高”为“屋顶”，“偏移量”为0。建好的模型如图4-92和图4-93。

（4）点击软件右上端Revit图标（应用程序按钮），出现“应用程序菜单”。选择菜单中的“另存为”项目，弹出另存为对话框，选择要保存的文件夹，命名为“风雨桥＋宝顶及屋脊”，点击“确定”。

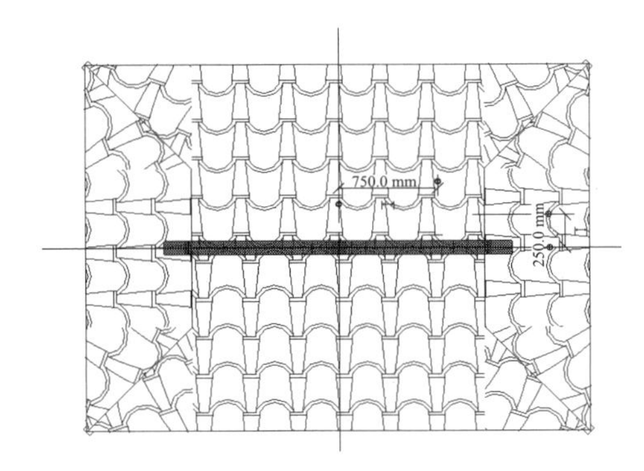

图4-92

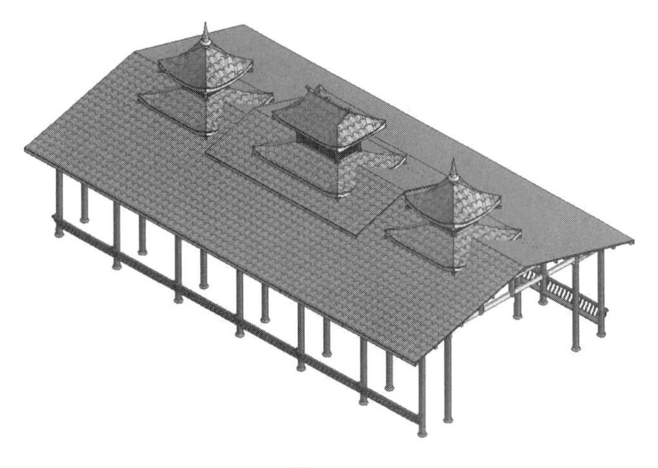

图4-93

4.10 场地的建立

（1）在项目浏览器中，在楼层平面选“地面层”标高作为工作平面。

（2）点击“建筑”主菜单中“创建”面板中“楼板”中的“楼板：建筑”，这时在“属性”面板出现导入的“楼板”族。点击“编辑类型”，出现“类型属性”对话框，点击“复制（D）...”，名称为“地面 250”，“查找”“现场浇注混凝土”材质，定义一种新材质“现浇混凝土”，厚度设为 250 mm。

（3）点击“建筑”主菜单中“构建”面板下的“楼板：建筑”工具。利用“绘制”面板下的“直线”工具，在 A 和 B 轴线交 1 和 7 轴线的四个交点之间布置一个矩形，并且偏移量均为 250 mm，点击“完成编辑模型”，完成楼板建模，如图 4-94。

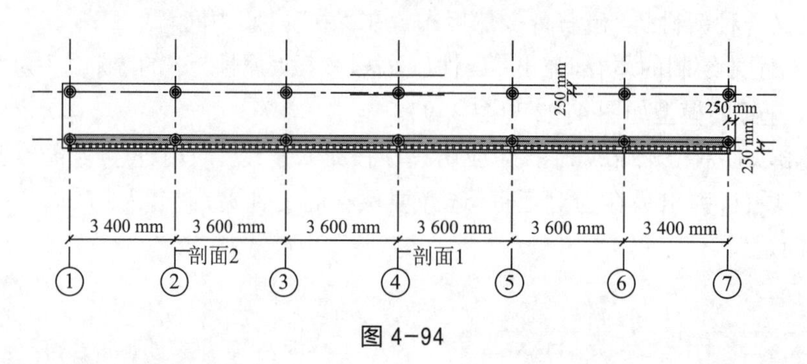

图 4-94

（4）点击“地面 250”的“属性”面板，将“约束”选项卡内参数，“标高”设为“地面层”，“自标高的高度偏移”设为 0，并把其镜像到另一边。建好的模型如图 4-95。

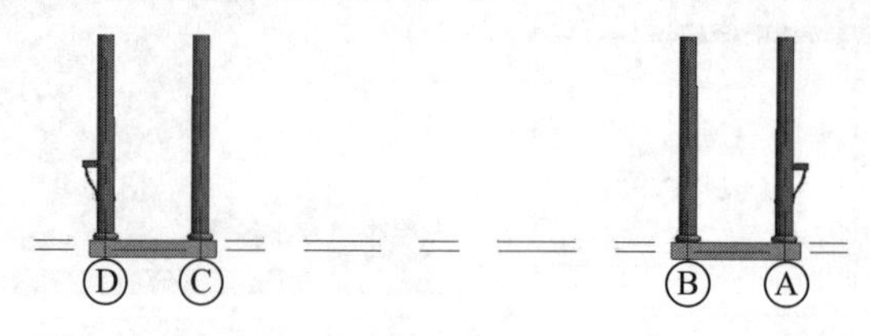

图 4-95

（5）用同样的方法，再创建一个厚度为 100 mm 的“地面 100”。楼层平面选“基脚”标高作为工作平面，布置在刚才绘制的两地面之间。点击“地面 100”的“属性”面板，将“约束”选项卡内参数，“标高”设为“基脚”，“自标高的高度偏移”设为 0。建好的模型如图 4-96 和图 4-97。

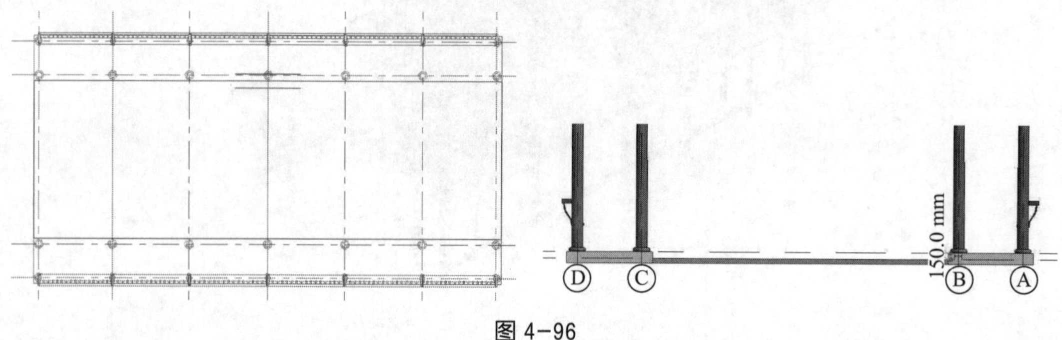

图 4-96

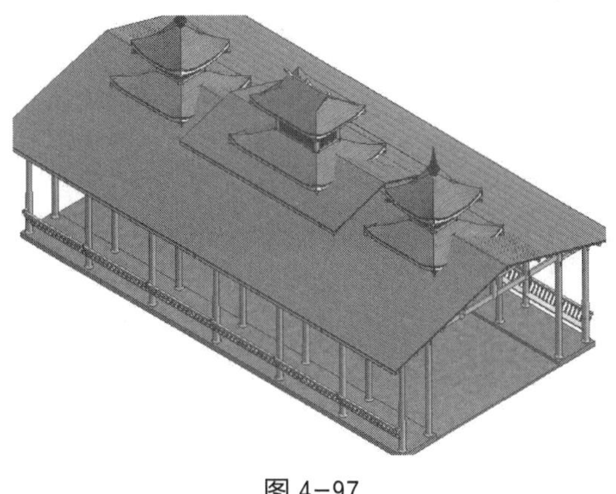

图 4-97

（6）点击软件右上端 Revit 图标（应用程序按钮），出现“应用程序菜单”。选择菜单中的“另存为”项目，弹出另存为对话框，选择要保存的文件夹，命名为“风雨桥 + 场地”，点击“确定”。

第 5 章

图纸设计与处理

5.1 房屋和颜色方案

苗族吊脚楼根据室内空间的性质可以分为生活空间（堂屋、火塘、客厅、卧室）、生产空间（架空层、晒台、粮食储存间）和辅助空间（杂务间、厨房、卫生间）、交通空间（退堂、走廊、楼梯、阳台）。本节将根据其室内实际布局情况，以第 2 章创建的苗族吊脚楼模型进行房间、面积和颜色方案的创建。

5.1.1 吊脚层房间布置

苗族吊脚楼的吊脚层主要作为牲畜圈养空间、农作物工具存放空间以及生产工作的场所，是苗族吊脚楼中重要的组成部分，反映了苗族人民物尽其用、最大利用空间的思想。

1. 房间分割

由于木结构不像常规结构一样，当直接放置房屋时会弹出警告，提示“房屋不在完全闭合区域中”。这应该是由于木结构导致的，在楼板、墙板等交接地带没有形成完整的连接。为了处理这种情况，采用房间分割命令。

（1）在项目浏览器中，在楼层平面选“吊脚基脚”标高作为工作平面。

（2）点击“建筑”主菜单中“房间和面积”面板中的“房间分割”工具。在“修改 / 放置 房间分割”菜单下，在“绘制”面板选择“矩形”命令，沿着轴线将底部空间以 B，C，D 和 E 轴线进行分割。

2. 房间创建

（1）点击“建筑”主菜单中“房间和面积”面板中的“房间”工具，在“修改 / 放置房间”菜单下选择“在放置时进行标记”命令，分别对吊脚层的几个房间进行标记，如图 5-1。

（2）选择“房间”字样，弹出“属性”面板，现在默认的标记模板为“标记 - 房间 - 无面积 - 方案 - 黑体 -4-5 mm-0-8”，修改为“标记 - 房间 - 有面积 - 方案 - 黑体 -4-5 mm-0-8”，依次改变每个的标记模板，如图 5-2。

（3）选中房间名称，根据每个房间的实际用途进行命名，修改后房间名如图 5-3。

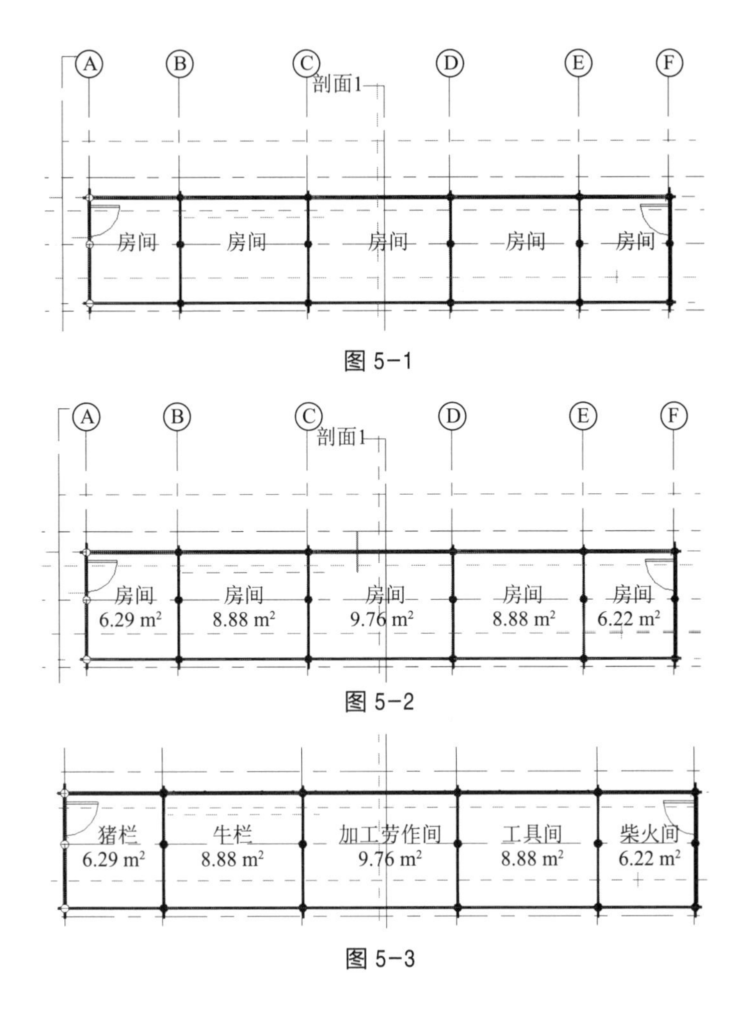

图 5-1

图 5-2

图 5-3

5.1.2 创建颜色方案

（1）点击“建筑”主菜单中“房间和面积”下拉菜单中的“颜色方案”选项，弹出“编辑颜色方案”对话框。“类别”选择“房间”选项，点击复制重命名“吊脚层颜色方案”，在“方案定义”面板下面，“颜色（C）”选择“名称”，这时会根据房间的名称自动确定颜色方案，如图 5-4。颜色和填充样式可以根据需要进行调整。

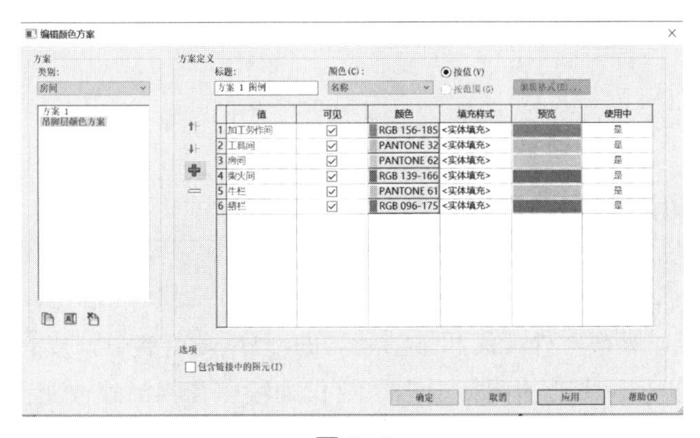

图 5-4

（2）楼层“属性”面板中的“颜色方案”默认为“无”。点击方形按钮，弹出“编辑颜色方案”对话框，选择上面定义“吊脚层颜色方案”，这个时候该颜色方案就被赋予吊脚层，如图 5-5。

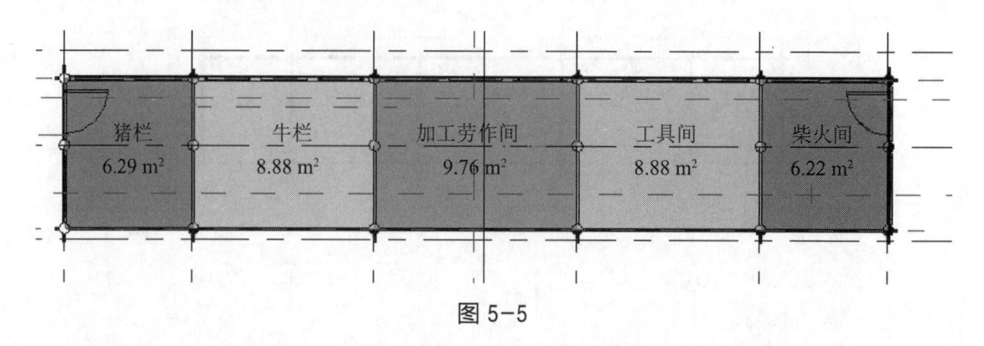

图 5-5

（3）在楼层“属性”面板中的“可见性 / 图形替换”选项，点击“编辑 ...”按钮，弹出“楼层平面可见性 / 图形替换”对话框，在“注释类别”选项中将“剖面图”“参照平面”和“轴线”等选项去掉，将很多不需要的线进行隐藏，这个时候楼层平面更加简洁，如图 5-6。

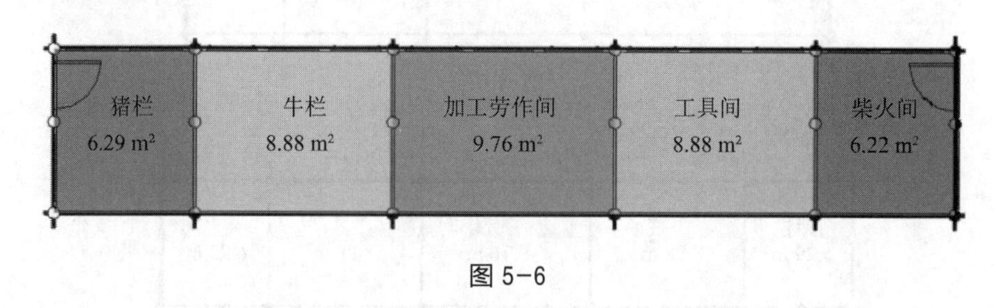

图 5-6

（4）在“注释”选项卡中选择“颜色填充 图例”命令，放置图例在合适部位，如图 5-7。

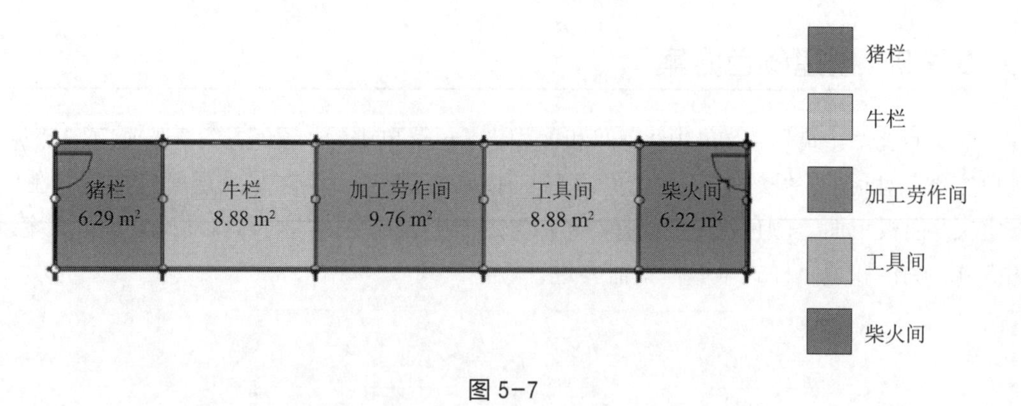

图 5-7

5.1.3 其他层房间布置

苗族吊脚楼地面层主要是“以住为中心的居住层”，主要包括堂屋、卧室、火塘间、厨房等空间形式，是苗族吊脚楼对外交流和生活起居的部分，是苗族吊脚楼的核心层。苗族吊脚楼的第二层是“以储存为中心的阁楼层”，主要作为粮食和物品存放空间，也有部分会设置客房。

苗族吊脚楼居住层和阁楼层的房间布置和颜色方案和吊脚层操作类似，具体如图 5-8 和图 5-9。

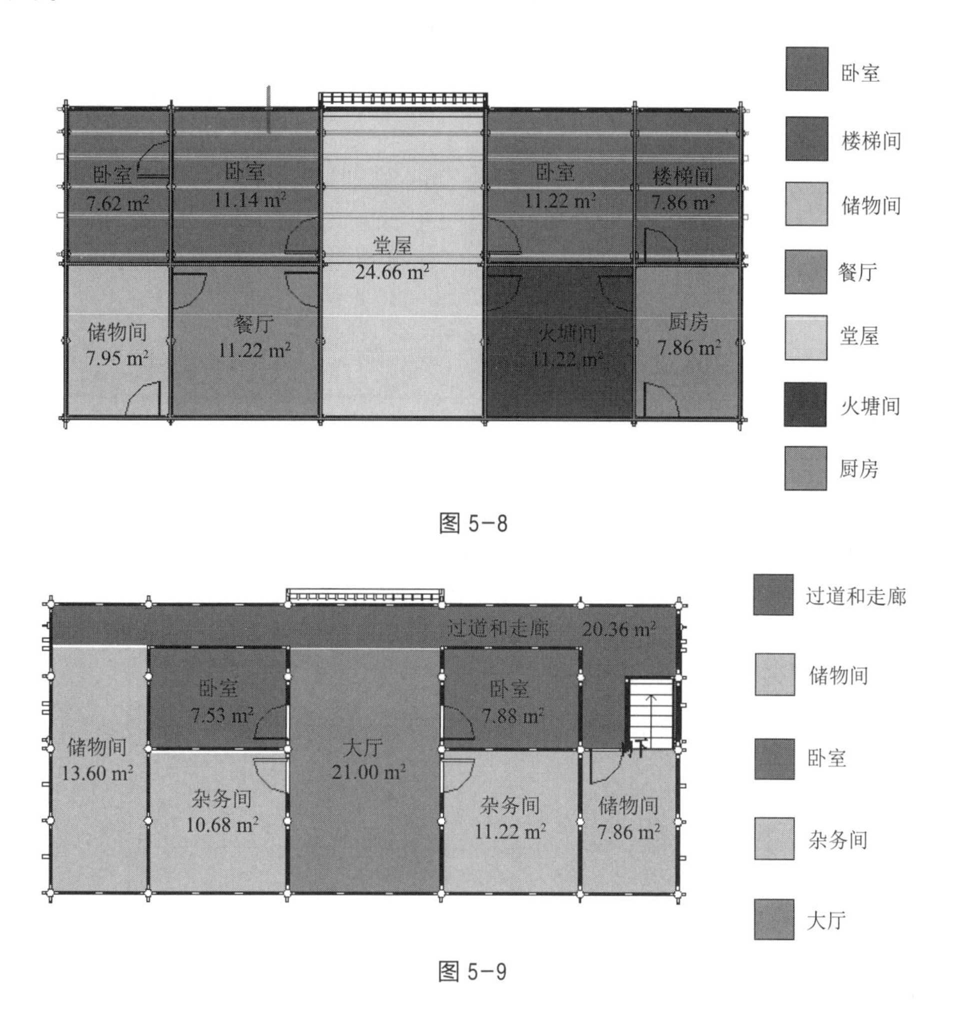

图 5-8

图 5-9

5.2 明细表统计

明细表主要用来统计建筑构件的数据，可以方便了解建筑构件的尺寸和数量等数据，可以用来指导木结构下料和加工，便于木结构的施工。下面介绍创建明细表的方法。

（1）点击“视图”主菜单下“明细表 > 明细表数量”命令，弹出“新建明细表”对话框。在“类别(C)”中选择“柱”，点击“确定”，弹出明细表属性对话框。在“可用的字段(V)”下选择“类型”“族与类型”“底部标高”“底部偏移”“顶部标高”“顶部偏移”和“合计”，按照规定进行排序，如图 5-10。点击“确定”，弹出柱的明细表，如图 5-11。

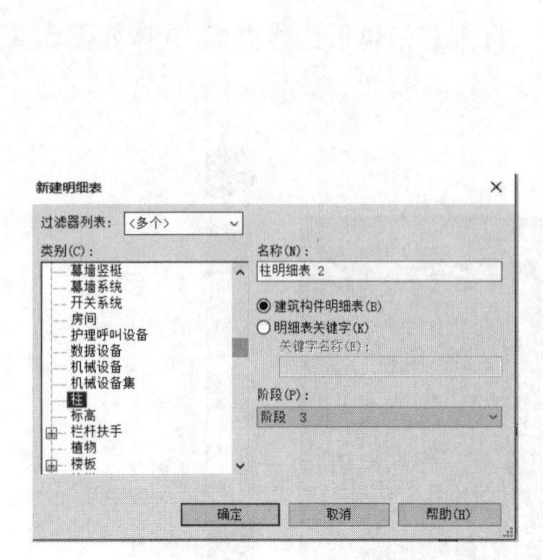

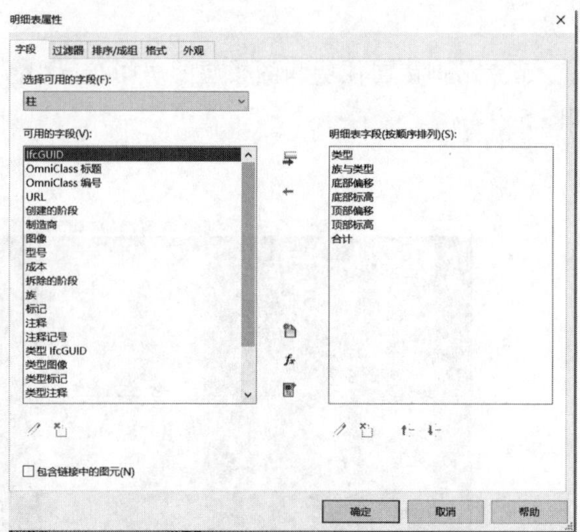

图 5-10

吊脚基脚　柱明细表 3

<柱明细表 3>

A	B	C	D	E	F	G
类型	族与类型	底部标高	底部偏移	顶部标高	顶部偏移	合计
立柱200	圆木柱族：立柱2	地面层	-500	地面层	6223	1
立柱200	圆木柱族：立柱2	吊脚基脚	0	地面层	6957	1
立柱200	圆木柱族：立柱2	地面层	0	地面层	7826	1
立柱200	圆木柱族：立柱2	地面层	0	地面层	6957	1
立柱200	圆木柱族：立柱2	地面层	0	地面层	6223	1
立柱200	圆木柱族：立柱2	吊脚基脚	0	地面层	200	1
瓜柱160	圆木柱族：瓜柱1	出水枋	-185	出水枋	935	1
瓜柱160	圆木柱族：瓜柱1	中柱枋	-133	中柱枋	644	1
瓜柱160	圆木柱族：瓜柱1	中柱枋	-133	中柱枋	644	1
瓜柱160	圆木柱族：瓜柱1	出水枋	-185	出水枋	935	1
立柱200	圆木柱族：立柱2	吊脚基脚	0	地面层	200	1
立柱200	圆木柱族：立柱2	地面层	-500	地面层	6223	1
立柱200	圆木柱族：立柱2	吊脚基脚	0	地面层	6957	1
立柱200	圆木柱族：立柱2	地面层	0	地面层	7826	1
立柱200	圆木柱族：立柱2	地面层	0	地面层	6957	1
立柱200	圆木柱族：立柱2	地面层	0	地面层	6223	1
立柱200	圆木柱族：立柱2	吊脚基脚	0	地面层	200	1
瓜柱160	圆木柱族：瓜柱1	出水枋	-185	出水枋	935	1
瓜柱160	圆木柱族：瓜柱1	中柱枋	-133	中柱枋	644	1
瓜柱160	圆木柱族：瓜柱1	中柱枋	-133	中柱枋	644	1
瓜柱160	圆木柱族：瓜柱1	出水枋	-185	出水枋	935	1
立柱200	圆木柱族：立柱2	吊脚基脚	0	地面层	200	1
立柱200	圆木柱族：立柱2	地面层	-500	地面层	6223	1
立柱200	圆木柱族：立柱2	吊脚基脚	0	地面层	6957	1
立柱200	圆木柱族：立柱2	地面层	0	地面层	7826	1
立柱200	圆木柱族：立柱2	地面层	0	地面层	6957	1
立柱200	圆木柱族：立柱2	地面层	0	地面层	6223	1
立柱200	圆木柱族：立柱2	吊脚基脚	0	地面层	200	1
瓜柱160	圆木柱族：瓜柱1	出水枋	-185	出水枋	935	1
瓜柱160	圆木柱族：瓜柱1	中柱枋	-133	中柱枋	644	1
瓜柱160	圆木柱族：瓜柱1	中柱枋	-133	中柱枋	644	1
瓜柱160	圆木柱族：瓜柱1	出水枋	-185	出水枋	935	1

图 5-11

（2）在明细表“属性”面板中可以设置相关属性，如图 5-12。

① 视图名称。可以对明细表进行重命名。

② 字段。单击后面“编辑 ...”按钮，弹出“明细表属性”对话框，可以对明细表的字段等进行修改和调整。

③ 过滤器。单击后面“编辑 ...”按钮，弹出“明细表属性”对话框，可以对明细表数据按相关条件进行过滤，如底部标高 = 吊脚基脚，则明细表只显示符合要求的数据，如图 5-13。

④ 排序 / 成组。单击后面“编辑 ...”按钮，弹出“明细表属性”对话框，在“排序 / 成组”选项进行调整，排序方式按类别，升序，不勾选“逐项列举每个实例（Z）”。这时明细表

如图 5-14。

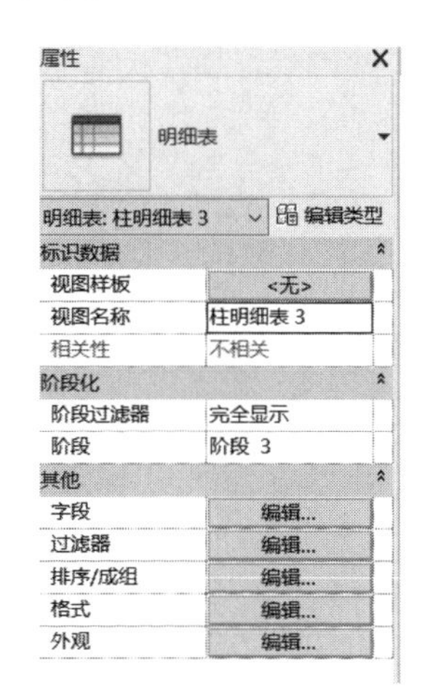

图 5-12

<柱明细表 3>

A	B	C	D	E	F	G
类型	族与类型	底部标高	底部偏移	顶部标高	顶部偏移	合计
立柱200	圆木柱族: 立柱2	吊脚基脚	0	地面层	6957	1
立柱200	圆木柱族: 立柱2	吊脚基脚	0	地面层	200	1
立柱200	圆木柱族: 立柱2	吊脚基脚	0	地面层	200	1
立柱200	圆木柱族: 立柱2	吊脚基脚	0	地面层	6957	1
立柱200	圆木柱族: 立柱2	吊脚基脚	0	地面层	200	1
立柱200	圆木柱族: 立柱2	吊脚基脚	0	地面层	200	1
立柱200	圆木柱族: 立柱2	吊脚基脚	0	地面层	6957	1
立柱200	圆木柱族: 立柱2	吊脚基脚	0	地面层	200	1
立柱200	圆木柱族: 立柱2	吊脚基脚	0	地面层	200	1
立柱200	圆木柱族: 立柱2	吊脚基脚	0	地面层	6957	1
立柱200	圆木柱族: 立柱2	吊脚基脚	0	地面层	200	1
立柱200	圆木柱族: 立柱2	吊脚基脚	0	地面层	200	1
立柱200	圆木柱族: 立柱2	吊脚基脚	0	地面层	6957	1
立柱200	圆木柱族: 立柱2	吊脚基脚	0	地面层	200	1
立柱200	圆木柱族: 立柱2	吊脚基脚	0	地面层	200	1
立柱200	圆木柱族: 立柱2	吊脚基脚	0	地面层	6957	1
立柱200	圆木柱族: 立柱2	吊脚基脚	0	地面层	200	1
立柱200	圆木柱族: 立柱2	吊脚基脚	0	地面层	200	1

图 5-13

<柱明细表 3>

A	B	C	D	E	F	G
类型	族与类型	底部标高	底部偏移	顶部标高	顶部偏移	合计
瓜柱160	圆木柱族: 瓜柱160					24
立柱200	圆木柱族: 立柱200			地面层		42

图 5-14

（3）点击“视图”主菜单下“明细表＞明细表数量”命令，弹出“新建明细表”对话框。在“类别(C)”中选择“分析梁”，点击“确定”，弹出明细表属性对话框。在“可用的字段(V)”下选择“族类型”“物理材质资源”“长度”和“合计”，按照规定进行排序，点击“确定”，弹出分析梁的明细表，如图 5-15。

吊脚基脚　分析梁明细表 2

<分析梁明细表 2>

A	B	C	D
族类型	物理材质资源	长度	合计
木枋族：地脚枋50*200	未指定	6720	1
木枋族：排枋50*200	云杉 - 锡特卡(4)	6720	1
木枋族：排枋50*200	云杉 - 锡特卡(4)	6720	1
木枋族：瓜枋50*133	云杉 - 锡特卡(4)	840	1
木枋族：瓜枋50*133	云杉 - 锡特卡(4)	3360	1
木枋族：瓜枋50*133	云杉 - 锡特卡(4)	1680	1
木枋族：瓜枋50*133	云杉 - 锡特卡(4)	840	1
出水枋：出水枋50*185mm	云杉 - 锡特卡(4)	1680	1
出水枋：出水枋50*185mm	云杉 - 锡特卡(4)	1680	1
木枋族：地脚枋50*200	云杉 - 锡特卡(2)	2700	1
木枋族：排枋50*200	云杉 - 锡特卡(2)	3160	1
木枋族：地脚枋50*200	未指定	6720	1
木枋族：排枋50*200	云杉 - 锡特卡(4)	6720	1
木枋族：排枋50*200	云杉 - 锡特卡(4)	6720	1
木枋族：瓜枋50*133	云杉 - 锡特卡(4)	840	1
木枋族：瓜枋50*133	云杉 - 锡特卡(4)	3360	1
木枋族：瓜枋50*133	云杉 - 锡特卡(4)	1680	1
木枋族：瓜枋50*133	云杉 - 锡特卡(4)	840	1
出水枋：出水枋50*185mm	云杉 - 锡特卡(4)	1680	1
出水枋：出水枋50*185mm	云杉 - 锡特卡(4)	1680	1
木枋族：地脚枋50*200	云杉 - 锡特卡(2)	2700	1
木枋族：排枋50*200	云杉 - 锡特卡(2)	3160	1
木枋族：地脚枋50*200	未指定	6720	1
木枋族：排枋50*200	云杉 - 锡特卡(4)	6720	1
木枋族：排枋50*200	云杉 - 锡特卡(4)	6720	1
木枋族：瓜枋50*133	云杉 - 锡特卡(4)	840	1
木枋族：瓜枋50*133	云杉 - 锡特卡(4)	3360	1
木枋族：瓜枋50*133	云杉 - 锡特卡(4)	1680	1
木枋族：瓜枋50*133	云杉 - 锡特卡(4)	840	1
出水枋：出水枋50*185mm	云杉 - 锡特卡(4)	1680	1
出水枋：出水枋50*185mm	云杉 - 锡特卡(4)	1680	1

图 5-15

（4）排序 / 成组。单击后面“编辑 ...”按钮，弹出“明细表属性”对话框。在“排序 / 成组”选项进行调整，排序方式按族类别，升序，勾选“总计（G）”，不勾选“逐项列举每个实例（Z）”。这时明细表如图 5-16。

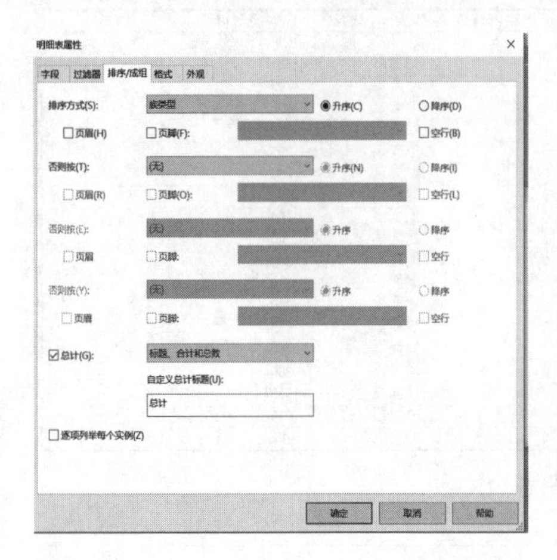

吊脚基脚 | 分析梁明细表 2

<分析梁明细表 2>

A	B	C	D
族类型	物理材质资源	长度	合计
出水枋 : 出水枋50*185mm	云杉 - 锡特卡(4)	1680	12
圆木檩族 : 圆木檩 120mm	云杉 - 锡特卡(2)	15060	11
挂瓦条族 : 挂瓦条20*100mm	云杉 - 锡特卡(2)		680
木枋族 : 地脚枋50*200			12
木枋族 : 封檐板20*120	云杉 - 锡特卡(2)		22
木枋族 : 排枋50*200			18
木枋族 : 檩枕100*100	云杉 - 锡特卡(2)		10
木枋族 : 瓜枋50*133	云杉 - 锡特卡(4)		24
木枋族 : 穿枋50*100	云杉 - 锡特卡(2)		15
木枋族 : 穿枋50*200	云杉 - 锡特卡(2)		10
美人靠 梁1	云杉 - 锡特卡(2)	3670	1

总计 : 815

图 5-16

5.3 施工图设计

（1）点击“视图”主菜单中“图纸组合”面板下的“图纸”选项，弹出“新建图纸”对话框，在“选择标题栏”中选择“A2 公制”。

（2）在项目浏览器中将“地面层”拖放到图纸中，生成地面层施工图，如图 5-17。在“视图”主菜单中点击“可见性 / 图形”，弹出“可见性 / 图形替换”对话框，将不需要的图元进行隐藏。

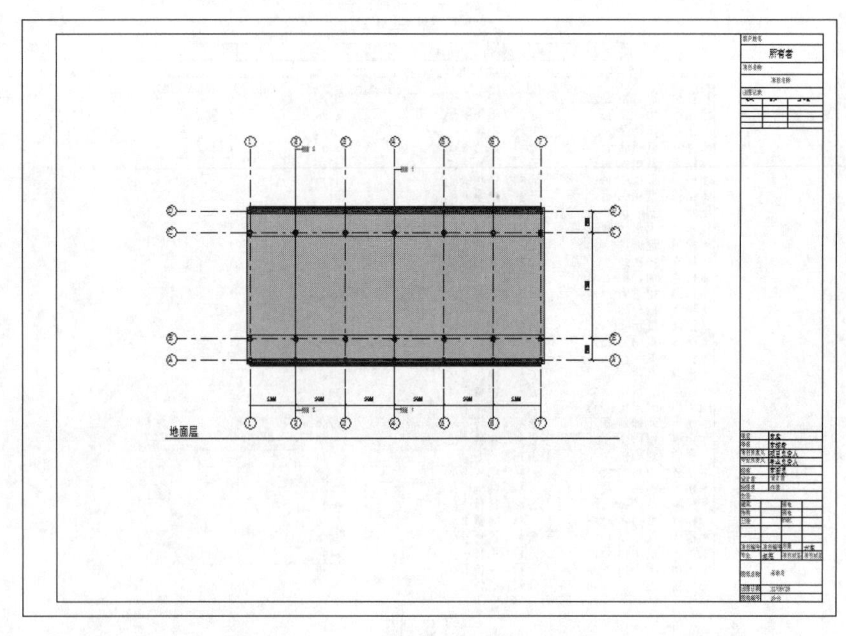

图 5-17

（3）依此生成“三维图”“东立面”“南立面”等施工图，如图 5-18、图 5-19 和图 5-20。

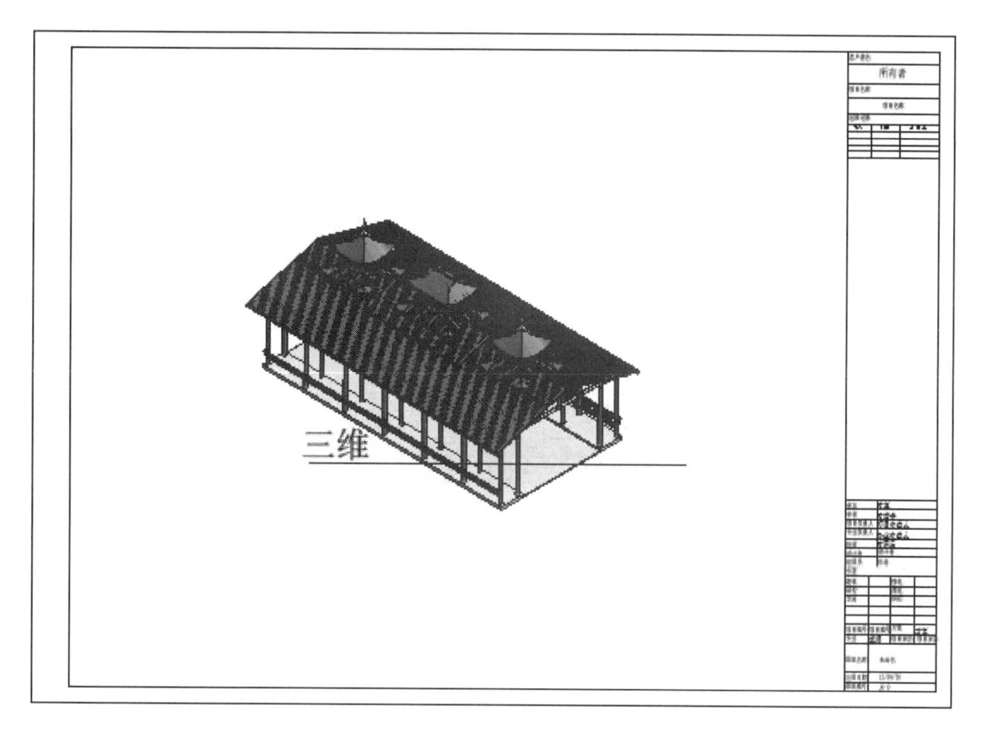

图 5-18

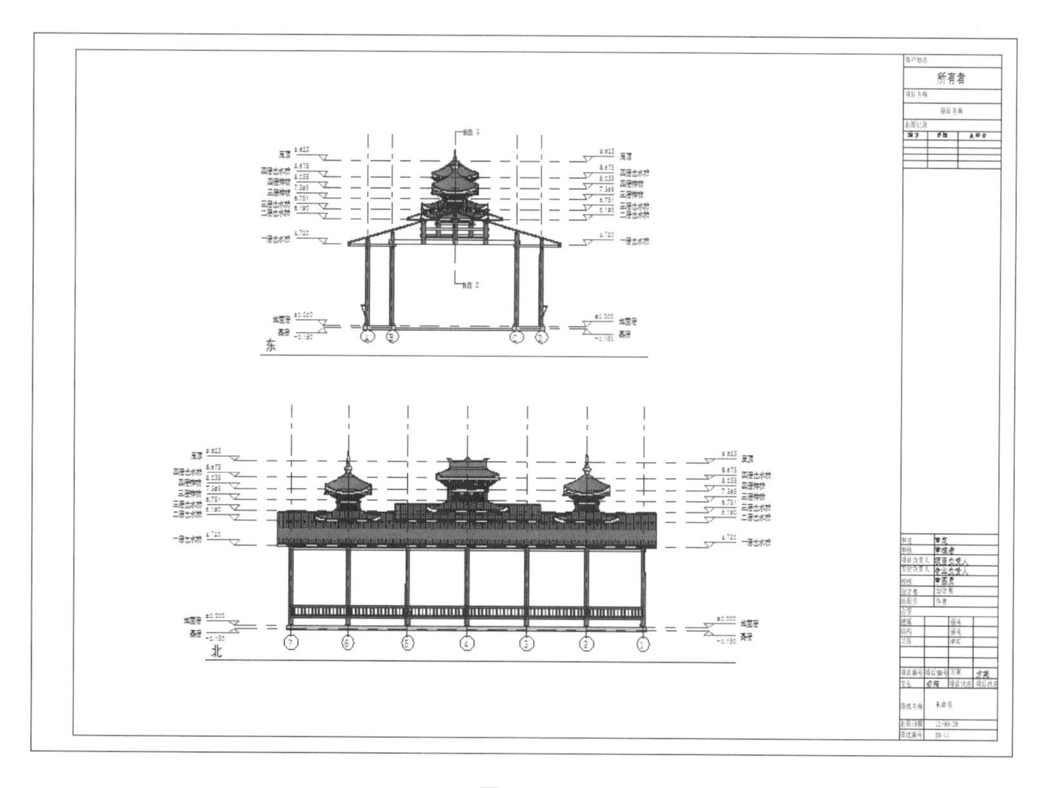

图 5-19

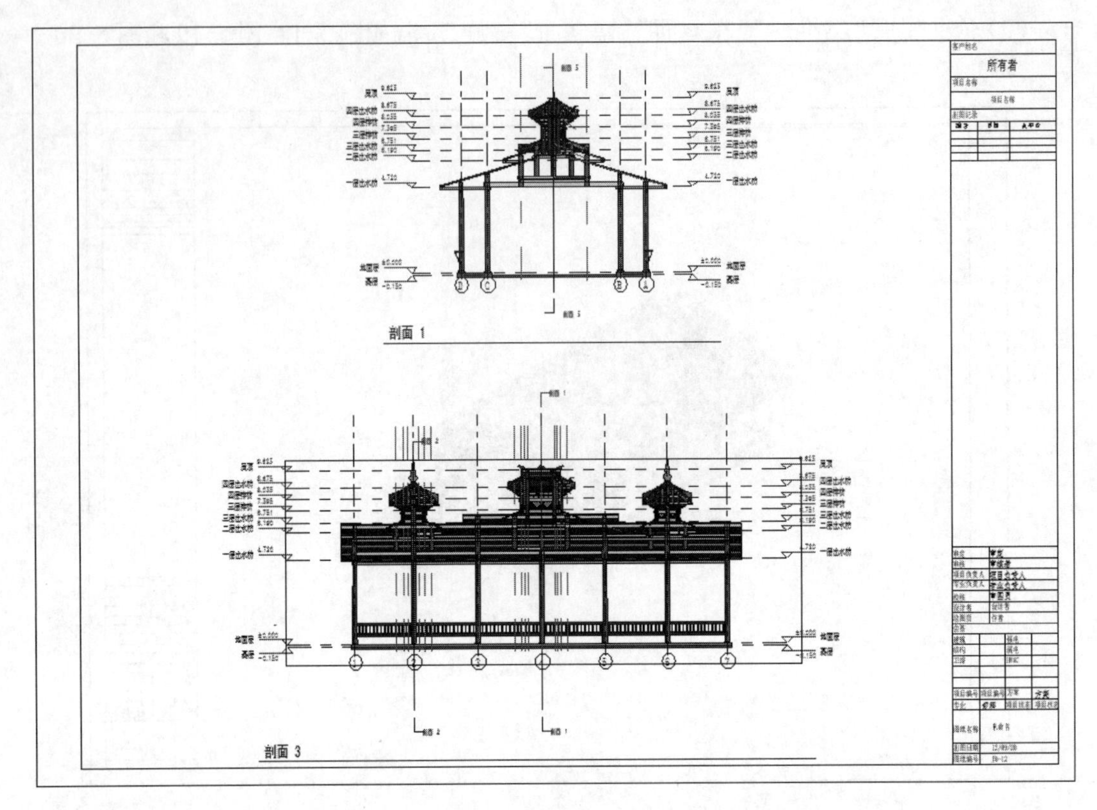

图 5-20

（4）依此生成“三维图”“东立面”“南立面”等施工图。